鹅场盈利八招

E CHANG
YINGLI
BAZHAO

朱惠丽　陶顺启　王海玉　主编

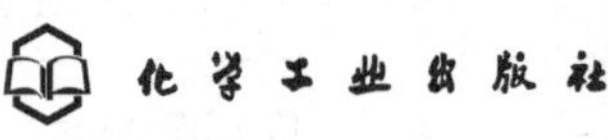

·北　京·

图书在版编目（CIP）数据

鹅场盈利八招/朱惠丽，陶顺启，王海玉主编．—北京：化学工业出版社，2018.8

ISBN 978-7-122-32326-2

Ⅰ.①鹅…　Ⅱ.①朱…②陶…③王…　Ⅲ.①鹅-饲养管理　Ⅳ.①S835.4

中国版本图书馆CIP数据核字（2018）第123706号

责任编辑：邵桂林　　　文字编辑：孙凤英

责任校对：吴　静　　　装帧设计：张　辉

出版发行：化学工业出版社（北京市东城区青年湖南街13号　邮政编码100011）

印　　刷：北京京华铭诚工贸有限公司

装　　订：北京瑞隆泰达装订有限公司

850mm×1168mm　1/32　印张10　字数297千字

2018年9月北京第1版第1次印刷

购书咨询：010-64518888（传真：010-64519686）　售后服务：010-64518899

网　　址：http：//www.cip.com.cn

凡购买本书，如有缺损质量问题，本社销售中心负责调换。

定　　价：39.80元

编写人员名单

主　　编　朱惠丽　陶顺启　王海玉

副 主 编　赵静波　罗志忠　孙素芳　张冬艳

编写人员（按姓氏笔画排列）

王东华（西平县动物疫病预防控制中心）

王海玉（洛龙区动物卫生监督所）

朱惠丽（河南科技学院）

孙素芳（驻马店市动物疫病预防控制中心）

张冬艳（洛阳市畜产品质量监测检验中心）

罗志忠（驻马店市动物疫病预防控制中心）

赵一楠（伊川县动物卫生监督所）

赵静波（博爱县动物卫生监督所）

秦保亮（新乡市动物疫病预防控制中心）

陶顺启（驻马店市动物疫病预防控制中心）

魏刚才（河南科技学院）

前　言

养鹅业具有饲料来源广、产品种类多、饲养周期短、生产成本低等特点，符合我国资源和经济条件要求，加之鹅产品的优质、绿色，符合市场需求，所以，养鹅业越来越受到养殖者的青睐，许多地方政府和养殖者把养鹅业作为调整农村产业结构和脱贫致富的好项目，极大地促进了养鹅业发展，使我国成为养鹅数量最多的国家。

随着养鹅业的快速发展，市场竞争不断增加，养鹅业的效益也受到影响。影响养鹅效益的因素可以归纳为三大因素，即市场、养殖技术、经营管理。其中，市场变化虽不能为鹅场完全掌控，但如果鹅场能够掌握市场变化规律，根据市场情况对生产计划进行必要调整，可以缓解市场变化对鹅场的巨大冲击。对于一个鹅场来说，关键是要练好“内功”，即通过不断学习和应用新技术，加强经营管理，提高鹅的生产性能，降低生产消耗，生产出更多更优质的产品，才能在剧烈的市场变化中处于不败之地。为此，我们组织有关人员编写了《鹅场盈利八招》一书，本书结合生产实际，详细介绍了鹅场盈利的关键养殖技术和经营管理知识，有利于鹅场提高盈利能力。

本书从让种鹅生产更多的肉用仔鹅、加强雏鹅的选择和运输管理、让肉鹅长得更快、使鹅群更健康、尽量降低生产消耗、增加产品价值、注意细节管理、注重常见问题解决八个方面进行了系统介绍，突出鹅场盈利的关键点，为鹅场提高生产水平、获得更多盈利提供技术支撑。本书注重科学性、实用性、先进性、通俗易懂性，适合鹅场（专业户）、养殖技术人员、兽医工作者等阅读。

由于笔者水平所限，书中若有不妥之处，恳请同行专家和读者不吝指正。

编　者

2018年6月

目　录

第一招 ▸ 让种鹅生产更多的肉用仔鹅

第二招 ▸ 加强雏鹅选择和运输管理

第三招 ▶ 让肉鹅长得更快

第四招 ▶ 使鹅群更健康

第五招 ▶ 尽量降低生产消耗

第六招 ▶ 增加产品价值

第七招 注意细节管理

第八招 注重常见问题处理

附录 鹅的参考日粮配方

参考文献

第一招 让种鹅生产更多的肉用仔鹅

【核心提示】

品种是决定鹅生产性能的内在因素，只有选择具有高产潜力的优良品种（优良品种是指符合一定地区、一定市场、一定饲养条件的适宜品种），才可能取得较好的经济效益。鹅的品种多种多样，必须根据市场需求、饲养条件以及品种的特性科学选择品种，并且要到有种禽、种蛋经营许可证的信誉高、质量好的种鹅场引种。

一、选择优良的品种

（一）鹅的品种的分类

鹅品种的分类方法主要有以下几种。

1. 按体重大小分类

根据鹅的体重大小分大型、中型、小型三类，这是目前最常用的分类方法。小型品种鹅一般公鹅体重为 3.7 ～ 5.0 千克，母鹅 3.1 ～ 4.0 千克，如我国的太湖鹅、乌棕鹅、永康灰鹅、豁鹅、籽鹅等；中型品种鹅一般公鹅体重为 5.1 ～ 6.5 千克，母鹅 4.4 ～ 5.5 千克，如我国的浙东白鹅、皖西白鹅、溆浦鹅、四川白鹅、雁鹅、伊犁鹅等，德国的莱茵鹅等；大型品种一般公鹅体重为 10 ～ 12 千克，母鹅 6 ～ 10 千克，如我国的狮头鹅及法国的图卢兹鹅、朗德鹅等。

2. 按性成熟日龄分类

根据鹅的成熟日龄可分早熟型、中熟型和晚熟型。早熟型指开产期在 130 日龄左右的小型和部分中型鹅种；中熟型指开产期在 150 ～ 180 日龄的中型鹅种；晚熟型指开产期在 200 日龄以上的大型鹅种。

3. 按鹅的羽毛颜色分类

根据鹅的羽毛颜色分为白鹅和灰鹅两大类。在我国北方以白鹅为主，南方灰白品种均有，但白鹅多数带有灰斑，有的如溆浦鹅同一品种中存在灰鹅、白鹅两系。国外鹅品种以灰鹅占多数，有的品种如丽佳鹅苗鹅呈灰色，长大后逐渐转白色。

4. 按产蛋量多少分类

不同品种鹅的产蛋性能差异很大，高产品种年产蛋高达 150 枚，甚至 200 枚，如豁鹅；中产品种，年产蛋 60 ～ 80 枚，如太湖鹅、雁鹅、四川白鹅等；低产品种，年产蛋 25 ～ 40 枚，如我国的狮头鹅、浙东白鹅等，法国的图卢兹鹅、朗德鹅等。

（二）鹅的主要品种

1. 小型鹅品种

（1）太湖鹅

【产地及分布】原产于江苏省南部的苏州、无锡和浙江省北部的湖州、嘉兴等地区。因这一带均是太湖沿岸，故称太湖鹅。太湖鹅是小型的白色鹅种，没有就巢性，产蛋率高，是该品种的主要特点。

【外貌特征】体型小而紧凑，颈细长，肉瘤圆而突起，无咽袋。喙、跖、蹼橘红色，喙端色较淡，爪白色。眼睑淡黄色，虹彩灰蓝色。肉瘤淡黄褐色。公母鹅的全身羽毛都是白色，少数个体在眼梢、头顶、腰背部有少量灰褐色斑点。雏鹅的绒毛乳黄色，喙、跖、蹼橘红色。

【生产性能】成年公鹅 3.8 ～ 4.4 千克，成年母鹅 3 ～ 3.5 千克。60 日龄重 2.3 ～ 2.5 千克；仔鹅全净膛 64%，半净膛 78.6%。成年公鹅全净膛 75.6%，半净膛 84.9%。成年母鹅全净膛 68.8%，半净膛 79.2%；开产期 160 ～ 190 日龄。

年产蛋量 60 ～ 70 枚，平均蛋重 135 克，蛋壳白色；公母配比 1 ：（6 ～ 7），即 1000 只母鹅群中放 150 只公鹅，种蛋受精率可达 90% 以上。种用期，产区群众饲养种鹅只利用 1 年，即当年春孵的小鹅留种，下半年开产后，连续产蛋到翌年的 5 月底或 6 月初，停产时即淘汰屠宰。实际上太湖鹅的种鹅也可以连续饲养 4 ～ 5 年。没有就巢性。

（2）昌图豁鹅

【产地及分布】原产于山东省莱阳地区，后来推广到东北三省。昌图豁鹅属中国白色鹅种的著名小型鹅，具有产蛋多、生长快、肉质好、耐粗饲等特点，其中产蛋量居全世界鹅中之最，有“鹅中来航”之称。

【外貌特征】体型较小，全身羽毛洁白如雪，姿态优美。头较小，成年鹅头顶部肉瘤明显，呈橘黄色，眼大小中等，呈三角形，眼睛不太灵活，虹彩为蓝灰色，在眼睑后上方有自然豁口，故名豁鹅。喙扁平，橘黄色。颈细长，向前呈弓形。背宽广平直，挺拔健壮。两腿健壮有力，跖蹼均为橘黄色。成年公鹅体型略大，有好斗性，叫声高而洪亮。母鹅体型略小，性情温驯，叫声低而清脆，腹部有少量不太明显的皱褶，称“蛋包”。

【生产性能】公鹅体重 4 ～ 5 千克，母鹅体重 3.5 ～ 4 千克。昌图豁鹅生长速度快，初生重 70 克左右，21 日龄为 300 克左右，30 日龄为 800 克左右，60 日龄为 2700 克左右，70 日龄为 3500 克左右，以后增重迅速减慢，5 月龄达体重最高点，有的由于饲养管理条件的变化，

体重还会有所下降。一般补饲精料的料肉比为1.5 ∶ 1。经过育肥屠宰，全净膛率为72%，半净膛率为81%。肌肉纤维较粗，脂肪含量适中，胆固醇含量低，蛋白质含量高达18%，赖氨酸、组氨酸丰富。加工成食品后，颜色红亮，肉香味美。

昌图豁鹅产蛋性能在全世界鹅种中居于首位。昌图豁鹅成熟较早，出壳后6～7月龄开始产蛋。集约饲养条件下每年产蛋120枚左右，个体高的可达160枚，粗放饲料条件下年产蛋100枚左右。蛋重105～137克，平均重118克，蛋壳白色，蛋形椭圆，横径5.35厘米，纵径7.71厘米，蛋形指数为0.69，蛋料比为3.2 ∶ 1；公母鹅配种比例为（1 ∶ 4）～（1 ∶ 5），母鹅无就巢性，28日龄雏鹅存活率为92%。种鹅在第2年和第3年产蛋最多，可有效利用3～4年。由于昌图豁鹅产蛋量最高、抗逆性极强，目前被广泛用于杂交繁育理想的母本品种，其杂交效果极为显著。

昌图豁鹅全身白毛，羽绒质量较佳。活鹅人工拔毛，一年可拔两次，每次可拔75克，含绒量为30%。活鹅拔毛蓬松度好，不含杂毛，飞丝少，深受羽绒加工商欢迎。屠宰拔毛每只可产毛140克，产绒60克左右。120日龄前的育肥鹅含绒量低、绒絮短，越冬后的鹅羽绒质量最佳，利用价值极高。

（3）乌鬃鹅

【产地及分布】原产于广东省清远县。因其颈背部有1条由大渐小的深褐色鬃状羽毛带，故又称清远乌鬃鹅。分布于邻近的花县、佛冈、从化、英德等县，为灰色鹅中体型最小的品种，因其肉质鲜美，活鹅在港澳市场上非常畅销。

【外貌特征】体躯宽短，背平。侧面看，公鹅似榄核形，母鹅似楔形。颈细，眼大，虹彩褐色，喙、肉瘤、跖、蹼均为黑色。成年鹅的头部自喙基和眼的下缘起直到最后一节颈椎，有1条由大渐小的鬃状黑色羽毛带，颈部两侧羽毛白色，翼、肩、背部的羽毛乌鬃色，这些羽毛末端有明显的棕褐色镶边，故俯视呈乌鬃色，胸部羽毛灰白色，尾羽灰黑色，腹尾的羽绒白色，在背部两边，有1条自肩部直至尾根宽2厘米的白色羽毛带，在尾翼间不被覆盖的部分呈现白色圈带。青

年鹅的各部羽毛颜色比成年鹅较深。

【生产性能】成年公母鹅体重为 3.4 千克和 2.8 千克。初生重 95 克，30 日龄体重 695 克，70 日龄重 2.5 ～ 2.7 千克。90 日龄体重 3170 克，料肉比 2.31 ∶ 1。经育肥后的肉用仔鹅，公鹅全净膛 77%，半净膛 88%；母鹅全净膛 78%，半净膛 87%。

5 月龄左右开产，年产蛋量 28 ～ 30 个，蛋重 130 ～ 140 克。蛋壳白色；公母配比 1 ∶（8 ～ 10）。种蛋受精率 85% 以上，受精蛋孵化率 92.5%。就巢性很强，每年就巢 4 ～ 5 次。母鹅可利用 5 ～ 6 年，公鹅可利用 3 ～ 4 年。

（4）籽鹅

【产地及分布】产于黑龙江省的松嫩平原，以肇东市和肇源、肇州等县饲养最多。本品种是我国白色羽毛鹅中的小型高产品种，因高产多子而名籽鹅。

【外貌特征】体型较小，体躯呈卵圆形，颈细长，肉瘤较小，多数鹅头顶上有缨状羽毛。颌下垂皮（咽袋）小，腹部下垂。全身羽毛白色。喙、跖、蹼橘黄色。虹彩灰蓝色。

【生产性能】成年公母鹅体重为 4 ～ 4.5 千克和 3 ～ 3.5 千克，初生公鹅体重 89 克，母雏 85 克。70 日龄公仔鹅重 3275 克，母鹅 2860 克；70 日龄半净膛屠宰率 78.02% ～ 80.19%，全净膛屠宰率：64.7% ～ 71.3%；开产期 6 ～ 7 月龄。

年产蛋量 100 个以上，多的可达 180 个，平均蛋重 130 克左右。蛋壳白色；公母配比 1 ∶（5 ～ 7），受精率和孵化率均在 90% 以上。受精蛋孵化率 90% 以上。没有就巢性。

（5）伊犁鹅

【产地及分布】产于新疆西北部伊犁哈萨克自治州和博尔塔拉蒙古族自治州各县。本品种由产区群众捡野雁蛋孵化后驯养而成，已有 200 多年的饲养历史，这是我国唯一起源于灰雁的一个鹅种。本品种的特点是耐寒冷、耐粗饲，适于放牧饲养，在产区几乎全部放牧于草地，很少补喂精料。

【外貌特征】头顶上没有突出的肉瘤，颈粗而短，体躯呈扁椭圆

形，站立或行走时与地面成平行状。头部平顶，无肉瘤突起。额下无咽袋。羽毛颜色有灰、白、花3种；喙黄白色或橘红色，跖、蹼橘红色；虹彩灰蓝色。

【生产性能】成年公母鹅体重约4.5千克和3.5千克。60日龄重2.5～3千克。90日龄重2.7～3.4千克。8月龄肥育15天的肉鹅屠宰，平均活重3.81千克，全净膛75.5%左右，半净膛83.6%左右。

开产期9～10月龄。年产蛋量，第一至二年10个左右，第三至六年15个左右。平均蛋重150克。蛋壳白色；公母配比1∶(2～4)，受精率83.1%以上；受精蛋孵化率81.9%。就巢性每年1次，少数有2次。每只鹅可以产绒240克。

（6）天府肉鹅

【产地与分布】天府肉鹅是四川农业大学家禽育种试验场采用现代家禽商业育种的原理和方法，利用引进种和地方良种的优良基因库，经过十余年的努力，成功培育出的遗传性能稳定的天府肉鹅配套系。除四川省外，现已推广到安徽、广西、云南、上海、湖北、广东、江苏、贵州等省（区、市）。天府肉鹅配套系具有产蛋多、适应性和抗病力强、商品肉鹅早期生长速度快等特点，深受广大养鹅户的青睐。

【外貌特征】母系肉鹅体型中等，全身羽毛白色，喙橘黄色，头清秀，颈细长，头瘤不太明显。父系公鹅体型中等偏大，额上无肉瘤，颈粗短，成年时全身羽毛洁白。初生雏鹅和商品代雏鹅头、颈、背部羽毛为灰褐色，从2～6周龄逐渐转为白色。

【生产性能】父系成年公鹅体重5.58千克，母鹅4.73千克；母系成年公鹅体重4.22千克，母鹅3.94千克。天府肉鹅商品代在放牧补饲饲养条件下，8周龄活重达3.39千克，10周龄活重4.22千克，料肉比1.68∶1。10周龄父系公鹅、母系母鹅、商品肉鹅全净膛屠宰率分别为75.2%、69.0%、69.0%。天府肉鹅17周龄父系公鹅活拔毛绒重40.1克，母鹅48.8克，母系公鹅33.0克，母鹅32.4克。父系的产绒性能优于母系。

母系开产日龄190～200天，年产蛋85～90枚，蛋重141.3克，受精率88%以上；父系开产日龄210～230天，产蛋量40～50枚，蛋重147.5克，受精率74%～77%；配套系种鹅开产日龄200～210天，年产蛋85～90枚。

（7）烟台五龙鹅

【产地与分布】产于山东烟台莱阳、海阳县的五龙河流域一带。

【外貌特征】五龙鹅体型较小，头呈方圆形，圆而光滑，有肉瘤。喙宽阔，颈细长向前似弓状。胸深广而突出，背扁平，体躯呈长方形，羽毛有白、灰、花三种颜色，白鹅居多，喙、肉瘤、胫、蹼为橘黄色，爪白色。

【生产性能】成年公鹅体重4千克，母鹅3.5千克，开产日龄210天，年产蛋100～120枚，蛋重128克。公鹅4～5月龄性成熟，公母比例以1∶5为宜。

（8）东北仔鹅

【产地与分布】原产于东北松辽平原，分布于黑龙江、吉林、辽宁等省。东北仔鹅以产蛋多而著名。

【外貌特征】鹅体型较小、紧凑，体躯呈蛋圆形，颈细长，有小肉瘤，头上有缨状头髻，颌下偶有咽袋，全身羽毛白色。

【生产性能】成年公鹅体重4～4.5千克，母鹅3～3.5千克，母鹅180日龄开产，年产蛋100～180枚，蛋重131克，蛋壳白色，公母配种比例以1∶（5～7）为宜。

2. 中型鹅品种

（1）溆浦鹅

【产地及分布】产于湖南省沅水支流的溆水两岸，中心产区在溆浦县城附近的新坪、马田坪、水车等地。溆浦鹅是我国地方鹅种中产肥肝性能较好的一个品种。

【外貌特征】体躯稍长、似圆柱形。公鹅头颈高昂，直立雄壮，叫声洪亮。母鹅体型稍小，性情温顺，产蛋期后躯丰满，腹部下垂，有腹褶。羽毛颜色有灰、白。白色溆浦鹅，喙、肉瘤、跖、蹼橘黄色，皮肤浅黄色，眼睑黄色，虹彩灰蓝色。灰色溆浦鹅的背、尾和颈部羽毛都是灰褐色，腹部白色，皮肤浅黄色，眼睑黄色，虹彩灰蓝色，跖、

蹼橘红色，喙黑色，肉瘤突起，呈灰黑色。

【生产性能】成年公母鹅体重为5.6～6.5千克和5.5～6.0千克。60日龄重3.2千克左右。90日龄重4.42千克。6月龄公母鹅半净膛率分别为88.6%和87.3%；全净膛率分别为80.7%和79.9%。成年鹅填饲3周，肥肝平均重627克，最大可达1330克。

年产蛋量25～40个，平均蛋重200克左右。蛋壳白色居多，少数为淡青色；开产期7～8月龄。公母配比1∶（3～5），受精率均在90%以上，受精蛋孵化率93.5%。公鹅利用3～5年，母鹅利用5～7年。就巢性较强，每年2～3次，多的达5次。

（2）皖西白鹅

【产地及分布】产于安徽省西部的丘陵山区和河南省固始县。主要分布于皖西霍邱、寿县、六安市、肥西、舒城、长丰等地。皖西白鹅是我国中型白色鹅种中体型较大的一个地方优良品种，具有早期生长快、耐粗食、肉质好、羽绒品质优良等特点。

【外貌特征】体态高昂，细致紧凑，全身羽毛白色，体躯呈长方形。公鹅的颈粗长有力，母鹅的颈较细短，腹部轻微下垂。肉瘤橘黄色，公鹅的大而突出，圆而光滑。喙橘黄色，喙前端渐淡。跖、蹼橘红色。虹彩灰蓝色。约有6%的鹅颌下咽袋。全身羽毛白色。少数个体头颈后部有球形羽束，称为"顶心毛"。

【生产性能】成年公母鹅体重为5.5～6.5千克和5～5.5千克。初生重90克，60日龄重3～3.5千克。90日龄重4500克。全净膛72.8%，半净膛79%。

开产期6～9月龄。年产蛋量25个左右，平均蛋重142克。蛋壳白色；公母配比1∶（4～5）。种蛋受精率88.7%，受精蛋孵化率91.1%。种用期，公鹅在8月龄后开始配种，可利用3～4年，母鹅4～5年，优良个体可利用7～8年。98%以上的个体每年就巢两次，少数个体每年只产1期蛋，就巢1次。本品种产羽性能好，绒朵大，平均每只每次产羽绒300克左右，其中纯绒有40～50克。

（3）浙东白鹅

【产地及分布】中心产区在浙江东部的奉化、象山、定海一带，故

称浙东白鹅。过去有的称奉化白鹅、象山白鹅、定海白鹅、越鹅等，都是浙江白鹅品种内的地方类群。广泛分布于宁波市鄞州区、绍兴、余姚、慈溪、上虞、嵊州、新昌等地。浙东白鹅生长速度快，肉质好，体型大，是我国中型鹅中优良的品种之一。

【外貌特征】中等体型。体躯长方形，全身羽毛白色，仅有少数个体在头颈部或背腰处杂少数黑色斑块。颈细长，无咽袋。额上肉瘤高突，呈半球形覆盖于头顶，随年龄增长而突起明显（公鹅比母鹅更突出）。喙、跖、蹼幼年时橘黄色，成年后橘红色，爪白色，眼睑金黄色，虹彩灰蓝色。成年公鹅高大雄伟，鸣声洪亮，好斗逐人；成年母鹅腹宽下垂，鸣声低沉，性情温顺。

【生产性能】成年公鹅约5.0千克，母鹅4.0千克左右，初生重105克，60日龄重3～3.5千克，70日龄左右（体重3.0～4.0千克）上市。全净膛、半净膛率分别为72%和81%。经填肥后，肥肝平均重392克，最大达600克。

开产期6月龄左右。年产蛋量35～45个。平均蛋重140～150克。蛋壳乳白色。公母配比一般是1：10，群众中饲养有的达1：15以上。种用期，公鹅初配年龄控制在7月龄以上，可利用3～5年。母鹅可利用5～6年。绝大多数个体都有较强的就巢性，每年就巢3～5次。一般连续产蛋9～11个后就巢1次。

（4）四川白鹅

【产地及分布】产于四川省温江、乐山、宜宾、永川和达县等地。广泛分布于平坝和丘陵水稻地区。四川白鹅是我国中型的白色鹅种中唯一无就巢性而产蛋量较高的品种。

【外貌特征】四川白鹅全身羽毛洁白，喙、胫、蹼橘红色，虹彩为灰蓝色。公鹅体型较大，头颈较粗，体躯稍长，肉瘤突出。母鹅头清秀，颈细长，肉瘤不明显。

【生产性能】成年公母鹅体重分别为4.5～5.0千克和4.3～4.9千克。初生重71.1克，60日龄重2.4～2.5千克。6月龄全净膛公鹅79.27%，母鹅73.1%；半净膛公鹅86.28%，母鹅80.69%。填肥后肥肝平均重344克，最大520克。羽毛洁白。羽绒品质优良，利用种鹅休产期可拔毛 2 次，平均每只产毛绒 157.4 克。

6 ～ 8 月龄开产，年产蛋 60 ～ 80 个，平均蛋重 146 克。蛋壳白色。公母配比 1 ：（3 ～ 4），种蛋受精率 85% 以上，受精蛋孵化率为 84%。基本没有就巢性。种鹅的利用年限 3 ～ 4 年。

（5）莱茵鹅

【产地及分布】原产于德国的莱茵河流域，在欧洲大陆分布很广，是欧洲各个鹅种中产蛋量较高的品种。江苏省南京市于 1990 年从法国克里莫公司引进了莱茵鹅。在法国和匈牙利，通常用朗德鹅作父本，与本品种的母鹅交配，杂交鹅用以生产肥肝，如与意大利公鹅交配，杂交鹅作肉用仔鹅。

【外貌特征】全身羽毛白色，喙、跖、蹼橘黄色。初生雏绒毛灰白色，随着生长周龄增加而逐渐变化，至 6 周龄时变为白色羽毛。

【生产性能】成年公鹅体重 5 ～ 6 千克，母鹅 4.5 ～ 5 千克。在适当的饲养条件下，8 周龄体重达 4.2 ～ 4.3 千克，料、肉比为（2.5 ～ 3）：1，适于大型鹅场大批生产肉用仔鹅。生产肥肝性能中等，一般填饲条件下肥肝重 350 ～ 400 克，如用于肥肝生产，必须经过杂交。

7 ～ 8 月龄开产，年产蛋量 50 ～ 60 个，蛋重 150 ～ 190 克；公母配比 1 ：（3 ～ 4），受精率 75% 左右。

（6）雁鹅

【产地及分布】原产于安徽省的霍邱、寿县、舒城、肥西及河南省的固始等县，分布于安徽各地，以江苏省西南部与安徽省接壤的镇宁丘陵地区发展较快。目前，安徽的郎溪、广德一带是雁鹅的饲养中心。雁鹅是中国鹅灰色品种中的代表类型。

【外貌特征】头顶肉瘤黑色，呈桃形或半球形向前方突出。肉瘤边缘及喙的后部有半圈白羽，喙扁阔，黑色，眼球黑色，虹彩灰蓝色。颈细长，胸深广，背宽平，腹下有皱褶，腿粗短，跖、蹼橘黄色（少数有黑斑），爪黑色。雏鹅全身绒毛墨绿色或棕褐色；喙、跖、蹼均灰黑色。成年鹅羽毛灰褐色或深褐色，颈的背侧有 1 条明显的灰褐色羽带；体躯的羽色由上向下从深到浅，至腹部成为灰白色或白色；除腹部的白色羽毛外，背、翼、肩及腿羽都是镶边羽（即灰褐色羽镶白色边），排列整齐。

【生产性能】成年公母鹅体重分别为6.0千克左右和4.5～5.0千克。60日龄2.1～2.5千克（以放牧为主的）。公鹅全净膛、半净膛率为72%、86%；母鹅全净膛、半净膛率为65%、83%。

7～9月龄开产，年产蛋量25～35个，平均蛋重150克。蛋壳白色；公母配比1∶5。种用期，公鹅性成熟后1～2年内性欲旺盛，雄性较好；母鹅开产后3年内产蛋量逐年提高，一般利用5年左右。就巢性较强，一般年就巢2～3次。

（7）意大利鹅

【产地与分布】原产意大利北部地区，又称奥拉斯鹅。在欧洲各国分布较广。全身羽毛白色，具有生长快、肌肉发达、繁殖率高等优点，适用于生产肉用仔鹅。

【生产性能】成年体重，公鹅6～7千克，母鹅5～6千克。8周龄体重4.5～5千克。年产蛋量50～60个。公母配比1∶（3～5），种蛋受精率85%左右。

匈牙利等国常用朗德鹅的公鹅与意大利母鹅杂交，用杂交鹅生产肥肝比较理想，经填肥后活重可达7～8千克，肥肝重可达700克左右。

（8）扬州鹅

【产地与分布】由扬州大学培育的“扬州鹅”，被誉为我国第一个新鹅种，是江苏省科委在“八五”和“九五”都下达的计划项目。

【生产性能】扬州鹅集中了父本和母本的优点，第一点是它生长速度快，肉质好，繁殖率高，一般来说70日龄的仔鹅，可以达到3.3～3.5千克，比太湖鹅的生长速度高27.8%。第二点是后代肉质好，肉类蛋白质含量比它的父本高1%。第三点是其产蛋水平比较高，年产蛋量可以达到72～75枚，可以生产62～64个雏鹅。它还耐粗饲，放牧的时候任何草它都能吃。

3. 大型鹅品种

（1）狮头鹅

【产地及分布】原产于广东省饶平县溪楼村。现在的主要产区在广东省澄海区及汕头市郊区，即潮汕平原一带。狮头鹅是我国最大型的鹅种。因成年鹅的头部如雄狮头状而得名。

【外貌特征】狮头鹅体型硕。体躯似方形，胸深而广，头大颈粗，肉瘤发达，并向前方突出，覆盖于喙的上方，两颊有左右对称的黑色肉瘤 1 ～ 2 对，尤其是公鹅和 2 岁以上的母鹅，肉瘤突出更为明显。喙短小呈黑色；跖、蹼橘红色，带有黑斑。脸部皮肤松软，眼皮突出，看上去好像眼球下陷。颌下咽袋发达，一直延伸至颈部。全身羽毛以灰色为基调，前胸和背部的羽毛以及翼羽均为棕褐色。由头顶至颈部直达背部形成 1 条鬃状的深褐色羽毛带。腹部毛色较浅，呈白色或灰白色。

【生产性能】成年公鹅 8.5 ～ 9.5 千克，母鹅 7.5 ～ 8.5 千克；公母鹅初生重分别为 134 克和 133 克；60 日龄公鹅 4.6 ～ 5.5 千克，母鹅 4.2 ～ 5.2 千克。70 ～ 90 日龄上市未经育肥的仔鹅全净膛率 71% ～ 73%，半净膛率 81% ～ 84%；经 3 ～ 4 周填饲，平均肥肝重可达 600 ～ 750 克，最大 1400 克。

6 ～ 7 月龄开产。第一年产蛋 20 ～ 24 个，平均蛋重 170 ～ 180 克。2 年以上产蛋 24 ～ 30 个，平均蛋重 210 ～ 220 克。蛋壳乳白色；公母配比一般 1 ：（5 ～ 6）。鹅群在水中自然交配，种蛋受精率 70% ～ 80%，受精蛋孵化率 80% ～ 90%。种用期，母鹅可利用 5 ～ 6 年，盛产期在 2 ～ 4 岁。青年公鹅配种都在 200 日龄以上，种公鹅可用 2 ～ 4 年。母鹅都有较强的就巢性，一般产蛋 6 ～ 10 个就巢 1 次，全年就巢 3 ～ 4 次。

（2）朗德鹅

【产地及分布】原产于法国西部的朗德省，除法国外，匈牙利的饲养量也相当大。是由大型的土鲁斯鹅和体型较小的玛瑟布鹅经过长期的连续杂交后选育而成的最优秀的肝用品种。

【外貌特征】产地标准的朗德鹅是灰色羽品种，全身羽毛以灰褐色

为基调，颈背部羽色较深，接近黑色，胸部羽色渐浅，呈银灰色，腹部羽毛乳白色。实际上，朗德鹅的羽毛颜色尚未完全一致，还有少量白色和灰色的个体。朗德鹅的体型与中国鹅不同，具有从灰雁驯养的欧洲鹅特征，体型硕大，背宽胸深，腹部下垂，头部肉瘤不明显，喙尖而短，颈上部有咽袋，颈粗短，颈羽稍有卷曲。当站立或行走时，体躯与地面几乎呈平行状态。

【生产性能】成年公鹅体重 7.0 ～ 8.0 千克，母鹅 6.0 ～ 7.0 千克。朗德鹅肝用性能好。山东昌邑引种后，经 1188 只鹅填饲测定，平均肥肝重 895 克，料肝比 24 ∶ 1，填饲期体增重率 62% ～ 70%。但肥肝的质地欠佳。

年产蛋量 40 个左右，平均蛋重 180 ～ 200 克。公母配比 1 ∶ 3，就巢性较弱。公鹅配种能力差，精液品质欠佳，因而种蛋的受精率一般只有 60% ～ 65%。

（三）鹅的品种选择

优良品种是指适合一定地区、一定饲养环境条件和一定市场需求的适宜品种。养鹅要高产、高效，必须选择和引进优良品种。由于每一个品种适应性的差异，其生产性能在不同的地区有不同的表现，有的品种在某个地区的表现优良，在另一个地区可能表现不那么优良。同时，消费习惯和市场销售等因素，也会影响到品种的选择。生产实际中，选择品种应考虑如下几个方面。

1. 市场需要

市场经济条件下，生产者只有根据市场需要来进行生产，才能获得较好的效益。鹅的主要产品为毛、肉、蛋、肥肝等，虽然各种鹅均生产这些产品，但不同品种的鹅的生产用途有所不同（从主要经济用途看，鹅的品种分羽绒用型、蛋用型、肉用型、肥肝用型），其市场效益也有很大差异。

如羽绒用型，各品种的鹅均产羽绒，专门把某些鹅种定为羽绒用型似乎不科学，但在鹅的品种中，以皖西白鹅的羽绒洁白、绒朵大而品质最好。因此一些客商在收活鹅时，相同体重的白鹅，皖西白鹅的价格要高。特别是养鹅进行活鹅拔毛时，更应选择这一品种（但皖西白鹅的缺点是产蛋较少，繁殖性能差，如以肉毛兼用为主，可引入四川白鹅、莱茵鹅等进行杂交）。

如蛋用型，目前鹅蛋已成为都市人喜爱的食品，且售价较高，国内一些大型鹅产品加工、经营企业争相收购鹅蛋，加工成再制蛋后进入超市。我国豁眼鹅（山东叫五龙鹅，辽宁昌图地区叫昌图鹅）、籽鹅（产于黑龙江绥化和松花江地区）是世界上最多产蛋量的鹅种，一般年产蛋可达 14 千克左右，饲养较好的高产个体可达 20 千克。这两种鹅个体相对较小，除产蛋用外，还可利用该鹅作母本，与体型较大的鹅种进行杂交生产肉鹅。这样可充分利用其繁殖性能好的特点，繁殖更多的后代，降低肉鹅种苗生产成本。

如肉用型，凡仔鹅 60 ～ 70 日龄体重达 3 千克以上的鹅种均适宜作肉用鹅。这类鹅主要有四川白鹅、皖西白鹅、浙东白鹅、长白鹅、固始鹅以及引进的莱茵鹅等。这类鹅多属中、大型鹅种，其特点是早期增重快。由于鹅肉消费习惯的差异，形成了两大不同的消费需求市场。一部分是我国广东、广西、云南、江西、香港、澳门及东南亚地区，市场对鹅品种要求为灰羽、黑头、黑脚，饲养的品种主要是以灰鹅品种为主。近年来，多数养鹅场利用灰鹅品种（如马岗鹅、合浦鹅）为父本与产蛋高的天府肉鹅配套母系、四川白鹅等为母本进行杂交。另一部分是我国绝大部分地区消费市场，对白鹅比较喜爱，饲养的鹅品种多是白羽鹅种。

如肥肝用型，这类鹅引进品种主要有朗德鹅、图卢兹鹅，国内品种主要有狮头鹅、溆浦鹅。这类鹅经填饲后的肥肝重达 600 克以上，优异的则达 1000 克以上。当然这类鹅也可用作产肉，但习惯上把它们作为肥肝专用型品种，但生产技术要求较高，只有大型公司才有能力进行开发这一产品，农户小规模生产不宜进行。

2. 生产性能

鹅的品种多种多样，不同的品种有不同的特点、不同生产性能和

不同的经济用途，其生产效果也有较大的差异，所以在选择品种时要充分考虑其生产用途和生产性能。如是生产商品仔鹅，应选择生产速度快、体型大的大型鹅种。如是种用鹅场，选择品种不仅要考虑生长速度，还应考虑产蛋量。因为生长速度与产蛋量呈负相关，生长速度快、产肉率高的大型鹅种，产蛋量少，生产雏鹅数量少，效益就差。可以选择产蛋量较高、生长速度较快的中小型品种或选择配套系种鹅，即母系来源于产蛋量高的鹅种，父系来源于生长速度快、体型大的品种，而且它们之间具有较好配合力，如四川天府肉鹅是我国经过 10 多年专门化品系选育育成的一个肉鹅配套系。如生产肥肝，通常情况下，肉用性能佳、体型越大的鹅品种，肥肝平均重越大。

3. 适应能力

每个品种都是在特定的环境条件下形成的，对原产地有特殊的适应能力。当被引入到新地区后，如果新地区的环境条件与原产地差异过大时，其生产性能不能充分表现。所以选择品种时既要考虑引进品种的生产性能，又要考虑当地条件与原产地条件的差异状况，选择生命力强、成活率高、适应当地气候及环境条件的品种。

（四）鹅的品种引进

为防止盲目引种，保证引种成功，达到良种促高效的目的，在选择引入品种和引种过程中应把握好引种原则和技术要点。

1. 引种原则

（1）生产性能高而稳定

根据不同的生产目的，有选择性地引入生产性能高而稳定的品种，对各品种鹅的生产特性进行正确比较。如从肉鹅生产角度出发，既要考虑其生长速度，提高出栏日龄和体重，尽可能高地增加肉鹅生产效益，又要考虑其产蛋量，降低雏鹅的单位生产成本。

（2）能适应当地生产环境

引种时要对该品种产地饲养方式、气候和环境条件进行分析并与引入饲养地进行比较，同时考察该品种在不同环境条件下的适应能力，从中选出生命力强、成活率高、适于当地饲养的优良品种。在引种过程中既要考虑品种的生产性能，又要考虑环境条件与原产地是否有很大差异或能否为引入品种提供适宜的环境条件。如南方从北方引种，是否适应湿热气候，北方从南方引种则是否能安全过冬等。

（3）与生产目的相符

引入品种的生产性能特性必须要与生产目的相符，如肉鹅生产应选择一些早期生长速度快的品种。

2. 成年种鹅的引进

（1）成年鹅的选择

① 种公鹅　要求生长发育好，鸣声洪亮，体大脚粗，肉瘤光滑显凸，羽毛紧凑，采食力强，性欲旺盛，配种力强，精液品质好，雄性特征显著，体重和外貌符合品种要求。

② 种母鹅　母鹅要求颈短身圆，眼亮有神，性情温顺，觅食力强，身体健壮，羽毛紧密，前躯较窄，后躯较宽，臀部圆阔，腹大略下垂，脚短而匀称，尾短上翘，品种特征明显，体重符合品种要求，产蛋率高，种蛋重和外形一致，受精率和孵化率高。

（2）选择比例

母鹅群年龄结构：一般鹅群中 1 岁母鹅占 60% ～ 70%，2 岁母鹅占 20% ～ 30%。公母比例：大型种 1 ∶（3 ～ 4），中型种 1 ∶（4 ～ 5），小型种 1 ∶（6 ～ 7）。

（3）种鹅的运输

采用封闭式笼具运输鹅，以防止逃逸。运输前鹅要经兽医人员检疫，并喂镇静药物，以防受惊。夏天每笼装 5 ～ 10 只，冬天可多装些。装车时在两层笼间铺一层纸，防止上层粪便落到下层鹅身上，最上层用麻袋罩好，以免光线太强，引起鹅兴奋。

运输途中经常检查温度是否过高或有无贼风，防止风直接吹到鹅身上，同时也要注意通风透气。运输时间以不超过 36 小时为度，司机最好在车内带足食品和饮水，以减少停车时间。车辆最好用厢式货车，

既防雨又防寒，能通风换气。鹅运达目的地后，立即入笼架内饲喂，如受风寒则饮用庆大霉素水，每只用3000单位，每天2次，连用3天。

3. 雏鹅的引进

（1）雏鹅的选择

在出壳的健雏中选留绒羽、喙、蹼的颜色以及体型、初生重等都符合品种特征和要求的个体。选择的雏鹅血统记录清楚，来自高产种群的后代，要求种雏活泼健壮。如有需要，在育雏期结束后约30日龄，再进行一次选择。这时要求选留的个体生长发育快，体型结构和羽毛发育良好，品种外形特征明显。在选择雏鹅时最好能将公母鹅分开，并按1∶4的公母比例进鹅苗，以降低饲养成本。

（2）雏鹅的运输

见第二招内容。

4. 种蛋的引进

（1）种蛋选择的条件

① 遗传品质好　这是种蛋的首要条件。由于这是内在质量，外观不易判断，所以种蛋必须从合格的种鹅场引进并应由当地卫生部门检验，开具检疫单。

② 新鲜　种蛋要新鲜，储存期越短越好。种蛋的保存时间与气温、存放环境有密切关系。由于鹅产蛋率低，筹集种蛋困难，储存期有时不得不稍延长，一般春秋季保存期不要超过5～7天，春末夏初气温升高后，种蛋保存期不要超过3～5天。

③ 大小和形状符合标准　要符合不同品种各自的要求，接近平均数，或略高略低一点，都可以作为正常标准。过大或过小、过长或过圆的蛋，都不符合标准，应予以剔除。

④ 蛋壳质量好　壳质致密均匀，厚薄适当，表面平整，没有一丝裂纹。

⑤ 壳面　清洁无污染，壳色符合标准。已经污染的种蛋，必须经过清洗和消毒，才能入孵。

（2）挑选方法

选择种蛋常用看、摸、听、嗅等的感觉器官来判断。

（3）种蛋的运输

指种蛋由种鹅场运到孵化场和运到其他地方的孵化场，有些可能要运到很远之外的地方。本场内运送种蛋时由于距离较近，对运输条件的要求较低，只要夏天太阳不直晒、雨淋，冬天不受冻，不剧烈颠簸，一般问题不大。

对于长途运输的种蛋，要求运输的条件较严格，夏季运送种蛋一定要有防雨措施，而且种蛋应当根据其大小用专门设计的塑料压型蛋托包装，然后装箱，捆扎牢固后装车运输。如无专用的压型蛋托，也可用小纸箱。但箱中应有固定数量的厚隔，将每个蛋、每层蛋分隔开来。蛋在分隔内不能有移动空间，否则要用草屑、碎纸屑等填充。箱中无分隔也可用草屑、碎纸等填充物将蛋之间隔开，并填实箱内空间，使箱内蛋不互相碰撞或松动。装蛋时应大头向上竖放，因蛋的纵轴耐压力大，不易破碎。蛋托或小纸箱内装好蛋后，应装入大纸箱中，每个大纸箱要装满、装实，使装入的蛋托或小纸箱没有移动的空间，如装不满则用填充物充实，然后用打包带捆扎好。

种蛋装卸要注意轻取轻放，种蛋运输途中切忌碰撞和剧烈震动，要防止日晒雨淋。冬天运送种蛋应特别注意防寒，最好用空调车运送。在运输工具上，一定要选择好。

5. 引种注意事项

① 了解品种特性　引种前必须进行详细了解，绝对不能盲目引种。一要详细查阅引入品种的有关技术资料，对引入品种的生产性能、饲料营养要求要有足够的了解，如纯种、应有的外貌特征、繁殖性能、遗传稳定性和饲养管理特点以及抗病力等。二要符合品种特征。一般要求引入良种符合品种标准，并有当地畜禽品种生产许可证书，否则易造成引入品种纯度不够，甚至鱼龙混杂，导致引种损失或失败。三要详细了解引种厂家的饲养管理情况。种鹅场的饲养管理情况直接影响到鹅种的内在品质和健康，从而影响到以后生产性能的表现和经营

效果。要到技术力量强、有种禽种蛋经营许可证、管理严格规范、信誉度高的种鹅场引种。

② 实行批次引种　首次引入数量少些，待引入后观察 1 ～ 2 个生产周期后，确定其适应性强、引种效果良好时，再增加引种数量，并扩大繁殖。

③ 做好引种准备　引种前要根据引入地饲养条件和引入品种生产要求准备圈舍和饲养设备，做好清洗、消毒工作，备足饲料和常用药物，培训饲养和技术人员。

④ 引种季节选择　最好在两地气候差异较小的季节进行引种，使引入品种能逐渐适应气候的变化。一般从寒冷地区向温热地区引种以秋季为好，而从温热地区向寒冷地区引种则以春末夏初为宜。

⑤ 引种时间选择　引种时，夏季尽量在傍晚或清晨凉爽时运输，冬春季节尽量安排在中午风和日丽的时候运输。尽量缩短运输时间，减少途中损失。

⑥ 严格检疫制度　引种时必须符合国家法规规定的检疫要求，认真检疫，办齐一切检疫手续。严禁进入疫区引种，引入品种必须单独隔离饲养，经观察确认无病后方可入场。有条件的可对引入品种及时进行重要疫病的检测，发现问题，及时处理，减少引种损失。

⑦ 保证引入鹅群健康　引种时应引进体质健康、发育正常、无遗传疾病、未成年的种鹅，以容易适应当地环境，确保引种成功。

⑧ 注意引种过程安全　搞好引种运输的组织安排，选择合理的运输途径、运输工具和装载物品，缩短运输时间，减少途中损失。长途运输时应加强途中检查，尤其注意过热或过风等环节。

二、科学利用鹅的繁殖特点和繁育方法

（一）鹅的生殖系统

1. 母鹅

母鹅的生殖系统只有左侧的发育完全，右侧的后来退化。生殖系

统包括卵巢和输卵管两大部分。

（1）卵巢

卵巢位于左肾前叶的下方，借卵巢系膜固定于腹腔顶壁，同时又以腹膜褶与输卵管相连。卵巢分为皮质部和髓质部，皮质部在外层，含有大量不同发育阶段的各级卵泡，突出于表面，大小不等，呈一串葡萄状，大的肉眼可见。髓质部在皮质部内，具有丰富的血管。到产蛋期，卵泡开始发育，逐渐积聚卵黄而增大，逐次成熟，排出卵泡（蛋黄），直径可达5厘米。卵巢还合成和分泌性激素，维持母鹅生殖系统的发育，促进排卵，调节生殖功能。

（2）输卵管

输卵管是一条长而弯曲的管道，从卵巢向后一直延伸到泄殖腔，按其形态和功能，可分为5段：漏斗部、蛋白分泌部、峡部、子宫部和阴道部。漏斗部边缘呈不整齐的指状突起，叫输卵管伞，当卵巢排卵时，它将卵卷入输卵管中。漏斗部有管状腺，可储存精子，卵在此受精。蛋白分泌部又叫膨大部，是输卵管最曲最长的部分，内有大量的腺体，分泌蛋白和盐类，形成蛋清。峡部细而短，黏膜内的腺体分泌一部分蛋白和形成纤维性壳膜。子宫部是输卵管最膨大的部分，肌层较厚，黏膜内的腺体分泌钙质、色素和角质层，形成蛋壳。阴道部是输卵管末段，呈“S”形，开口于泄殖腔的左侧，它分泌的黏液，形成蛋壳表面的保护膜，阴道肌层收缩时将蛋排出体外。

2. 公鹅的生殖系统

公鹅的生殖系统包括两侧的睾丸、附睾、输精管和阴茎。

（1）睾丸

呈椭圆形，以一片短的睾丸系膜悬挂在肾前叶的前下方。睾丸外面被覆一层白膜，内为实质，由许多弯曲的精细管构成，性成熟时在精细管内形成精子。精细管之间分散着间质细胞，产生雄激素，以维持性功能。鹅的附睾不是很明显，主要是由睾丸输出管构成，最后汇成很短的附睾管。

（2）输精管

由附睾管延续而来，与输尿管基本平行向前延伸，末端稍膨大形成储精囊，开口于泄殖腔内的具有勃起功能的输精管乳头上。输精管既是精子通过的管道，又是分泌液体成分和主要储存精子的地方。

（3）阴茎

是交配器官，比较发达，位于泄殖腔肛道底壁的左侧，回缩时阴茎在基部形成球状，勃起时，基部胀大而填塞整个肛道，游离部呈螺旋状、伸出长达5厘米以上。阴茎表面有一螺旋状的射精沟，勃起时边缘闭合而形成管状，可将精液输入母鹅生殖道内。

（二）鹅的繁殖特点

1. 季节性

鹅繁殖存在明显的季节性，绝大多数品种在气温升高、日照延长的6～9月间，卵黄生长和排卵都停止，接着卵巢萎缩，直至秋末天气转凉时才开产，产蛋期在冬春两季。

2. 就巢性（抱性）

我国鹅种一般就巢性很强，绝大多数大中型鹅种及部分小型鹅种都有抱性，在一个繁殖周期中，每产一窝蛋（约8～12个）后，就要停产抱窝，直至小鹅孵出。

3. 择偶性

在小群饲养时，每只公鹅常与几只固定的母鹅配种，当重新组群后，公鹅与不熟识的母鹅互相分离，互不交配，这在年龄较大的种鹅中更为突出。在不同个体、品种、年龄和群体之间都有选择性，这一特性严重影响受精率。因此，组群要早，让它们年轻时就生活在一起，产生“感情”，形成默契，能提高受精率。鹅同品种择偶性的严格程度是有差异的。

4. 迟熟性

鹅是长寿动物，成熟期和利用年限都比较长。一般中小型鹅的性成熟期为6～8个月，大型鹅种则更长。

（三）鹅的繁育方法

鹅的繁育方法可分为纯种繁育和杂交繁育两种。

1. 纯种繁育

纯种繁育是用同一品种内的公母鹅进行配种繁殖，这种方式能保持一个品种的优良性状，有目的地进行系统选育，能不断提高该品种的生产能力和育种价值，所以，无论在种鹅场或是商品生产场都被广泛采用。但要注意，采用本品种繁育，容易出现近亲繁殖的缺点，尤其是规模小的养鹅场，鹅群数量小，很难避免近亲繁殖，而引起后代的生活力和生产性能降低，体质变弱，发病率、死亡率增大，种蛋受精率、孵化率、产蛋率、蛋重和体重都会下降。为了避免近亲繁殖，必须进行血缘更新，即每隔几年应从外地引进体质强健、生产性能优良的同品种种公鹅进行配种。

2. 杂交繁育

不同品种间的公母鹅交配称为杂交。由两个或两个以上的品种杂交所获得的后代，具有亲代品种的某些特征和性能，丰富和扩大了遗传物质基础和变异性，因此，杂交是改良现有品种和培育新品种的重要方法。由于杂交一代常常表现出生活力强、成活率高、生长发育快、产蛋产肉多、饲料报酬高、适应性和抗病力强的特点，所以在生产中利用杂交生产出的具有杂种优势的后代，作为商品鹅是经济而有效的。根据杂交的目的可分为育种性杂交和经济性杂交。

（1）育种性杂交

① 级进杂交　级进杂交（改良杂交、改造杂交、吸收杂交）指用高产的优良品种公鹅与低产品种母鹅杂交，所得的杂种后代母鹅再与高产的优良品种公鹅杂交。一般连续进行3～4代，就能迅速而有效

地改造低产品种。当需要彻底改造某个种群（品种、品系）的生产性能或者是改变生产性能方向时，常用级进杂交。在进行杂交时应注意：一是根据提高生产性能或改变生产性能方向选择合适的改良品种；二是对引进的改良公鹅进行严格的遗传测定；三是杂交代数不宜过多，以免外来血统比例过大，导致杂种对当地的适应性下降。

② 导入杂交　导入杂交就是在原有种群的局部范围内引入不高于1/4的外来血统，以便在保持原有种群特性的基础上克服个别缺点。原有种群生产性能基本上符合需要，局部缺点在纯种繁殖下不易克服，此时宜采用导入杂交。在进行导入杂交时应注意：一是针对原有种群的具体缺点，进行导入杂交试验，确定导入种公鹅品种；二是对导入种群的种公鹅严格选择。

③ 育成杂交　指用两个或更多的种群相互杂交，在杂种后代中选优固定，育成一个符合需要的品种。当原有品种不能满足需要，也没有任何外来品种能完全替代时常采用育成杂交。进行育成杂交时应注意：一是要求外来品种生产性能好、适应性强；二是杂交亲本不宜太多以防遗传基础过于混杂，导致固定困难；三是当杂交出现理想型时应及时固定。

（2）经济（配套）性杂交

a．二系配套杂交。两个种群或品系进行杂交，利用F1代的杂种优势进行商品鹅生产。进行杂交时应注意：在大规模的杂交之前，必须进行配合力测定（配合力是指不同种群的杂交所能获得的杂种优势程度，是衡量杂种优势的一种指标）；配合力有一般配合力和特殊配合力两种，应选择最佳特殊配合力的杂交组合。

b．三系配套杂交。三系配套杂交指两个种群或品系的杂种一代和第三个种群或品系相杂交，利用含有三种群血统的多方面的杂种优势进行商品鹅生产。三系配套杂交，第一次杂交应注意繁殖性状，第二次杂交应强调生长等经济性状。

c．四系配套杂交。四系配套杂交是指4个种群或品系分为两组，先各自杂交，在产生杂种后，杂种间再进行第二次杂交。现代育种常采用近交系（近交系数达37.5%以上的品系）、专门化品系（专门用

于杂交配套生产用的品系）或合成系（以优良品系为基础，通过品系间多代正反交，对杂种封闭选育形成的新型品系）相互杂交。

（3）经济杂交应用

经济杂交是生产中获得优良商品鹅的最常用和最有效的方法，是提高养鹅经济效益的重要措施之一。国内外鹅的品种资源丰富，不同的鹅种有不同的特点和用途，进行经济杂交，必须注意如下问题。

① 注意杂交父本和母本的选择　用来杂交的母本：一是群体数量多，以节约引种成本，便于杂交技术的普及推广；二是繁殖性能好，产蛋数量多，以降低杂交一代商品鹅苗的生产成本；三是个体要相对较小，以便节约饲料，降低种鹅的生产成本。如四川白鹅、豁眼鹅、籽鹅分别是我国中小型鹅种中产蛋量最多的鹅种，太湖鹅虽然产蛋量不算最高，但其个体小、饲养成本低，这些鹅种作为母本进行杂交的效果显著。用来杂交的父本则应选择个体大、生长速度快、饲料利用率高、肉质好的品种或品系，如莱茵鹅、皖西白鹅。以莱茵鹅为父本，与我国的中小型鹅种杂交可以显著改善我国地方鹅种个体小、生长慢的不足。皖西白鹅羽绒质量好，属中型鹅种，可以用它作父本，与我国地方的中小型鹅种进行杂交，生产毛肉兼用型商品鹅。

另外，用来杂交的父本和母本的原产地应距离较远，且来源差别大，这样杂交后代的杂种优势才会明显，杂交的互补性才更强。

② 注意杂交后代羽色的显隐性关系　售鹅毛是养鹅和鹅产品加工中的重要增收方法之一，由于白色的鹅毛市场价格高，因此在杂交组合时应注重父本和母本的羽色选择，使生产的杂交商品鹅的白色羽毛均匀一致。

③ 注意杂交后种蛋的受精率　杂交的目的不仅要使子代生长快，也要获得大量的雏鹅，如果杂交后种蛋的受精率低，直接影响经济效果。如本交的情况下，父本的体型过大，受精率大幅降低。如使用我国的狮头鹅作为父本，与中小型鹅杂交，受精率很低。采用人工授精可以大幅度提高受精率。

三、种鹅选择

加强种鹅选择可以提高种鹅的繁殖性能和仔鹅的生长性能。通常采用的选择方法是根据体型外貌选择和根据记录资料选择。有条件时，尽可能将两种方法结合起来选择。

1. 根据体型外貌进行选择

体型外貌特征在一定程度上可反映出种鹅的生长发育、健康和生产性能状况。根据体型外貌进行选择，是鹅群发育工作中通常采用的简单、快速的选种方法，特别适用于不进行个体记录的生产商品鹅的种鹅场，见表 1-1。

表 1-1　根据体型外貌进行选择的时间和要求

类型	时间	标准
雏鹅	出壳后 12 小时以内	雏鹅血统要记录清楚；来自高产个体或群体的种蛋，应具备该品种特征，如绒毛、喙、脚的颜色和出壳重符合要求，雏体健康（杂色、弱雏鹅等不符合品种要求以及出壳太重或太轻的干瘦、大肚脐、眼睛无神、行动不稳和畸形的雏鹅应淘汰或作为商品肉鹅饲养）
青年鹅	雏鹅 30 日龄脱温后转群之前	生长发育快，体重大。公雏的体重应在同龄、同群平均体重以上，高出 1 ～ 2 个标准差，并符合品种发育的要求；体型结构良好，羽毛着生情况正常，符合品种或选育标准要求；选体质健康、无疾病史的个体。淘汰那些体重小，生长发育落后，羽毛着生慢以及体型结构不良的个体
后备种鹅	中鹅阶段（70 ～ 80 日龄）饲养结束后转群前	公鹅要求体型大，体质结实，各部结构发育均匀，肥度适中，头大适中，两眼有神，喙正常无畸形，颈粗而稍长（作为生产肥肝的中鹅应粗而短），胸深而宽，背宽长，腹部平整，脚粗壮有力、长短适中、距离宽，行动灵活，叫声响亮。选留公鹅数要比按配种的公母比例要求多留 20% ～ 30% 作为后备
		后备母鹅要求体重大，头大小适中，眼睛灵活，颈细长，体型长而圆，前躯浅窄，后躯深宽，臀部宽广

续表

类型	时间	标准
成年种鹅	进入性成熟期，转入种鹅群生产阶段前	要在后备种鹅选留的基础上进行严格选留和淘汰，淘汰那些体型不正常，体质弱，健康状况差，羽毛混杂（白鹅绝不能有异色杂毛），肉瘤、喙、眼、胫等颜色不符合品种要求（或选育指标）的个体。特别是对公鹅的选留，要进一步检查性器官的发育情况，严格淘汰阴茎发育不良、阳痿和有病的公鹅，选留阴茎发育良好、性欲旺盛、精液品质优良的公鹅作种用。公母鹅的留种比例以1∶6为宜，公母合群饲养，自由交配
经产种鹅	具有1～2年以上生产记录的种鹅	第一个产蛋周期结束后，根据母鹅的开产期、产蛋性能、蛋重、受精率和就巢情况选留。有个体记录的还可以根据后代生产性能和成活率、生长速度、毛色分离等情况进行鉴定选择。在选留种鹅时，种母鹅应生产力好，颈短身圆，眼亮有神，性情温顺，善于采食，生长健壮，羽毛紧密，前躯较浅，后躯较宽，臀部圆阔，脚短匀称，尾短上翘，卵泡显著，产蛋率高，具有品种特征。种母鹅必须经过一个冬春的产蛋观察才能定型，白鹅品种的母鹅需年产蛋90枚以上才留作种鹅
		种公鹅应是遗传性好，发育正常，叫声洪亮，体大脚粗，肉瘤凸出，体型高大，性欲旺盛，采食力强，羽毛紧凑，健康无病，配种力强，具有显著的品种雄性特征

2. 根据记录资料进行选择

单凭外貌进行选择，难以准确地选出具有优良性能，并能把优良性状真实遗传给后代的种鹅。只有依靠科学的记录资料，进行统计分析，才能保证选择的正确。为此，种鹅场必须对种鹅的产蛋量、蛋重、蛋形指数、开产日龄、饲料消耗量、母鹅的受精率、种蛋孵化率、雏鹅初生重、4周龄重、8周龄重、育成期末重、开产期重（肝用品种还要测定种鹅后裔的肥肝重，毛用品种还要测定每年产毛量和含绒率等）等生产性能指标，进行比较系统的测定和记录，然后利用这些资料采用适当方法选种，见表1-2。

表 1-2　根据记录资料选种方法

根据系谱资料选择	据双亲及祖代的成绩进行选择，因为亲代的表现，在遗传上有一定的相似性，可以据此对被选的种鹅作出大致的判断。在运用系谱资料进行分析时，血缘关系愈近则影响愈大，即亲代的影响比祖代大，祖代比曾祖代大
根据本身成绩选择	系谱资料反映的是上代的情况，只说明生产性能可能会怎样，而本身的成绩，则说明其生产性能已经是怎样，这是选种工作的重要根据。但依据本身成绩进行的选择，只有应用于遗传力高的性状，才能取得明显的选择效果，而遗传力低的性状，选择的效应很差
根据同胞成绩选择	同父母的兄弟姐妹叫全同胞，同父异母的或同母异父的兄弟姐妹叫半同胞，它们之间有共同的祖先，在遗传上有一定的相似性，尤其是选择公鹅的产蛋性能，可以作为主要依据之一
根据后裔成绩选择	选出优秀的种鹅，但它是否能够真实稳定地将优秀性状遗传给下一代，还必须进行后裔测定，了解下一代子女的成绩，选择才能更准确、更有效

四、培育优质的后备鹅

（一）雏鹅的饲养管理

雏鹅是指孵化出壳后到 4 周龄或 1 个月内的小鹅。雏鹅饲养管理的好坏不仅直接影响到雏鹅成活率和生长发育，而且影响以后的种用价值。只有加强雏鹅的饲养管理，才能提高鹅群成活率，保证鹅群均匀整齐，体质健壮，发育良好，为种鹅繁殖和肉鹅生产打下良好基础。

1. 雏鹅的特点

① 生长发育快，新陈代谢旺盛，但消化道容积小　雏鹅生长发育快，长到 20 日龄时，小型鹅体重比出壳时增长 6 ～ 7 倍，中型鹅增长 9 ～ 10 倍，大型鹅可增长 11 ～ 12 倍；雏鹅体温高，呼吸快，体内新陈代谢旺盛，需水较多。但雏鹅消化道容积小，消化能力差，而且吃下的食物通过消化道的速度快（雏鹅平均保留 1.3 小时，而雏鸡为 4 小时）。因此，为保证雏鹅快速生长发育的营养需要，在饲养管理中要及时饮水，保证充足供水；饲料的营养浓度要高，各种营养素要全面平衡，适当添加优质的、易消化的青饲料；在给饲时要少喂多餐，以

利于雏鹅的生长发育。

② 体温调节能力差　雏鹅出壳后，全身仅被覆稀薄的绒毛，保温性能差，消化吸收能力又弱，加之体温调节能力差，因此对外界温度的变化适应力弱，特别是对冷的适应性较差。随着日龄的增加，这种自我调节能力虽有所提高，但仍较薄弱，必须采用人工保温。在培育工作中，为雏鹅创造适宜的温度环境，是保证雏鹅的生长发育和成活的基础。否则，会出现生长发育不良、成活率低，甚至造成大批死亡。特别是20日龄以内的雏鹅，当温度稍低时就易发生打堆现象，常出现受捂压伤，甚至大批死亡。受捂小鹅即使不死，生长发育也慢，易成“小老鹅”，故民间养鹅户常说：“小鹅要睡单，就怕睡成山（打堆）；小鹅受了捂，活像小老鼠（小老鹅）。”为防止打堆及对雏鹅的危害，在育雏时控制好育雏的温度，还要保持适当的饲养密度，避免拥挤。

③ 抵抗力差　雏鹅体小质弱，抵抗力和抗病力较差，加上密集饲养，容易感染各种疾病。一旦发病会损失严重，因此要加强管理，严格落实卫生防疫制度，减少疾病危害。

④ 公母雏生长速度不同　公母雏鹅生长速度不同，同样饲养管理条件下，公雏比母雏增重快5%～25%，单位增重耗料也少。据国外试验，公母雏鹅分开饲养，60日龄时的成活率要比公母雏鹅混养高1.8%，每千克增重少耗料0.26千克。所以，在条件许可的情况下，育雏时应尽可能做到公母雏鹅分群饲养，以便获得更高的经济效益。

2. 雏鹅的营养需要和饲料配制

（1）需要的营养物质

鹅的生存、生长和繁衍后代等生命活动，离不开营养物质。营养物质必须从外界饲料摄取。饲料中凡能被鹅用来维持生命、生产禽类产品、繁衍后代的物质，均称为营养物质（营养素）。饲料中含有各种各样的营养素，不同的营养素具有不同的营养作用。营养物质主要是蛋白质、糖类、脂肪、矿物质、维生素和微量元素等。

蛋白质主要是由碳、氢、氧、氮四种元素组成。此外，有的蛋白

质还含有硫、磷、铁、铜和碘等。蛋白质在鹅体内具有重要的营养作用，占有特殊的地位，不仅是构成肌肉、神经、内脏器官、血液等体组织和体细胞以及各种禽（鹅）产品（如肉、蛋等）的基本原料，而且是组成生命活动所必需的各种酶、激素、抗体以及其他许多生命活性物质的原料。蛋白质在体内也可以分解供能，每克约提供能量16.74千焦，或转变为糖和脂肪等。蛋白质不能用其他营养物质替代，必须由饲料不断供给。蛋白质是由氨基酸组成的，蛋白质营养实质上是氨基酸营养。其营养价值不仅取决于所含氨基酸的数量，而且取决于氨基酸的种类及相互间的平衡关系。组成蛋白质的各种氨基酸，虽然对动物来说都是不可缺少的，但它们并非全部需要直接由饲料提供。必需氨基酸，如赖氨酸、蛋氨酸、色氨酸、苯丙氨酸、亮氨酸、异亮氨酸、缬氨酸和苏氨酸等需要饲料供给；非必需氨基酸是指在鹅体内合成较多或需要较少，不需由饲料来供给，也能保证畜禽正常生长的氨基酸，即必需氨基酸以外的均为非必需氨基酸。例如，丝氨酸、谷氨酸、丙氨酸、天门冬氨酸、脯氨酸和瓜氨酸等。鹅可以利用由饲料供给的含氮物在体内合成，或用其他氨基酸转化代替这些氨基酸。

糖类包括淀粉、纤维素、半纤维素、木质素、果胶、糖胺聚糖等物质。饲料中的糖类除少量的葡萄糖和果糖外，大多数以多糖形式的淀粉、纤维素和半纤维素存在。淀粉主要存在于植物的块根、块茎及谷物类子实中，其含量可高达80%以上。在木质化程度很高的茎、叶、稻壳中，可溶性糖类的含量则很低。淀粉在动物消化道内，在淀粉酶、麦芽糖酶等水解酶的作用下水解为葡萄糖而被吸收。纤维素、半纤维素和木质素存在于植物的细胞壁中。鹅有发达的盲肠，可以提高其对纤维素的消化率。饲料中纤维素的含量可控制在5%～10%，如果饲料中纤维素含量过少，也会影响胃、肠的蠕动和营养物质的消化吸收，并且易发生吞食羽毛、啄肛等不良现象。糖类在体内可转化为肝糖原和肌糖原储存起来，以备不时之需。如果饲料中糖类供应不足，不能满足鹅维持生命活动需要时，鹅为了保证正常的生命活动，就必须动用体内的储备物质，首先是糖原，继而是体脂。如仍不足时，则开始挪用蛋白质代替糖类，以解决所需能量的供应。在这种情况下，动物表现出机体消瘦，体重减轻，生产性能下降，产蛋减少等现象。鹅的一切生命活动，如躯体运动、呼吸运动、血液循环、消化吸收、废物排泄、神经活动、繁殖后代、体温调节与维持等，都需要耗能，而这些能量主要靠饲料中的糖类进行生理氧化来提供。

脂肪是广泛存在于动、植物体内的一类有机化合物。根据其分子结构的不同，可分为真脂肪和类脂肪两大类。脂肪和糖类一样，在鹅体内分解后产生热量，用以维持体温和供给体内各器官活动所需要的能量，其分解后的热能是糖类或蛋白质的2.25倍。脂肪是体细胞的组成成分，是合成某些激素的原料，尤其是生殖激素大多需要胆固醇作原料。脂肪也是脂溶性维生素的携带者，脂溶性维生素A、维生素D、维生素E、维生素K必须以脂肪作溶剂在体内运输。若日粮中缺乏脂肪时，容易影响这一类维生素的吸收和利用，导致鹅患脂溶性维生素缺乏症。亚油酸在体内不能合成，必须从饲料中摄取，称必需脂肪酸。必需脂肪酸缺乏，影响磷脂代谢，造成膜结构异常、通透性改变、皮肤和毛细血管受损。以玉米为主要成分的饲料中通常含有足够的亚油酸，而以稻谷、高粱和麦类为主要成分的饲料中可能出现亚油酸的不足。

矿物质（矿物元素）是一类无机营养物质。存在于鹅体内的各种组织及细胞中，除碳、氢、氧和氮，主要以有机化合物形式存在外，其余的各种元素无论含量为多少，统称为矿物质或矿物元素。按照各种矿物元素在动物体内的含量不同，可将其分为常量元素与微量元素两类。常量元素是指占动物体总重量0.01%以上的元素，包括钙、磷、镁、钠、钾、氯和硫7种元素；微量元素则是指占动物体总重量0.01%以下的元素，包括铁、铜、锌、锰、碘、钴、硒、钼、铬等40余种元素。常量元素占动物体内矿物元素总量的99.95%，而微量元素仅占矿物元素总量的0.05%。目前，动物营养学界多采用此种分类方法。

维生素是鹅机体进行新陈代谢、生长发育和繁衍后代所必需的一类有机化合物。鹅对维生素的需要量很小，通常以毫克计。但它们在鹅体生命活动中的生理作用却很大，而且相互不可代替。维生素不是形成鹅机体各种组织、细胞和器官的原料，也不是能量物质，它们主要是以辅酶和辅基的形式参与构成各种酶类，广泛地参与鹅体内的生

物化学反应，从而维持鹅机体组织和细胞的完整性，以保证鹅的健康和生命活动的正常进行。鹅体内的维生素可从饲料中获取、消化道中微生物合成和动物体的某些器官合成，共三种途径。鹅的消化道短、消化道内的微生物较少，合成维生素的种类和数量都有限。鹅除肾脏能合成一定量的维生素C外，其他维生素均不能在鹅体内合成，而必须从饲料中摄取。鹅缺乏某种维生素时，会引起相应的新陈代谢和生理机能的障碍，导致特有的疾病，称为某种维生素缺乏症。数种维生素同时缺乏而引起的疾病，则称为多种维生素缺乏症。

水是鹅机体一切细胞和组织的组成成分。水广泛分布于各器官、组织和体液中。体液以细胞膜为界，分为细胞内液和细胞外液。正常动物，细胞内液约占体液的2/3；细胞外液主要指血浆和组织液，约占体液的1/3。细胞内液、组织液和血浆之间的水分不断进行着交换，保持着动态平衡。组织液是血浆中营养物质与细胞内液中代谢产物进行交换的媒介。动物体内水的营养作用是很繁杂的，所有生命活动都依赖于水的存在。其主要生理功能是参与体内物质运输（体内各种营养物质的消化、吸收、转运和大多数代谢废物的排泄，都必须溶于水中才能进行转送）、参与生物化学反应（在动物体内的许多生物化学反应都必须有水的参与，如水解、水合、氧化还原、有机物的合成、所有聚合和解聚作用都伴有水的结合或释放）、参与体温调节（鹅体内新陈代谢过程中所产生的热，被吸收后通过体液交换和血液循环，经皮肤中的汗腺和肺部呼气散发出来）。鹅得不到饮水比得不到饲料更难维持生命。饥饿时鹅可以消耗体内的绝大部分脂肪和一半以上的蛋白质而维持生命；如果体内水分损失达10%，则可引起机体新陈代谢的严重紊乱；如体内损失20%以上的水分，即可引起死亡，高温季节缺水的后果更为严重。

（2）营养需要

雏鹅的营养标准见相关标准。

（3）鹅日粮配合的原则

① 营养原则　配合日粮时，应该以鹅的饲养标准为依据。但鹅的营养需要是个极其复杂的问题，饲料的品种、产地、保存好坏会影响

饲料的营养含量，鹅的品种、类型、饲养管理条件等也能影响营养的实际需要量，温度、湿度、有害气体、应激因素、饲料加工调制方法等也会影响营养需要和消化吸收。因此，原则上按饲养标准配合日粮，但也要根据实际情况作适当的调整。

② 生理原则　配合日粮时，必须根据各类鹅的不同生理特点，选择适宜的饲料进行搭配。如雏鹅，需要选用优质的粗饲料，比例不能过高；成年鹅对粗纤维的消化能力增强，可以提高粗饲料用量，扩大粗饲料选择范围。还要注意日粮的适口性、容重和稳定性。

③ 经济原则　养鹅生产中，饲料费用占养鹅成本的70%～80%。因此，配合日粮时，充分利用饲料的替代性，就地取材，选用营养丰富、价格低廉的饲料原料来配合日粮，以降低生产成本，提高经济效益。

④ 安全性原则　饲料安全关系到鹅群健康，更关系到食品安全和人民健康。所以，配制的饲料要符合国家饲料卫生质量标准，饲料中含有的物质、品种和数量必须控制在安全允许的范围内，有毒物质、药物添加剂、细菌总数、霉菌总数、重金属等不能超标。

（4）鹅的日粮配方设计

配合日粮要先设计日粮配方，然后按照配方配制。鹅的日粮配方设计方法很多，如四角形法、线性规划法、试差法、计算机法等。目前多采用试差法。

试差法是畜牧生产中常用的一种日粮配合方法。此法是根据饲养标准及饲料供应情况，选取数种饲料，先初步规定用量进行试配，然后将其所含养分与饲养标准对照比较，差值可通过调整饲料用量使之符合饲养标准的规定。应用试差法一般经过反复的调整计算和对照比较。

① 具体步骤　查找饲养标准，列出饲养对象的营养需要量；查饲料营养价值表，列出所用饲料的养分含量；初拟配方。根据饲养对象配合日粮对饲料种类大致比例的要求，初步确定各种饲料的用量，并计算其养分含量，然后将各种饲料中的养分含量相加，并与饲养标准对照比较；调整。根据初拟配方的营养水平与饲养标准比较的差异程

度，调整某些饲料的用量，并再次进行计算和对照比较，直至与标准符合或接近为止。

② 示例　选择玉米、豆饼、菜籽饼、进口鱼粉、麸皮、骨粉、石粉、食盐和 0.5% 的预混剂，设计 0 ～ 3 周龄的肉雏鹅日粮配方。

首先列出雏鹅的各种营养物质需要量以及所用原料的营养成分，见表 1-3、表 1-4。

表 1-3　雏鹅的饲养标准

代谢能 /（兆焦 / 千克）	粗蛋白 /%	钙 /%	磷 /%	赖氨酸 /%	蛋氨酸 /%	食盐 /%
11.53	20	1.0	0.8	1.0	0.43	0.3

表 1-4　饲料原料的营养成分

饲料名称	代谢能 /(兆焦 / 千克)	粗蛋白 /%	钙 /%	磷 /%	赖氨酸 /%	蛋氨酸 /%
玉米	13.56	8.7	0.02	0.27	0.24	0.18
麸皮	6.82	15.7	0.11	0.92	0.58	0.13
豆粕	9.64	42.8	0.32	0.61	2.45	0.56
菜籽粕	7.41	38.6	0.65	1.02	1.30	0.63
鱼粉	11.67	62.8	4.04	2.9	4.90	1.84
石粉			36			
骨粉			36.4	16.4		

初步确定所用原料的比例并计算代谢能和蛋白质的含量，见表 1-5。

表 1-5　拟定的饲料配方与计算结果

饲料组成 /%		代谢能 /（兆焦 / 千克）	粗蛋白 /%
玉米	60	13.56×0.6=8.136	8.7×0.6=5.22
麸皮	10	6.82×0.1=0.682	15.7×0.1=1.57
豆粕	20	9.64×0.2=1.928	42.8×0.2=8.56

续表

饲料组成 /%	代谢能 /（兆焦 / 千克）	粗蛋白 /%
菜籽粕　5	7.41×0.05=0.3705	38.6×0.05=1.93
鱼粉　4	11.67×0.04=0.4668	62.8×0.04=2.512
合计	11.583	19.792
标准	11.53	20
相差	+0.053	−0.208

由表 1-5 可看出，代谢能比标准多 0.053 兆焦 / 千克，蛋白质少 0.208%，用蛋白质含量高的豆粕代替相同代谢能含量的玉米，提高蛋白质 0.208% 需要增加 0.61%[0.208÷(42.8−8.7)×100%] 的豆粕，代谢能减少 0.024 兆焦 / 千克 [0.61%×(13.56−9.64)]，则配方中的代谢能为 11.536 兆焦 / 千克，蛋白质为 20%，基本满足要求。

计算其余的营养成分含量并配合平衡，见表 1-6。

表 1-6　钙、磷、赖氨酸和蛋氨酸的含量

饲料组成 /%	钙 /%	磷 /%	赖氨酸 /%	蛋氨酸 /%
玉米 59.13	0.02×0.5913=0.012	0.27×0.5913=0.16	0.24×0.5913=0.142	0.18×0.5913=0.106
麸皮 10	0.11×0.1=0.011	0.92×0.1=0.092	0.58×0.1=0.058	0.13×0.1=0.013
豆粕 20.87	0.32×0.2087=0.067	0.61×0.2087=0.127	2.45×0.2087=0.511	0.56×0.2087=0.117
菜籽粕 5	0.65×0.05=0.033	1.02×0.05=0.051	1.30×0.05=0.065	0.63×0.05=0.032
鱼粉 4	4.04×0.04=0.162	2.9×0.04=0.116	4.90×0.04=0.196	1.84×0.04=0.074
合计	0.285	0.546	0.972	0.342
标准	1.0	0.8	1.0	0.43
相差	−0.715	−0.254	−0.028	+0.088

由表 1-6 可知钙、磷都少于标准，先用骨粉补充。缺 0.254% 磷需要骨粉 1.55%（0.254÷16.4），可以增加 0.564% 钙（1.55%×36.4%）。钙缺 0.151%，需要石粉 0.4%（0.151÷36×100%）；蛋氨酸超过标准，可满足需要；赖氨酸比标准少，补充赖氨酸 0.028%；另外添加 0.3% 食盐和 0.5% 的预混料添加剂。配方总量为 101.78%，多出 1.78%，玉米减去 1%，麸皮减去 0.78%。

饲料配方为：玉米 58.13%、豆粕 20.87%、菜籽粕 5%、鱼粉 4%、麸皮 9.2%、骨粉 1.55%、石粉 0.4%、食盐 0.3%、赖氨酸 0.028% 和预混添加剂 0.5%。

（5）鹅的配方举例

见附录。

3. 育雏条件

根据雏鹅生长发育特点，为雏鹅提供适宜的环境条件，可以保证雏鹅正常生活和生长。

（1）适宜的温度

雏鹅体温调节机能不健全，防寒能力差，所以育雏期需要人工给予适宜的环境温度。温度不仅影响雏鹅的体温调节、运动、采食、饮水及饲料营养消化吸收和休息等生理活动，还影响机体的代谢、抗体产生、体质状况等。温度关系到育雏成败，温度适宜有利于提高雏鹅的成活率，促进雏鹅的生长发育。育雏温度随着日龄增加逐渐降低，直至脱温。各类鹅舍主要环境参数见表 1-7。

表 1-7　各类鹅舍主要环境参数

项目	温度 /℃	相对湿度 /%	噪声允许强度 / 分贝	尘埃允许量 /(毫克 / 米 ^{3})	有害气体 /（毫克 / 米 ^{3}）		
					NH_3	H_2S	CO_2
成年鹅舍	10 ～ 15	60 ～ 70	90	2 ～ 5	12	15	2950
1 ～ 30 日龄笼养	20	65 ～ 75	90	2 ～ 5	8	15	2950
1 ～ 30 日龄平养	22 ～ 20	65 ～ 75	90	2 ～ 5	8	15	2950
30 ～ 65 日龄	20 ～ 18	65 ～ 75	90	2 ～ 5	8	15	2950
66 ～ 240 日龄	16 ～ 14	70 ～ 80	90	2 ～ 5	12	15	2950

温度计的位置直接影响到育雏温度的准确性和育雏效果。保姆伞育雏，温度计悬挂在距伞边缘 15 厘米，高度与鹅背相平（大约距地面 8 ～ 10 厘米处）；暖房式加温，温度计挂在距地面、网面或笼底面 8 ～ 10 厘米高处。室内温度的测定，温度计应挂在育雏室内两窗之间

距地面 1.5 ～ 2 米高处。

育雏过程中，应根据幼雏的体质、时间、群体任务给予调整，使温度适宜、均衡、变化小。调整原则是：出壳后温度稍高，以后逐渐降低，直至 20 天以上根据外界气温情况逐渐脱温；白天雏鹅活动时，温度可稍低，夜晚雏鹅休息时，温度可稍高；周初比周末温度可稍高；健雏稍低，病弱雏稍高；大群稍低，小群稍高；晴朗天稍低，阴雨天稍高。雏鹅对温度变化较为敏感，可以根据雏鹅的行为表现适当调整育雏温度，即“看雏施温”：温度适宜时，雏鹅分布均匀，食欲良好，饮水适度，采食量每日增加，精神活泼，行动自如，叫声轻快，羽毛光洁整齐，粪便正常。饱食后的休息均匀分布在热源周围的地面或网面上，头颈伸直，睡姿安详。幼雏拥挤叠堆，尽量靠近热源是温度低；远离热源，向四周散开，饮水多是温度高。

（2）适宜的湿度

鹅虽属于水禽，但怕圈舍潮湿，30 日龄以内的雏鹅更怕潮湿。潮湿对雏鹅健康和生长影响很大，若湿度高且温度低，体热散发而感到寒冷，易引起感冒和下痢。若湿度高温度也高，则体热散发受抑制，体热积累造成物质代谢与食欲下降，抵抗力减弱，发病率增加。因此，育雏室应建于地势较高、排水良好的沙质土壤为佳。育雏室的门窗不宜密封，要注意通风透光。室内相对湿度的具体要求见表 1-7。室内不宜放置湿物，喂水时切勿外溢，要注意保持地面干燥。尤其是育雏笼，每次喂料后要增添一点湿料。自温育雏在保温与防湿上存在一定矛盾，如在加覆盖物时温度便上升，湿度也增加，加上雏鹅日龄增大，采食与排粪量增加，湿度将更大，因此，在加覆盖物保温时不能密闭，应留一通气孔。此外，育雏室与育雏笼内温度、湿度相差较大，当揭开覆盖物喂饲时，甚易感冒，忽冷忽热，尤其寒冷季节更为严重。育雏室内最好有保温设备，特别在大规模育雏时，不但管理方便，而且可提高劳动效率和育雏成绩。

（3）营养充足、全面、平衡的日粮

雏鹅生长迅速，代谢旺盛，要保证雏鹅正常的生长发育，必须供给充足的营养。雏鹅消化道容积小，消化系统发育差，饲料要易于消

化吸收，要选用优质的饲料原料（如玉米、豆粕）和优质的青饲料（洁净的青菜、鲜嫩的青草）等。

（4）新鲜的空气

由于雏鹅生长发育较快，新陈代谢非常旺盛，排出大量的二氧化碳和水蒸气。粪便中大量的有机物发酵分解产生的氨气和硫化氢等有害气体以及人工供温使用的燃料不完全燃烧产生的一氧化碳，这都会使舍内空气污浊，影响雏鹅生长发育。为此，育雏室必须进行适宜的通风换气，驱除污浊气体，减少舍内的水气、尘埃和微生物。

育雏舍既要保温，又要注意通风换气，保温与通气是矛盾的，应在保温的前提下，进行适量通风换气。育雏前期，注意保温，适量通风，育雏后期，舍内空气容易污浊，应增加通风量。通风换气时，不能让进入室内的风吹到雏鹅身上，防止受凉而引起感冒。同时，自温育雏的覆盖物要留气孔，不能盖严。

（5）适宜的饲养密度

饲养密度是指每平方米面积容纳的鹅数。饲养密度直接影响鹅的生长发育。影响鹅饲养密度的因素主要有品种、周龄与体重、饲养方式、房舍结构及地理位置等。一般来说，房舍的结构合理，通风良好，饲养密度可适当大些，笼养密度大于网上平养，而网上平养又大于地面厚垫料平养。体重大的饲养密度小，体重小，饲养密度可大些。饲养密度过大，鹅群拥挤，生长发育缓慢，发育不均匀，并出现相互啄羽、啄趾、啄肛等现象，死亡淘汰率高；饲养密度过小，造成空间浪费，所以要保持适宜的饲养密度。不同饲养方式的饲养密度见表1-8。

表1-8　不同饲养方式的饲养密度

周龄	地面平养/（只/米^2）	网上平养/（只/米^2）	立体笼养/（只/米^{2}笼底面积）
1	20～25	25～30	40～50
2	15～20	18～25	30～40
3	12～15	14～18	20～30
4	8～12	10～14	15～20

（6）合理的光照

光照影响雏鹅的生长发育和性成熟时间，需制订严格的光照程序。育雏 1 ～ 3 天，每天 23 ～ 24 小时光照，光照强度 30 ～ 40 勒克司（照度单位，为距离一个光强的 1 坎的光源，在 1 米处接受的照明强度），使雏鹅尽快适应和熟悉环境，尽早学会饮水采食。以后每两天减少 1 小时，至 4 周龄时采用自然光照。

（7）卫生

雏鹅体小质弱，对环境的适应力和抗病力都很差，容易发病，特别是传染病。所以要加强入舍前的育雏舍消毒，加强环境和出入人员、用具设备消毒，经常带鹅消毒，并封闭育雏舍，做好隔离。

4. 育雏方式

鹅的育雏方式有平面育雏和立体育雏。

（1）平面育雏

① 地面平育　在鹅舍地面上铺 5 ～ 10 厘米厚垫料，雏鹅在上面自由活动，育雏前期可在垫料上铺上黄纸，有利于饲喂和雏鹅活动。垫料经常松动和更换，把潮湿污浊的垫料拿到室外晒干后再用，但发生传染病后的垫料要焚烧处理。对垫料的要求是重量轻、吸湿性好、易干燥、柔软有弹性、廉价、适于作肥料。常用的垫料有稻壳、花生壳、松木刨花、锯屑、玉米芯、秸秆等。

② 网上育雏　就是将雏鹅养在离地面 80 ～ 100 厘米高的网上。网面的构成材料种类较多，有钢制的（钢板网、钢编网）、木制的和竹制的，现在常用的是竹制的，将多个竹片串起来，制成竹片间距为 1.5 ～ 2 厘米竹排，将多个竹排组合形成育雏网面，育雏前期再在上面铺设塑料网。保温形式可用电热保温伞或煤炉作为热源对育雏舍保温。网上育雏的优点是粪便直接落入网下，雏鹅不与粪便接触，减少了被病原感染的机会，饲养密度高，减少了投资。

（2）立体育雏

立体育雏也是笼育，就是把雏鹅养在多层笼内。笼育可增加饲养密度，节约建筑面积，便于机械化饲养，管理定额高。育雏笼由笼架、

笼体、料槽、水槽和托粪盘构成，根据笼的摆放形式分为重叠式和阶梯式。重叠式一般笼架长 100 厘米，宽 60 ～ 80 厘米，高 150 厘米。从离地 30 厘米起，每 40 厘米为一层，可设三层或四层，笼底与托粪盘相距 10 厘米。这一饲养方法，目前在我国农村尚未广泛推广使用，但随着养鹅技术的提高及规模的扩大，将会逐渐推广应用到生产中。

（3）自温育雏

在华东或华南一带气候较暖，多采用自温育雏，即利用鹅自身散发的热量，采取保温措施，获得较好的温度条件来育雏。一般是将鹅放在铺有干燥、清洁垫草的箩筐、木桶、纸箱、草围内，加盖保温物品，通过增减覆盖物、垫草厚度或调整雏鹅密度等措施来调节温度。保温用具最好是圆形，因为有棱角的地方容易挤死雏鹅。这种育雏方法，设备简单、经济，但管理麻烦、卫生条件差，适于小群育雏和气候较暖和的地方育雏。

5. 育雏准备

根据育雏数量和育雏方式准备好育雏舍，并进行彻底的清洁消毒；配备好饲喂、饮水和消毒防疫用具；准备好饲料（饲料在雏鹅入舍前 1 天进入育雏舍，准备的饲料可饲喂 5 ～ 7 天，太多饲料易变质或营养损失；准备适宜的青饲料）、药品（疫苗等生物制品；土霉素、庆大霉素、恩诺沙星等抗菌药物和球痢灵、杜球、三字球虫粉等抗球虫药物；酸类、醛类、氯制剂等消毒药物；糖、奶粉、多维电解质等营养剂和维生素 C、速溶多维等抗应激剂）和安排好工作人员（育雏人员在育雏前 1 周左右到位并着手工作）。

安装好供温设备后要调试，观察温度能否达到要求，需要多长时间。如果达不到要求，要采取措施尽早解决。雏鹅入舍前 2 天，要使温度上升到育雏温度且保持稳定。

6. 雏鹅的饲养

（1）饮水

雏鹅入舍休息一会，应开水（开料之前的初次饮水叫“潮口”）。

由于出壳时雏鹅腹内带有的卵黄可为出壳后的雏鹅提供营养（维持90多个小时），在吸收卵黄的过程中，需消耗较多的水分，所以，进入育雏室后应先饮水。如果不能及时饮水，容易引起雏鹅体内缺水和脱水。有的虽然喂给雏鹅一些浸湿的碎米和青饲料，但这些水分远远不能满足需要。缺水一方面会严重影响雏鹅的生长发育，甚至引起死亡；另一方面突然供水时或放到水池里，立即引起“呛水”暴饮，造成生理上酸碱平衡失调所致的“水中毒”。

雏鹅入舍后3～4天，饮5%～10%的葡萄糖和0.05%速溶多维水，有利于缓解应激和疲劳，以后饮用普通清洁水。“潮口”时诱导雏鹅饮水，即将雏鹅（逐只或一部分）的嘴在饮水器里轻轻按1～2次，使之与水接触，就训练一部分小鹅先学会饮水，然后通过模仿行为，其他的鹅也会陆续来饮水。也有的地方采用把小鹅放在竹筐里，再把竹筐放在水盆里或者河水里，让小鹅隔筐站在水中（3～4厘米深），使之接触水、喝水。但这种方法易弄湿绒毛而受凉，必须谨慎从事。

育雏舍内饮水器要摆放均匀，位置要求固定，切忌随便移动。饮水器中经常有洁净的水，保证雏鹅随时都可喝到水，避免长时间断水而引起“暴饮”。如果雏鹅较长时间缺水，为防止因骤然供水引起暴饮造成的损失，宜在饮水中按0.9%的比例加入食盐，调制成生理浓度，这样的饮水即使暴饮也不会影响血液中正负离子的浓度，而无须担心暴饮造成的“水中毒”。天气寒冷时用温水。每次换水时要清洗、消毒饮水器。

（2）饲喂

① 适时开食　雏鹅开食过晚，不利于雏鹅的生长发育。开食必须在第一次饮水后，当雏鹅开始“起身”（站起来活动）并表现有啄食行为时进行，一般是在出壳后24～36小时内（雏鹅的第一次饲喂叫“开食”）。

开食的精料可用细小的谷实类或全价饲料，如碎米和小米，经清水浸泡2小时后，喂前沥干水。开食的青料要求新鲜、易消化，以幼嫩、多汁的为好。青料喂前要剔除黄叶、烂叶和泥土，去除粗硬的叶脉茎秆，并切成1～2毫米宽的细丝状。饲喂时把加工好的青料放在

手上晃动，并均匀地撒在草席或塑料布上，引诱鹅采食。个别反应迟钝、不会采食的鹅，可将青料送到其嘴边，或将其头轻轻拉入饲料盆中。开食可以先青后精，也可以先精后青，还可以青精混合，如把育雏料拌入少量青菜，均匀地撒在塑料布上。第一次喂食不求雏鹅吃饱，吃 7 ～ 8 分饱后，即收起塑料布。过 2 ～ 3 小时再用同样方法调教，几次以后鹅就会自动吃食，2 ～ 3 天后逐步改用饲槽。青料在切细时不可挤压。切碎的青料不可存放过久。雏鹅对脂肪的利用能力很差，饲料中忌油，不要用带油腻的刀切青料，更不要加喂含脂肪较多的动物性饲料。

② 雏鹅的饲喂　雏鹅学会采食后，可使用营养全面的配合饲料与青饲料拌喂。饲喂方法是“先饮后喂、定时定量、少给勤添、防止暴食”。10 日龄以内，一般白天可喂 6 ～ 7 次，每次间隔 3 小时左右；夜间应加喂 2 ～ 3 次。每次饲喂时间 25 ～ 30 分钟。随日龄增加，饲喂次数可递减。育雏期饲喂全价饲料时，全天供料，自由采食。育雏前期精料和青料比例约为 1 ∶ 2，以后逐渐增加青料的比重，10 天后比例为 1 ∶ 4。

③ 饲喂沙砾　因鹅没有牙齿，主要完成机械消化的器官是肌胃，除胃壁可磨碎食物外，还必须有沙砾协助，以提高消化率，防止消化不良症。雏鹅 3 天后料中可掺些砂砾；10 日龄以内沙砾直径为 1 ～ 1.5 毫米，10 日龄以后为 2.5 ～ 3 毫米；每周喂量 4 ～ 5 克，也可设沙砾槽，雏鹅可根据自己的需要觅食，放牧鹅可不喂沙砾。

7. 雏鹅的一般管理

除了做好温度、湿度、通风、光照、密度、卫生等方面的管理工作外，还要注意如下方面的管理。

（1）适时分群

由于种蛋、孵化技术等多种因素的影响，同期出壳的雏鹅个体差异较大，育雏过程中的多种因素会加剧个体差异。育雏中要定期进行强弱分群、大小分群，及时挑出病弱雏鹅，隔离饲养，加强饲养管理。否则，健康强壮的鹅欺负弱鹅，引起挤死、压死、饿死弱雏的事故，鹅群的生长发育和均匀程度将越来越差。群体不宜过大，每群以 100 ～ 150 只为宜。保持合理的密度，既有利于雏鹅的生长发育，又能提高育雏室的利用效率，还可以防止“打堆”时压伤压死雏鹅。

（2）适时脱温

一般雏鹅的保温期为 20 ～ 30 日龄，适时脱温有利于增强鹅的体质。过早脱温，雏鹅容易受凉而影响发育；保温太长，则雏鹅体弱，抗病力差，容易得病。雏鹅在 4 ～ 5 日龄时，体温调节能力逐渐增强。因此，当外界气温高时，雏鹅在 3 ～ 7 日龄可以结合放牧与放水的活动，逐步外出放牧，开始逐步脱温。但在夜间，尤其在凌晨 2 ～ 3 时，气温较低，应注意适时加温，以免受凉。寒冷天气在 10 ～ 20 日龄，可外出放牧活动。一般到 20 日龄左右时可以完全脱温，如果冬季育雏，可推迟到 30 日龄脱温。脱温时，要根据气温的变化逐渐进行，若外界气温突然下降，可适当加温，待气温回升后再完全脱温。

（3）注意观察

整个育雏过程中，注意观察雏鹅的各种行为表现、精神状态、采食饮水以及排泄情况是否正常，以便及时发现问题，并及早解决。不论采取何种育雏方式，都要防止鹅群“打堆”（即相互挤堆在一起）。雏鹅怕冷，休息时常相互挤在一起，严重时可堆积 3 ～ 4 层之多，导致压在下面的鹅窒息或死伤。自开食以后，每 4 小时让鹅“起身”1 次，夜间和气温较低时，尤其要注意经常检查。“起身”即是用手轻拨，拨散挤在一起的雏鹅，使之活动，以调节温度，蒸发水汽。随着日龄的增长，起身间隔延长，次数减少，同时通过合理分群、控制饲养密度和温度来避免打堆及其伤害。

（4）防止应激

5 日龄以内的雏鹅，每次喂料后，除了给予 10 ～ 15 分钟在室内活动外，其余时间都应让其休息睡眠。所以，育雏室内环境应安静，严禁粗暴操作、大声喧哗引起惊群，光线不宜亮，灯泡功率不要超过 40 瓦而且悬高，只要能让雏鹅看到饮水吃料就行，夜晚点灯以驱避老鼠、黄鼠狼等。灯泡以有颜色的特别是蓝色比较好，它可减少雏鹅彼

此间啄羽的发生，而且对雏鹅眼睛刺激较为温和。30日龄后逐渐减少照明时间，直到停止照明使用自然光照为止。如果采用红外线灯泡作保温源时，悬挂高度离垫料应不小于30厘米，否则易引起火灾。在放牧过程中，不要让犬及其他兽类突然接近鹅群，注意避开火车、汽车的高声鸣笛。

（5）卫生防疫

雏鹅的抵抗力比较弱，一定要做好清洁卫生工作。饲料要新鲜卫生，饮水要清洁，勤打扫场地，保持清洁干燥，饲槽和饮水器每天清洗，在育雏室内的卫生用具要固定，工作人员的衣服和鞋子要专用，无关人员不要进入育雏室。需从外地购入雏鹅时，必须事先进行调查了解，从无疫情的单位购入，购入后需经20天以上隔离观察，确认健康后，方可合群，对未经小鹅瘟免疫的应补做免疫。在饲料中可添加抗生素类药物防病，对病弱雏鹅及时剔出并隔离治疗，加强饲养管理，同时要防止鼠、蛇等动物的伤害。

购进的雏鹅，一定要确认种鹅是否进行过小鹅瘟疫苗免疫，若没有，应尽快进行小鹅瘟疫苗接种，以免造成重大经济损失。雏鹅的抵抗力较低，一定要做好清洁卫生工作。饲料中添加药物防病，一般用土霉素片，每片（50万单位）拌料500克，日喂2次，可防治一般细菌性疾病。添加钙片可防治骨软症。发现少数雏鹅拉稀，使用硫酸庆大霉素片剂或针剂，口服或注射，每只1万～2万单位，每天2次。患流行性感冒时应及时治疗，用青霉素3万～5万单位肌内注射，每天2次，连用2～3天。磺胺嘧啶片，首次口服1／2片（0.25克），以后1／4片，连用2～4天。总之，要以预防为主，发现疾病立即隔离治疗，保证雏鹅健康生长。

8. 弱雏鹅的康复

鹅蛋孵化后会出现弱雏，接雏时虽然把明显的弱雏挑出，但在饲养过程中仍会有弱雏出现。对于患病没有治疗价值的要淘汰，对营养不良、体质较差的弱雏，通过加强饲养管理，大部分可以赶上或达到健康雏鹅生长水平。

（1）弱雏鹅产生的原因

① 雏鹅质量问题　种蛋质量差，孵化条件不适宜，孵化的雏鹅质量差；出壳后在出雏器、孵化场停留或运输时间过长，导致雏鹅推迟饮水开食时间，使机体缺水、脱水，影响雏鹅的生命力。

② 饲养管理问题　饲料配合不合理，开食饮水不好，育雏舍温度不均，密度过大，通风不良，潮湿，卫生条件差等都可能产生弱雏。

③ 病原菌感染　病原菌在母体内进入种蛋，如沙门氏菌、大肠杆菌、葡萄球菌等，出壳后雏鹅较弱，有的鹅胚在孵化过程中，由于母源抗体的存在而暂时不发生感染，出壳后在病菌继续存在时很快受到威胁而降低雏鹅的抵抗力，成为弱雏。

④ 季节因素　育雏季节不同，初生雏的生命力有差别。在同样条件下，一般春天出的雏，强壮雏鹅多；而伏天湿度大、温度高，出的雏就差，弱雏就多。

（2）弱雏鹅的康复方法

① 及时挑出弱雏　将挑出的弱雏放在具有保温性能的箱、筐内，单独饲养，头 3 天育雏舍内温度 30℃，湿度 70% 左右，防止脱水，促进卵黄吸收。脱水严重的可饮给口服补液盐，不能自饮者，可用滴管向口内滴 2 ～ 3 毫升。

② 尽快开水与开食　出壳后 24 小时内开始初饮，在饮水中加 0.02% 的环丙沙星，并用 5% 葡萄糖（白糖）温开水饮用，连饮 7 天，3 天后每天早晨加饮一次酸牛奶，以促进雏鹅的消化吸收。饮水后 2 小时左右，即可开食，喂给八成熟的小米或碎米，每 10 只雏鹅加喂煮熟的鸡蛋黄 1 个和酵母片 5 片，研碎后均匀拌在饲料里，每天喂 1 次，连续喂 3 ～ 5 天。

③ 预防肠道和呼吸道疾病　在饲料中添加 0.03% 的强力霉素或左旋氧氟沙星，每天 1 次，连用 3 天。同时，在饮水中添加电解多维和维生素 C。

④ 饲喂青饲料　开食的第二天就可喂给经洗净切成细丝的青饲料，如小白菜、苦荬菜、嫩草等，饲喂量逐渐增加。为了调节胃肠功能、迅速增加体重，可在饲料中添加微生态制剂（如益生素、益康肽、

复合酶等），连用 1 周以上，以增加雏鹅胃肠的有益菌群，抑制有害菌，促进食欲，增强抵抗力，使弱雏康复。

9. 雏鹅的放牧与放水

春季育雏，5 日龄起就可开始放牧锻炼，选择晴朗无风的日子，待饲喂后放到育雏室附近平坦避风的嫩草地上活动，让其自由采食青草。放牧时间要短，约 1 小时就可以，以后慢慢延长。阴雨天或烈日暴晒时不可放牧，放牧赶鹅时要走得慢些。1 周龄后，在气温适宜下放牧时，可以结合放牧把小鹅赶到浅水处让其自由下水、游泳，但切不可强迫赶入水中，以防风寒感冒。开始放牧的日龄应视气温情况，夏季可提前几天，冬季可推迟几天。放牧时间和距离随日龄的增长而增加，以锻炼小鹅体质、培养觅食能力，逐渐过渡到以放牧为主，减少精料的补饲，节约成本。

放牧就是让雏鹅到大自然中去，采食青草，饮水嬉水，运动与休息。通过放牧，可以促进雏鹅新陈代谢，增强体质，提高适应性和抵抗力。雏鹅身上仅长有绒毛，对外界环境的适应性不强。雏鹅从舍饲转为放牧，是生活条件的一个重大改变，必须掌握好，循序渐进。雏鹅初次放牧的时间，可根据气候而定，最好是在外界与育雏温度接近、风和日丽时进行，通常热天是在出壳后 3 ～ 7 天，冷天是在出壳后 15 ～ 20 天进行初次放牧。放牧前喂饲少量饲料后，将雏鹅缓慢赶到附近的草地上活动，让其采食青草约 30 分钟，然后赶到清洁的浅水池塘中，任其自由下水几分钟后赶上岸让其梳理绒毛，待毛干后赶回育雏室。初次放牧以后，只要天气好，就要坚持每天放牧，并随日龄的增加而逐渐延长放牧时间，加大放牧距离，相应减少青料饲喂次数。为达到放牧良好的效果，要掌握牧鹅技术，主要是：

（1）加强训练

从雏鹅开始就进行训练，让鹅群熟悉指挥信号和语言信号，选择好“头鹅”（带头的鹅）。如用小红旗或彩棒作指挥信号，在雏鹅出壳时就应让其看到，并在日常饲养管理中都用小红旗或彩棒来指挥，让喂食、放牧、收牧、下水行为等逐步形成固定的条件反射。头鹅身上

要涂上红色标志，以便于寻找。放牧只要综合运用指挥信号和语言信号，充分发挥头鹅的作用，就能做到招之即来，挥之即去。

（2）选好场地

对雏鹅放牧场地的要求是“近”（离雏鹅舍距离近）、“平”（道路平坦）、“嫩”（青草鲜嫩）、“水”（有水源，可以喝水、洗澡）、“净”（水草洁净，没有疫情，没有被农药、废水、废渣、废气或其他有害物质污染）。应在远离公路两旁和噪声较大的地方放牧，以免鹅群受到惊吓。

（3）合理组织

同一放牧鹅群的年龄应相同，否则大的走得快，小的走得慢，难于合群。放牧的鹅群以 300 ～ 500 只为宜，不超过 600 只。鹅群太大时不好控制，在小块牧地上放牧常造成走在前面的鹅吃得饱，走在后面的鹅吃不饱，影响鹅群的均匀度。

（4）妥善安排放牧时间

雏鹅的放牧应该“迟放早收”。上午第一次放牧的时间要晚一些，以草上的露水干了以后放牧为好，下午收鹅的时间要早一些。如果露水未干就放牧，雏鹅的绒毛会被露水沾湿，尤其腿部和腹下部的绒毛沾湿后不易干燥，早晨气温又偏低，易使鹅受凉，引起腹泻或感冒。初期放牧每天上、下午各一次，每次约 30 分钟，以后逐渐增加次数，延长时间，到 20 日龄后，雏鹅已开始长大毛，即可全天放牧，只需夜晚补饲一次。

（5）严格管理

放牧员要固定，不宜随便更换。放牧前要仔细观察鹅群，把病弱的和精神不振的雏鹅留下，出牧时点清鹅数。放牧雏鹅要缓赶慢行，禁止大声喝叫和紧追猛赶，防止惊鹅和跑场。阴雨天气应停止放牧。雨后要等泥地干到不粘脚时才能出牧。平时要注意天气变化，避免鹅群受烈日暴晒和风吹雨淋。放牧时要观察鹅群动态，待大部分鹅吃饱后，让鹅下水活动，活动一段时间后上岸休息，休息到大部分雏鹅因饥饿而躁动时，再继续放牧，如此重复。所谓吃饱，是指鹅采食青草后，食道膨大部逐渐增大、突出，当发粗发胀部位达到喉头下方时，即为一个饱。随着日龄的增长，先要让鹅初步达到放牧能吃饱，再往

后争取达到一天多吃几个饱。雏鹅休息时，要定时驱动鹅群，以免睡着受凉。收牧时要让鹅群洗完澡，并点清鹅数，再返回育雏室。对没有吃饱的雏鹅，要及时给予补饲。

（二）育成鹅的饲养管理

见第三招仔鹅的饲养管理部分。

五、加强种鹅的饲养管理

所谓种鹅一般是指母鹅开始产蛋、公鹅开始配种，用以繁殖后代的鹅。饲养种鹅的目的是获取较多的种蛋，为肉鹅业提供生产性能高、体质健壮的雏鹅。由于饲养措施不同，种鹅生产成绩常有较大的差异。因此，如何制订合理的饲养管理模式，充分发挥种鹅的生产潜力，是养鹅生产的关键环节之一。

种鹅的特点是生长发育已经大体完成，对各种饲料的消化能力很强，第二次换羽也已完成，生殖器官发育成熟并可进行繁殖。这一阶段，能量和养分的消耗主要用在繁殖上，因此饲养管理必须与产蛋或留种相适应。

（一）种鹅的营养需要

见附录。

（二）种鹅的饲养方式

种鹅饲养以舍饲为主、放牧为辅，既可降低饲料成本，又利于提高母鹅的产蛋率。南方饲养的鹅种，一般每只母鹅产蛋 30 ～ 40 个，高产者达 50 ～ 80 个；而北方饲养的鹅种，一般每只母鹅产蛋 70 ～ 80 个，高产者达 100 个以上。为发挥母鹅的产蛋潜力，必须实行科学饲养，满足产蛋母鹅的营养需要。集约化舍内饲养的饲养方式有地面平养、网上平养和笼养。

1. 地面平养

种鹅饲养在地面上，舍外设置运动场和洗浴池，目前生产中较为常用。

2. 网上平养

种鹅网上平养时，网板占鹅舍面积的20%～25%，网上放饮水器和食槽，鹅舍前有洗浴池和硬地面的日光浴场。洗浴池加水20～30厘米，每周换水和清池1～2次。为防止水中出现浮游生物，可按每100升水加1克硫酸铜进行处理。种鹅网上平养时，板条地面是用上宽2厘米、底带1.5厘米、高2.5厘米的梯形木条组成，木条之间的距离为1.5厘米。

3. 笼养

将鹅养在金属笼内，通常分为两层，饲养密度比垫料平养高75%。鹅粪通过笼底的网眼落到地上，可以机械清粪、自动喂料和饮水，但是生产工艺复杂，成本偏高。笼养种鹅笼，长100厘米，宽70厘米，高90厘米（母鹅）或100厘米（公鹅）。每笼放种鹅2～3只，笼底用直径5毫米的钢丝做成。母鹅笼底的坡度为12度，以便于鹅蛋自动滚到集蛋槽上。槽式饮水器深6厘米，上沿宽8厘米。食槽位于饮水器同侧，槽深10厘米，宽18厘米，上沿有宽1.2厘米的槽檐，防止鹅抛洒饲料。

（三）鹅群结构

合理的鹅群结构不但是组织生产的需要，也是提高繁殖力的需要。在生产中要及时淘汰过老的公、母鹅，补充新的鹅群。母鹅前3年的产蛋量最高，以后开始下降。所以，一般母鹅利用年限不超过3年。公鹅利用年限也不宜超过3年。种鹅群的组成一般为：1岁母鹅30%，2岁母鹅25%，3岁母鹅20%，4岁母鹅15%，5岁母鹅10%。

（四）后备种鹅的饲养管理

中鹅养到70日龄左右时，对混群鹅要进行选择，按照各品种体貌

要求，选出体躯匀称、体重相似的整齐鹅群，作为产蛋鹅的后备群，称后备种鹅，也就是70日龄或10周龄以后到产蛋或配种之前准备作种鹅的仔鹅。后备种鹅饲养管理的目的是提高种用价值，为产蛋或配种做准备。依据后备种鹅生长发育的特点，将后备种鹅饲养期分为前期、中期和后期三个阶段，分别采取不同的饲养管理措施。

1. 前期调教合群

70～90（或100）日龄为前期，晚熟品种还要长一些。后备种鹅是从中鹅群中挑选出来的优良个体，往往不是来自同一鹅群，把它们合并成后备种鹅的新群后，由于彼此不熟悉，常常不合群，甚至有“欺生”现象，必须先通过调教让它们合群。这是管理上的一个重点。

此时期的中雏鹅处于生长发育时期，而且还要经过第二次换羽，需要较多的营养物质，不宜过早进行粗放饲养，应根据放牧场地草质的好坏，逐渐减少补饲的次数，并逐步降低补饲日粮的营养水平，使青年鹅机体得到充分发育，以便顺利地进入限制饲养阶段。

如果是舍内（关棚）饲养，则要求饲料足，定时、定量，每天喂3次。生长阶段要求日粮中的粗蛋白质为12%～14%，每千克含代谢能2400～2600千卡。日粮中各类饲料所占比例分别为谷物饲料40%～50%，糠麸类饲料10%～20%，蛋白质饲料10%～15%，填充料（统糠等粗料）5%～10%，青饲料15%～20%。

2. 中期限制饲养

中期限制饲养一般从100～120日龄开始至开产前50～60天结束。后备种鹅经第二次换羽后，如供给足够的饲料，经50～60天便可开始产蛋。但此时由于种鹅的生长发育尚不完全，个体间生长发育不整齐，开产时间参差不齐，导致饲养管理十分不方便。过早开产，母鹅产的蛋小，种蛋的受精率低，达不到蛋的种用标准。因此，这一阶段应对种鹅采取限制饲养，适时开产，比较整齐一致地进入产蛋期。

控料阶段分前后两期。前期约30天，在此期间应逐渐降低饲料营养，每日由给食3次改为2次。尽量增加青饲料的喂量和鹅的运

动，或增加放牧时间，逐步减少每次给食的饲料量。控料阶段母鹅的日平均饲料用量一般比生长阶段减少 50% ～ 60%。饲料中可加入较多的填充粗料（如统糠），目的是锻炼消化能力，扩大食道容量。粗蛋白质水平可下降至 8% 左右，饲料配合可用谷物类 50% ～ 60%、糠麸类 20% ～ 30%、填充料 10% ～ 20%。经前期 30 天的控料饲养，后备种鹅的体重比控料前下降约 15%，羽毛光泽逐渐减退，但外表体态应无明显变化，青饲料消耗明显增加。此时，如后备母鹅健康状况正常，可转入控料阶段后期。后备母鹅经控料阶段前期饲养的锻炼，采食青草的能力增强，可完全采食青饲料（每天每只鹅可采食 1 ～ 2 千克青草），不喂或少喂精料。在南方，控制饲养阶段如遇盛夏，为使鹅在中午能安静休息避暑，可在中午喂 1 次精料（饲料配比为谷物类 40% ～ 50%，糠麸类 20% ～ 30%，填充料 20% ～ 30%）。控料阶段后期为 30 ～ 40 天。经控制饲养（包括前后期）的后备母鹅体重允许下降 20% ～ 25%，羽毛失去光泽，体质略为虚弱，但无病态，食欲和消化能力正常。限制饲养阶段，无论给食次数多少，补料应在放牧前 2 小时左右，以防止鹅因放牧前饱食而不采食青草。在放牧后 2 小时内不可补饲，以免养成收牧后有精料采食，便急于回巢而不大量采食青草的坏习惯。

后备公鹅在控制饲养阶段中应与母鹅分群饲养，为了保持公鹅有一定的体重和健康的体质，饲料配比应全期保持在母鹅控料阶段前期的水平，每天补饲两次以上。但必须防止因饲料营养水平过高而提早换羽。限制饲养阶段要注意以下方面：

（1）注意观察鹅群动态

在限制饲养阶段，随时观察鹅群的精神状态、采食情况等，发现弱鹅（表现出行动呆滞，两翅下垂，食草没劲，两脚无力，体重轻）、伤残鹅等要及时剔除或进行单独的饲喂和护理。可喂以质量较好且容易消化的饲料，到完全恢复后再放牧。

（2）放牧场地选择

应选择水草丰富的草滩、湖畔、河滩、丘陵以及收割后的稻田、麦地等。放牧前，先调查场地附近是否喷洒过有毒药物，若有，必须

经 1 周以后或下大雨后才能放牧。

（3）注意防暑

育成期种鹅往往处于 5 ～ 8 月份，气温高。放牧时应早出晚归，避开中午酷暑，早上天微亮就应出牧，上午 10 时左右将鹅群赶回圈舍，或赶到阴凉的树林下让鹅休息，到下午 3 时左右再继续放牧，待日落后收牧，休息的场地最好有水源，以便于饮水、戏水、洗浴。放牧时应防止雷阵雨的袭击，如走避不及可将鹅赶入水中。晚上可让鹅在运动场过夜，将鹅舍和运动场的门敞开，既有利于通风降温，又便于鹅自由进出。运动场上应点灯以防止兽害。

（4）搞好鹅舍的清洁卫生

每天清洗食槽、水槽以及更换垫草，保持垫草和舍内干燥。

3. 后期加料促产

经限制饲养的种鹅，应在开产前 50 ～ 60 天左右进入恢复饲养阶段。此时种鹅的体质较弱，应逐步提高补饲日粮的营养水平，并增加喂料量和饲喂次数。如在 9 月开产的母鹅应从 7 月份起逐步改变饲料和管理方法，逐步提高饲料质量，营养水平由原来的粗蛋白质 8% 左右提高到 10% ～ 12%，每天早晚各给食 1 次，让鹅在傍晚时仍能采食多量的牧草。饲料配比可按：谷物类 50% ～ 60%，糠麸类 20% ～ 30%，蛋白质饲料 5% ～ 10%，填充料 10% ～ 15%。用这种饲料经 20 天左右饲养，后备母鹅的体质便可恢复到控料阶段前期的水平。此时再用同一饲料每天早、中、晚给食 3 次，逐渐增加喂量。做到饲料多样化，不定量，青饲料充足，增喂矿物质饲料促进母鹅进入“小变”，即体态逐步丰满。然后增加精料喂量，让其自由采食，争取及早进入“大变”，即母鹅进入临产状态。初产母鹅全身羽毛紧贴，光洁鲜明，尤其颈羽显得光滑紧凑，尾羽与背羽平伸，后腹下垂，耻骨开张达 3 指以上，肛门平整呈菊花状，行动迟缓，食欲大增，喜食矿物质饲料，有求偶表现，想窝念巢。后备公鹅的精料补充应提前进行，促进其提早换羽，以便在母鹅开产前已有充沛的体力、旺盛的食欲。后备种鹅后期的用料要精，在舍饲的条件下，最好给后备种鹅喂配合

饲料。

后备公鹅应比母鹅提前两周进入恢复期，由于公鹅在控料阶段的饲料营养水平较高，进入恢复期可用增加料量来调控，每天给食由2次增至3次，使公鹅较早恢复。

进入恢复期的种鹅，有的开始陆续换羽，为了换羽整齐，节省饲料，应进行人工拔羽。拔羽时间应在种鹅体质恢复后，而羽毛未开始掉落前。人工拔羽应在晴天进行，拔羽时把主副翼羽及尾羽全部拔光。拔羽后应加强饲养管理，提高饲料质量，饲料中含粗蛋白质12%～14%。公鹅的拔羽可比母鹅早2周左右进行，使后备种鹅能整齐一致地进入产蛋期。

这一阶段在管理上的重要工作之一是进行防疫接种，注射小鹅瘟疫苗。种疫苗适用于种鹅，一般都在产蛋前注射，如在产蛋时注射，势必因对疫苗有反应而影响产蛋。母鹅在注射疫苗15天后所产的蛋都可留着孵化，其含有母源抗体，孵出的雏鹅已获得了被动免疫力。

（五）种母鹅的饲养管理

1. 产蛋期的饲养管理

母鹅经过产蛋准备期的饲养，换羽完毕，体重逐渐恢复，陆续转入产蛋期。临产前母鹅表现为羽毛紧凑有光泽，尾羽平直，肛门平整且周围有一个呈菊花状的羽毛圈，腹部饱满、松软而有弹性，耻骨间距增宽，采食量增加，喜食无机盐饲料，有经常点头寻求配种的姿态，母鹅之间互相爬踏。开产母鹅有衔草做窝现象，说明即将开始产蛋。

（1）饲养

① 饲料饲养　营养是决定母鹅产蛋率高低的重要因素。种鹅在产蛋配种前20天左右开始喂给产蛋饲料。对于产蛋鹅的日粮，要充分考虑母鹅产蛋所需的营养，尽可能按饲养标准配制。以舍饲为主的条件下，建议产蛋母鹅日粮营养水平为代谢能10.88～12.3兆焦/千克，粗蛋白14%～16%，粗纤维5%～8%（不高于10%），赖氨酸0.8%，蛋氨酸0.35%，胱氨酸0.27%，钙2.25%，有效磷0.3%，食盐0.5%。

维生素对鹅的繁殖有着非常重要的影响，维生素E、维生素A、维生素D_3、维生素B_1、维生素B_2、维生素B_6必须满足。使用分装维生素时，考虑到效价等问题，需按说明书供给量的3～4倍进行添加。另外，在产蛋高峰期，饲料中添加0.1%的蛋氨酸，可提高种鹅产蛋率。种鹅精料以配合饲料效果较好。据试验，采用按玉米50%、豆饼12%、米糠25%、菜籽饼5%、骨粉1%、贝壳粉7%的比例制成的配合饲料饲喂种鹅，平均产蛋量、受精蛋量、种蛋受精率分别比饲喂单一稻谷提高3.1个、3.5个和2%。由于配合饲料营养较全，含有较高的蛋白质、钙、磷及微量元素，能够满足种鹅产蛋对营养的需要，所以产蛋多，种蛋受精率高。

精饲料的喂量要逐渐增加，开始饲喂量小型鹅90克/天，大型鹅125克/天，以后每周增加25克，用4周时间逐渐过渡到自由采食，但喂料量不能超过200克/天。喂料时先粗后精，定时定量，每天2～3次。如果白天放牧，晚上还应补饲1次，任其自由采食。种鹅喂青绿多汁饲料可大大提高产蛋率、种蛋受精率和孵化率。有条件的地方应于繁殖期多喂些青绿饲料。每只种鹅每天能采食2.5千克的青饲料。精料喂量是否适合，可以观察鹅的粪便来确定，如鹅粪粗大、松散、轻拨能分成几段，则表明精粗适宜；如鹅粪细小硬实，则是精料多、青料少，补饲量过多，消化吸收不正常，应增加青饲料；如果粪便色浅而不成形，排出即散开，说明补料量过少，营养物质跟不上，应增加精饲料补给。

开产前10天，应提高日粮中钙含量，还应在运动场或牧地放置粗颗粒贝壳粉或石粉以及沙子的饲槽或料盘，任鹅自由采食。开产后的鹅要适当控制精料喂量，每只125克。如果喂料过多而引起母鹅过肥会影响产蛋。但也不能过瘦，过瘦要加料促蛋；进入产蛋旺期，增加精饲料（饲料中可以添加1%的蛋氨酸），吃到七成饱，结合放牧或饲喂青饲料；产蛋后期，精饲料要喂到八成饱，以料促蛋，不使产蛋率下降。当产蛋率下降幅度大时，应让鹅自由采食精饲料，吃饱吃好，夜间还要加喂1次，以控制产蛋率的下降。

② 饮水　鹅蛋含有大量水分，鹅体新陈代谢也需水分，所以供给

产蛋鹅充足的饮水是非常必要的。鹅舍内要经常保持有清洁的饮水。产蛋鹅夜间饮水与白天一样多，所以夜间也要给足饮水，满足鹅体对水分的需求。我国北方早春气候寒冷，饮水容易结冰，产蛋母鹅饮用冰水时对产蛋有影响，应给予 12℃的温水，并在夜间换一次温水，防止饮水结冰。

（2）环境管理

为鹅群创造一个良好的生活环境，精心管理是保证鹅群高产、稳产的基本条件。

① 产蛋鹅的适宜温度　鹅的生理特点是：羽绒丰满，绒羽含量较多；皮下有脂肪而无皮脂腺，只有发达的尾脂腺，散热困难，所以耐寒而不耐热，对高温反应敏感。夏季气温高，鹅停产，公鹅精子无活力；春节过后气温比较寒冷，但鹅只陆续开产，公鹅精子活力较强，受精率也较高。母鹅产蛋的适宜温度是 8 ～ 25℃，公鹅产壮精的适宜温度是 10 ～ 25℃。在管理产蛋鹅的过程中，应注意环境温度。

② 产蛋鹅的适宜光照时间　鹅对光照反应敏感，一定的光照时间对产蛋有影响。种鹅的饲养大多采用开放式鹅舍、自然光照制度，未采用人工补充光照，对产蛋有一定的影响。如 10 月份开始产蛋的种鹅，按自然光照每日只有 10 个多小时，必须在晚上开电灯补充光照，使每天实际光照达到 13 小时左右，此后每隔 1 周增加半小时，逐渐延长，直至达到每昼夜光照 15 小时为止，并将这一光照时数保持到产蛋期结束。由于采用人工补充光照，弥补了自然光照的不足，促使母鹅在冬季增加产蛋量。但对于鹅的光照，目前还有不同的看法，有人提出不同品种对光照的要求不同，认为南方的鹅种属短光照品种，缩短光照（每昼夜 10 小时左右）可增加产蛋量，这些问题尚待进一步深入研究。

③ 鹅舍的通风换气　鹅舍封闭较严，鹅群长期生活在舍内，会使舍内空气污浊，氧气减少，既影响鹅体健康，又使产蛋率下降。为保持鹅舍内空气新鲜，除注意饲养密度（舍饲 1.3 ～ 1.6 只 / 米^2，放牧条件下 2 只 / 米^2）外，要注意鹅舍通风换气，及时清除粪便、更换垫草。冬季为了保温取暖，舍内要有换气孔，经常打开换气孔换气，始

终保持舍内空气的新鲜。

（3）配种管理

为了提高种蛋的受精率，除考虑种鹅的营养需要外，还必须注意公鹅的健康状况和公母比例。鹅的自然交配多在水上进行，掌握鹅的下水规律，使鹅能得到交配的机会，这是提高受精率的关键。要求种鹅每天有规律地下水 3 ～ 4 次。第一次下水交配在早上，从栏舍内放出后即将鹅赶入水中，早上公母鹅的性欲旺盛，要求交配者较多，应注意观察鹅群的交配情况，防止公鹅因争配打架而影响受精率。第二次下水时间在放牧后 2 ～ 3 小时，可把鹅群赶至水边让其自由交配。第三次在下午放牧前，方法同第一次。第四次可在入圈前让鹅自由下水。如舍饲，主要抓好早晚两次配种。配种环境的好坏，对受精率有一定影响，在设计水上运动场时面积不宜过大，过大因鹅群分散，配种机会少；面积过小，鹅群又过于集中，致使公鹅相互争配而影响受精率。人工辅助配种可以提高受精率，但比较麻烦，公鹅需经一段时间的调教，只适合在农家散养及小群饲养情况下进行。

在自然支配条件下，合理的性别比例和小群繁殖能提高鹅的受精率。一般大型鹅种公母配比为 1 ∶（3 ～ 4），中型鹅种 1 ∶（4 ～ 6），小型鹅种 1 ∶（6 ～ 7）。繁殖配种群不宜过大，一般以 50 ～ 150 只为宜。鹅属水禽，喜欢在水中嬉戏配种，有条件的应该每天给予一定的放水时间，以多创造配种机会，提高种蛋受精率。

在大、小型品种间杂交时，公母鹅体格相差悬殊，自然配种困难，受精率低，可采用人工辅助配种方法，此法也属于自然配种。方法是先把公母鹅放在一起，使之相互熟悉，经过反复的配种训练建立条件反射，当把母鹅按在地上、尾部朝向公鹅时，公鹅即可跑过来配种。

人工授精是提高鹅受精率最有效的方法，还可大大缩小公母比例，提高优良公鹅利用率，减少经性途径传播的疾病。采用人工授精，1 只公鹅的精液可供 12 只以上母鹅输精。一般情况下，公鹅 1 ～ 3 天采精一次，母鹅每 5 ～ 6 天输精一次。

（4）产蛋管理

鹅的繁殖有明显的季节性，鹅每年只有一个繁殖季节，南方为 10

月份至翌年的 5 月份，北方一般在 3 ～ 7 月份。

母鹅的产蛋时间大多数在下半夜至上午 10 时以前。因此，产蛋母鹅上午不要外出放牧，可在舍前运动场上自由活动，待产蛋结束后再放牧。产蛋鹅的放牧地点应选择在鹅舍附近，便于母鹅产蛋时及时回舍，以免在野外产蛋。鹅的产蛋有择窝的习性，形成习惯后不易改变。为便于管理，提高种蛋质量，必须训练母鹅在种鹅舍内的固定地方产蛋，不可放任自流，以免养成随处产蛋的坏习惯，致使漏捡种蛋及种蛋被污染等情况发生，造成不必要的经济损失。初产母鹅还不会回窝产蛋，如发现其在牧地产蛋时，就应将母鹅和蛋一起带回产蛋间，放在产蛋巢内，用竹箩盖住，逐步教会它回巢产蛋。在放牧时发现有母鹅出现神态不安，有急于找窝的现象，如匆忙向草丛或较为掩蔽的场所走去时，应注意检查，如腹中有蛋，就把该母鹅抱回产蛋间产蛋。早上放牧前要检查鹅群，如发现有鸣叫不安、腹部饱满、尾羽平伸、泄殖腔膨大、行动迟缓、有觅窝产蛋表现的母鹅，应捉住检查，如触摸有蛋，应送回产蛋间，让其产蛋，而不要随大群放牧。

训练母鹅在窝内产蛋并及时收集种蛋。地面饲养的母鹅，大约有 60% 的母鹅习惯于在窝外地面产蛋，有少数母鹅产蛋后有用草遮蛋的习惯，蛋往往被踩坏，造成损失。因此，在母鹅临产前 15 天左右应在鹅舍内墙周围安放产蛋箱。产蛋箱的规格：宽 40 厘米，长 60 厘米，高 50 厘米，门槛高 8 厘米，箱底铺垫柔软的垫草。每 2 ～ 3 只母鹅设一个产蛋箱。母鹅一般是定窝产蛋，第一次在哪个窝里产蛋，以后就一直在哪个窝产蛋。母鹅在产蛋前，一般不爱活动、东张西望、不断鸣叫，这些是要产蛋的行为。发现这样的母鹅，要捉入产蛋箱内产蛋，以后鹅便会主动找窝产蛋。

在母鹅产蛋以前要做好产蛋箱。产蛋箱内的垫草要经常更换，保持清洁卫生，种蛋要随下随捡，一定要避免污染种蛋。被污染种蛋表面致病菌数量要比正常种蛋高出几十倍，孵化率、雏鹅成活率都非常低。每天应捡蛋 4 ～ 6 次，可从凌晨 2 时以后，每隔 1 小时用蓝色灯光（因鹅的眼睛看不清蓝色光）照明收集种蛋一次。这样既可防止种蛋被弄脏，而且在冬季还可防止种蛋受冻而降低孵化率。收集种蛋后，先进行熏蒸消毒，然后放入蛋库保存。

人工孵化方法已经普及，需做好就巢鹅的处理工作。发现就巢母鹅，应立即隔离，把母鹅迁离鹅舍，放在无垫草而较冷的围栏内，停止喂料，给足饮水。在晴朗天气可把就巢母鹅放在露天的围栏内，经2～3天后，每天可给食粗糠、甘薯等粗料，使母鹅的体质不过于下降，醒巢后能迅速恢复产蛋。此外，也可采用药物醒巢。

（5）注意观察

每天详细观察种鹅的采食、产蛋、粪便和各种行为表现，及时发现问题，把隐患消灭在萌芽状态，可以减少损失。

（6）减弱应激

生活环境中存在着无数种致应激因素，如恐惧、惊吓、斗殴、临危、兴奋、拥挤、驱赶、气候变化、设备变换、停电、照明、饲料改变、大声呼喝、粗暴操作、随意捕捉等。所有这些应激都会影响鹅的生长发育和产蛋量。有经验的养鹅生产者会尽量避免养鹅环境的突然变化。饲料中添加维生素C和维生素E有缓解应激的作用。

（7）卫生管理

经常注意舍内外卫生，防止病害，舍内垫草需勤换，使饮水器和垫草隔开，以保持垫草良好的卫生状况。垫草一定要洁净，不霉不烂，以防止发生曲霉菌病。污染的垫草和粪便要经常清除。舍内要定期消毒，特别是春、秋两季应结合预防注射，对饲槽、饮水器、运动场围栏、墙壁等鹅经常接触的场内环境进行一次大消毒，以防止疾病的发生。

（8）放牧管理

产蛋期的母鹅应以舍饲为主，放牧为辅。由于产蛋母鹅腹部饱满，行动迟缓，要选择路近而平坦的牧地，放牧时应慢慢驱赶，上下坡时不可使鹅拥挤，防止践踏或跌伤，以免引起内出血和腹膜炎等难于治愈的病症或造成蛋破裂。

（9）疾病控制

制定定期消毒制度，种鹅场要实行封闭式饲养管理，专人负责。在鹅场道路进出口建好消毒池，人员进出要进行消毒；定期对鹅舍、食槽和其他用具进行消毒。病死鹅要进行深埋作无害化处理，不要随意丢弃。卖掉种蛋回来后，要对蛋筐，人员鞋帽、衣服，运输工具等进行彻底消毒，防止致病源带入种鹅场。常用的消毒药物有氯毒杀、消特灵、消毒威、烧碱、漂白粉等。消毒药物应交替使用，浓度要控制好，按照说明书正确使用。

2. 休产期的饲养管理

母鹅每年的产蛋期，除品种之外，因各地区气候不同而异。我国南方多集中于冬、春两季，北方多在2～6月初。种鹅的利用年限一般为3～5年。一般情况下，当种鹅经过1个冬春繁殖期后，必将进入夏季高温休产期。为了做到既降低休产期的饲养成本，又保证下一个繁殖周期的生产性能，必须根据成年种鹅耐粗饲、抗病力强等特点进行饲养管理。

（1）休产前期的饲养管理

这一时期的工作要点是逐渐减少精料用量、人工拔羽、种群选择淘汰与新鹅补充。停产鹅的日粮由精改为粗，即转入以放牧为主的粗饲期，目的是消耗母鹅体内的脂肪，促使羽毛干枯、容易脱落。此期喂料次数逐渐减少到每天1次或隔天1次，然后改为3～4天喂1次。在停喂精料期，要保证鹅群有充足的饮水。经过12～13天，当鹅体消瘦、体重减轻、主翼羽和主尾羽出现干枯现象时，则可恢复喂料。待体重逐渐回升，约放牧饲养1个月之后，就可进行人工拔羽。人工拔羽就是人工拔掉主翼羽、副主翼羽和主尾羽。处于休产期母鹅的羽毛比较容易拔下，如拔羽困难或拔出的羽根带血时，可停喂几天饲料（青饲料也不喂），只喂水，直至鹅体消瘦，容易拔下主翼羽为止。拔羽后必须加强饲养管理，拔羽需选择在温暖的晴天，切忌在寒冷的天气进行，拔羽后的两天内应将鹅圈养在运动场内喂料、喂水、休息，不能让鹅下水，以防止毛孔感染而引起炎症。拔羽3天后就可放牧与放水，但要避免烈日暴晒和雨淋。目前由于活鹅拔羽技术推广，可在种鹅休产期进行2～3次人工拔羽，第一次在6月上旬进行，约40天后进行第二次拔羽，如果计划安排得好，可拔羽3次。每只种鹅在休

产期可增加经济收入 8 ～ 10 元。种群选择与淘汰，主要是根据前次繁殖周期的生产记录和观察，对繁殖性能低，如产蛋量少、种蛋受精率低、公鹅配种能力差、后代生活力弱的种鹅个体进行淘汰。为保持种群数量的稳定和生产计划的连续性，还要及时培育、补充后备优良种鹅，一般地，种鹅每年的更新淘汰率在 25% ～ 30%。

（2）休产中期的饲养管理

这一时期需要做好防暑降温、放牧管理和保障鹅群健康安全的工作。要充分利用野生牧草、水草等，以减少饲料成本投入。夏季野生牧草丰富，但天气变化剧烈。因此，在饲养上要充分利用种鹅耐粗饲的特点，全天放牧，让其采食野生牧草。农作物收获后的青绿茎叶也可以用作鹅的青饲料。只要青粗料充足，全天可以不补充精料。管理上，放牧时应避开中午高温和暴风雨等恶劣天气。放牧过程中要适时放水、洗浴、饮水，尤其要时刻关注放牧场地及周围农药的施用情况，尽量减少不必要的鹅群损害。这一时期结束前，还要对一些残次鹅进行 1 次选择淘汰。

（3）休产后期的饲养管理

这一时期的主要任务是种鹅的驱虫防疫、提膘复壮，为下一个产蛋繁殖期做好准备。为保障鹅群及下一代的健康、安全，前 10 天要选用安全、高效广谱的驱虫药进行 1 次鹅体驱虫，驱虫 1 周内的鹅舍粪便、垫料要每天清扫，堆积发酵后再作农田肥料，以防止寄生虫的重复感染。驱虫 7 ～ 10 天后，根据当地周边地区的疫情动态，及时做好小鹅瘟、禽流感等一些重大疫病的免疫预防接种工作。夏季过后，进入秋冬枯草期，种鹅的饲养管理上要抓好青饲料的供应和逐步增加精料补充量。人工种植牧草，如适宜秋季播种的多花黑麦草等，或将夏季过剩青饲料经过青储保存后留作冬季供应。精饲料尽量使用配合料，并逐渐增加喂料量，以便尽快恢复种鹅体膘，适时进入下一个繁殖生产期。管理上，还要做好种鹅舍的修缮、产蛋窝棚的准备等。必要时晚间增加 2 ～ 3 小时的普通灯泡光照，促进产蛋繁殖期的早日到来。

（六）种公鹅的饲养管理

种公鹅饲养管理的好坏直接关系到种蛋的受精率和孵化率。在种鹅群的饲养过程中，始终应注意种公鹅的日粮营养水平和种公鹅的体重、健康等情况。在鹅群的繁殖期，公鹅由于多次与母鹅交配，排出大量精液，体力消耗很大，体重有时明显下降，从而影响种蛋的受精率和孵化率。为了使种公鹅保持良好的配种体况，种公鹅的饲养，除了和母鹅群一起采食外，从组群开始后，对种公鹅应补饲配合饲料。配合饲料中应含有动物性蛋白质饲料，以利于提高公鹅的精液品质。补喂的方法，一般是在一个固定时间，将母鹅赶到运动场，把公鹅留在舍内，补喂饲料，任其自由采食。这样，经过一定时间（12 天左右），公鹅就习惯于自行留在舍内，等候补喂饲料。开始补喂饲料时，为便于分辨公、母鹅，对公鹅可做标记，以便管理和分群。公鹅的补饲可持续到母鹅配种结束。

如是人工授精，在种用期开始前 1.5 个月左右，可供给全价配合饲料，特别是蛋白质饲料更要保证。日粮中要求含粗蛋白质 16% ～ 18%，每千克含代谢能 2700 千卡。在饲料配制时，可添加 3% ～ 5% 的动物性饲料（鱼粉、蚕蛹等），另加一定量的维生素（以每 100 千克精料中加入维生素 E 400 毫克），可有效地提高精液的品质。为提高种蛋受精率，公、母鹅在秋、冬、春季节繁殖期内，每只每天喂谷物发芽饲料 100 克，胡萝卜、甜菜 250 ～ 300 克，优质青干草 35 ～ 50 克或供给足够的青饲料。

种公鹅要多放少关，加强运动，防止过肥，以保持公鹅体质强健。公鹅群体不宜过大，以小群饲养为佳，一般每群 15 ～ 20 只。如公鹅群体太大，会引起互相爬跨、斗殴，影响公鹅的性欲。

六、加强种鹅的配种和孵化管理

（一）种鹅的配种

种鹅的配种方法有自然交配和人工授精。自然交配存在受精率低、

生产成本高等问题，而人工授精不仅能克服不同品种、公母体重悬殊所引起配种上受精率低的问题，还能提高种鹅的利用率，促进品种改良，大幅度降低饲养成本。随养鹅逐渐向规模化发展，人工授精技术将在养鹅中逐渐被推广应用。

1. 自然交配

自然交配是让公母鹅在适宜的环境中进行自行交配的一种配种方法。配种季节一般为每年的春、夏、秋初。自然交配有大群配种和小群配种两种方式。

（1）大群配种

将公母鹅按一定比例会群饲养，群的大小视种鹅群规模和配种环境的面积而定。一般利用池塘、河、湖等水面让鹅嬉戏交配。这种方法能使每只公鹅都有机会与母鹅自由组合交配，受精率较高，尤其是放牧的鹅群受精率更高，适用于繁殖生产群。但需注意，大群配种时，种公鹅的年龄和体质要相似，体质较差和年龄较大的种公鹅，没有竞配能力，不宜作为大群配种用。

（2）小群配种

将每只公鹅及其所负担配种的母鹅单间饲养，使每只公鹅与规定的母鹅配种，每个饲养间设水栏，让鹅活动交配。公鹅和母鹅均编上脚号，每只母鹅晚上在固定的产蛋间产蛋，种蛋记上公鹅和母鹅脚号。这种方法能明确知道鹅的父母，适用于鹅的育种，是鹅场常用的方法。

2. 人工授精

笼养鹅和体型相差较大的鹅使用人工授精可以提高受精率。

（1）鹅人工授精前的准备

① 种公鹅选择　鹅人工授精技术的成败，很大程度上取决于种公鹅的精液质量，要获得高质量的精液，就必须选择年轻、性活动旺盛的种公鹅。公鹅应选择叫声洪亮、体大好斗、羽毛有光泽、肢体健壮的优良个体，当用手提鹅的颈部离开地面时，两腿用力向前侧方蹬动，同时双翅频频拍打。生殖器官发育完全，6月龄公鹅翻肛检查，阴茎

长度应在4厘米以上，直径要在0.8厘米以上。

② 种公鹅采精前训练　种鹅在性成熟前公母分开饲养，公鹅泄殖腔周围的羽毛要剪去。对种公鹅进行人工授精前约一周的按摩训练，训练时要按采精的操作方法，每日定时对备用种公鹅进行按摩训练，使种公鹅形成按摩性条件反射。一般训练约需1周。训练中，性反射差、阴茎发育不良、精液少及品质差的种鹅应及时淘汰。一般优秀种公鹅占备用种公鹅的1/3左右，因此为保证有足够可采精的种公鹅，应适当多留备用种公鹅进行训练。

③ 选择优秀的种母鹅　对母鹅的选择主要考虑其健康状况和良好的外貌特征，要求外貌清秀、前躯宽深、臀宽丰满、肥瘦适中、颈部细长、眼睛有神、脚掌小而脚距宽。

④ 器具的准备　人工授精前应准备好各种器具，包括集精杯、输精器、注射器、稀释液、脱脂棉花、75%乙醇、输精台（高60～80厘米）、显微镜及其配套器具、消毒器具、保温瓶、围栏等。集精杯、输精器、注射器在每次使用前应消毒备用。

（2）鹅的采精

① 采精方法　种公鹅性成熟后开始采精，目前主要的采精方法是背腹式按摩采精法。操作方法有两种：一种方法是采精者坐于板凳上（凳高以采精者坐下时大腿呈水平状为宜），将公鹅平放于大腿上，呈自然交配姿势，公鹅头朝右侧，待公鹅安定后，右手张开虎口由公鹅翅膀基部向尾部、左手自腹部由前向后至泄殖腔处，两手同步顺势有节奏按摩，进行十多次后感觉泄殖腔周围及阴茎膨胀，两手拇指及食指顺势分别捏于泄殖腔上下方，使阴茎勃起外露、精液流出，助手用集精杯收集精液，同时用消毒药棉擦去泄殖腔流出的异物，防止污染精液。用手按摩背部后顺势挤捏泄殖腔效果更佳，会使采精完全。

另一种方法是由助手将公鹅安定在采精台上（桌、凳兼可），右手按住鹅翅根部，左手拿采精杯。采精者左手掌心向下，大拇指和其余4指分开，稍弯曲，手掌面紧贴公鹅背部，从翅膀基部向尾部方向有节奏地反复按摩，每次1～2秒，持续4～5次后，左手稍用力挤压按摩公鹅的尾根部，同时右手拇指和食指有节奏地按摩腹部后面的柔

软部，并逐渐按摩、挤压泄殖腔环的两侧，使其充血而引起阴茎勃起，此时左手拇指和食指轻挤泄殖腔环背侧（使输精沟闭锁），精液沿输精沟从阴茎顶端射出，助手将其收集在采集杯内。

② 采精注意事项　一是采精人员要固定，换人操作时，由于公鹅的不适应而影响精液的质量或采集不到精液。二是采精时间最好在早晨放水前进行，采精前公鹅不能放水活动，避免相互爬跨而射精。公鹅采精后 43 小时精液量能恢复到采精前的水平，因此公鹅以隔天采精一次为宜。公鹅于产蛋季节结束前，精液品质迅速变差，故输精前应进行显微镜检查，以防止受精率降低。三是采精前 4 小时应停水停料，集精杯勿太靠近泄殖腔，防止粪便污染精液。采集的精液不能曝于强光之下，30 分钟内使用效果最好。四是采精处要保持安静，抓鹅的动作不能粗暴。五是采精杯每次使用后都要清洗消毒。寒冷季节采精时，采精杯夹层内应加 40 ～ 42℃暖水保温。

③ 精液品质检查　一般通过外观判断、使用显微镜或根据输精结果等方法检测精液品质。

a．外观检查　外观正常无污染的精液呈乳白色、无杂质、不透明的液体，如混入血液呈粉红色，被粪便污染为黄褐色，有尿酸盐混入时，呈粉白色棉絮状块，凡被污染的精液，不能用于人工授精。

b．精液量检查　采用有刻度的吸管或注射器等度量器，将精液吸入，测量一次射精量。射精量随品种、年龄、季节、个体差异和采精操作熟练程度而有较大变化。公鹅平均射精量为 0.1 ～ 1.3 毫升。要选择射精量多、稳定正常的公鹅供用。

c．精子密度、形态及活力检查　可使用显微镜检测，具体操作方法是：采精后 30 分钟内进行，取同量精液及生理盐水各一滴，置于载玻片一端，混匀后放好盖玻片，在镜检箱内 37℃左右的温度条件下，用 200 ～ 400 倍显微镜检查。采用密度估测法，分密、中、稀三级，观察视野被精子占满定为“密”，观察视野中精子有一定距离为“中”，有较大间隙为“稀”；精子活力则观察视野中呈直线运动精子所占比例；精子形态则观察视野中的精子畸形率，顶体膨胀、躯干畸形、断尾、尾部弯曲等为异常精子。

④ 精液的稀释与保存　在采集精液前按比例准备好稀释液，采集的新鲜精液经品质检查如符合要求，可立即按1∶（1～2）的比例稀释并输精。如不用保存，采用简单成分的稀释液，即可获得良好效果。常用稀释液配方为0.9%的氯化钠生理盐水或氯化钠0.65克、氯化钾0.02克、氯化钙0.02克、蒸馏水100毫升等。

（3）输精

① 输精方法　输精宜两人操作，助手负责固定母鹅，操作时用双手抓住母鹅翅膀根部，将母鹅固定在输精台上，输精者面朝母鹅尾部，先用浸有生理盐水的棉球清洁肛门。左手食指、中指、无名指和小指并拢，将母鹅的尾部拨向一边，大拇指紧靠泄殖腔下缘，轻轻向下压迫，使泄殖腔张开；右手将吸足精液的输精器缓缓插入泄殖腔2～3厘米后，抬高右手向左下方插入5～7厘米，左手扶住输精器，右手将精液慢慢注入，抽出输精器，助手轻放母鹅在地上。

② 输精注意事项　一是鹅在上午9～10时输精为宜。一般5～6天输精1次，受精率可达80%以上。二是鹅的每一次输精量可用新鲜精液0.05毫升，要求含活精子3000万～4000万个，第一次输精量要加倍。如采出的精液用灭菌生理盐水按1∶（1～2）比例稀释，一般每次输精量为0.1～0.12毫升。三是阴道翻出后应迅速输精，翻出太久易使微血管破裂，受污染而发炎。四是为了减少鹅的过度惊吓、互相践踏、操作困难，提高受精率，提倡将鹅进行笼养。

③ 公鹅的营养水平是影响精液品质的重要的因素　繁殖季节要保证日粮较高的蛋白质水平，并补足多种维生素，尤其是维生素E、维生素A、维生素D，有利于促进性腺发育和增强生殖功能，提高种鹅繁殖能力。

（二）鹅的人工孵化

1. 种蛋的管理

（1）种蛋的选择

① 来源　种蛋必须来源于饲养环境良好、饲养管理严格、有种蛋

种禽经营许可证的种鹅场。

② 选择方法

a．一是大小和形状。要符合不同品种各自的要求，蛋重一般在平均数 ±15% 范围内，都可作为种蛋。蛋形以椭圆形为宜，过大或过小、过长或过圆的蛋，应予剔除。

b．二是蛋壳质地和颜色。种蛋应壳质致密均匀，厚薄适当，表面平整，没有一丝裂纹，敲击响声正常。有的蛋壳特别细密厚实，敲击时发出似金属的响声，俗称“钢皮蛋”，必须剔除，因为这种蛋孵化时受热缓慢，气体不易交换，水分蒸发也慢，雏鹅啄壳困难，孵化率极低；“沙壳蛋”的蛋壳表面钙沉积不均匀，壳薄而粗糙，水分蒸发快，容易破碎，这种蛋绝不可作种蛋；蛋壳清洁无污染。不清洁的蛋，壳面常被粪便污染，妨碍气体交换，微生物极易侵入蛋内，引起种蛋腐败变质、污染孵化器，使死胎增加、孵化率降低。已经污染的种蛋，必须经过清洗和消毒，才能入孵；不同品种的种蛋，都有固定的色泽，挑选时要符合该品种的标准要求。

三是照蛋检查。使用照蛋器或验蛋台，通过光线观察蛋壳、气室、蛋黄等情况，看有无散黄、血丝、裂纹、霉点及气室不正、过大等现象，如有应予剔除。

（2）种蛋的清毒

种蛋的清毒方法主要有熏蒸法和溶液法。熏蒸法既可用于种蛋保存前消毒，也可用于入孵和孵化过程消毒，而溶液法只能用于种蛋入孵前的消毒。

① 熏蒸法　一种是福尔马林（40% 甲醛溶液）熏蒸法。将蛋置于可以密封的容器内，按每立方米体积用福尔马林 30 毫升、高锰酸钾 15 克的药量，消毒时在蛋架的下方置一瓷碗，先倒入高锰酸钾，再倒入福尔马林，迅速封闭容器，熏蒸 20 ～ 30 分钟，然后取出种蛋送储蛋室储存。熏蒸时，室温最好控制在 24 ～ 27℃、相对湿度 75% ～ 80%，消毒效果更理想。蛋的表面沾有粪便或泥土时，必须先清洗，否则影响消毒效果。另一种是过氧乙酸熏蒸法。过氧乙酸是一种高效广谱和快速的消毒剂。将蛋置于可以密封的容器内，按每立方米体积用 16%

的过氧乙酸溶液 40 ～ 60 毫升，加高锰酸钾 4 ～ 6 克熏蒸 15 分钟。使用时应注意过氧乙酸遇热不稳定，如 40% 以上浓度加热至 50℃易引起爆炸，应在低温下保存。过氧乙酸无色透明，腐蚀性强，不能接触皮肤和衣服，消毒时应使用陶瓷或瓦制的容器，现用现配。

② 溶液法　一种是溶液浸泡法。将种蛋在 0.1% 的新洁尔灭溶液中浸泡 5 分钟，然后取出晾干，送入孵化器进行孵化。浸泡溶液的温度应略高于蛋温，这一点在夏季尤其重要。如果消毒液的温度低于蛋温，当种蛋浸入时由于受冷而使内容物收缩，形成负压，会使黏附于表面的微生物通过气孔进入蛋内，影响孵化效果。另一种是溶液喷洒法。孵化前，使用喷雾器直接将稀释的化学消毒剂喷洒在种蛋的表面。选择高效、无毒、广谱的消毒剂，如氯制剂、表面活性剂活碘伏消毒剂等。

（3）种蛋的保存

种蛋保存条件不好、方法不当，对孵化效果影响极大。

① 保存条件　种蛋保存最适宜的温度为 10 ～ 15℃，如保存时间短（5 天左右），可用 15℃；保存时间长（超过 5 天），可略降低些，以 10 ～ 11℃为宜。储蛋室温度高于 23℃时，胚胎开始缓慢发育，但由于环境温度不太理想，会导致胚胎衰老和死亡；如储蛋室温度低于 0℃，胚胎会因受冻而降低孵化率。保存种蛋的环境湿度，对孵化率也有一定影响，较理想的相对湿度以 70% ～ 75% 为好，这种湿度与鹅蛋的含水率比较接近，蛋内水分不会大量蒸发。为防止胚盘与蛋壳粘连，影响种蛋孵化率，保存期间注意翻蛋，保存时间 1 周内可以不翻蛋，超过 1 周应每天翻蛋一次。蛋库要通风良好，清洁卫生，注意消灭鼠类和昆虫。

② 保存时间　种蛋保存期越长，孵化率越低，故最好用新鲜蛋入孵。种蛋保存时间一般为春季不超过 7 天，夏季不超过 5 天，冬季不超过 10 天。如有特殊需要必须较长时间保存时，可采用充氮法保存，即将种蛋置于塑料袋或其他容器中，填充氮气，然后密封，使种蛋处于与外界隔绝的环境里，减少蛋内的水分蒸发，抑制细菌繁殖，该法可以适当延长保存期。

（4）种蛋的装运

启运前，必须将种蛋包装妥善，盛器要坚实，能承受较大的压力而不变形，并且还要有通气孔，一般都用纸箱或塑料制的蛋箱盛放。装蛋时，每个蛋的上下左右都要隔开，不留空隙，以免松动时碰破。通常用纸屑、木屑或谷壳填充空隙。装蛋时，蛋要竖放，钝端在上，每箱（筐）都要装满；然后整齐地排放在车（船）上，盖好防雨设备，冬季还要防风保湿，运行时不可剧烈颠簸，以免引起蛋壳或蛋黄膜破裂，损坏种蛋。经过长途运输的种蛋，到达目的地后，要及时开箱、取出种蛋、剔除破蛋，尽快消毒装盘入孵，千万不可储放。

2. 鹅的胚胎发育特征

鹅的胚胎发育分为两个阶段：第一阶段在母体内进行，精子移动到喇叭口与卵子结合，在鹅体内较高的温度条件下开始发育，当受精蛋产出体外后，胚胎就处于相对静止的状态；第二阶段在母体外进行，若将受精蛋置于适宜的环境里孵化，胚胎就继续发育，经过 30 ～ 31 天（鹅的孵化期为 30 ～ 31 天）发育出壳成为雏鹅。孵化期内，胚胎每天都在变化，并且有一定的规律性。采取照蛋办法可以检验胚胎的发育情况（见表 1-9）。

表 1-9　鹅胚胎发育和照蛋特征

胚龄 / 天	照蛋特征	胚蛋解剖时的特征
1 ～ 2	蛋黄表面有一颗颜色稍深、四周稍亮的圆点，俗称“鱼眼珠”	胚盘重新开始发育，器官原基出现，但肉眼不易辨别
3 ～ 3.5	已经可以看到卵黄囊血管区，其形状很像樱桃形，俗称“樱桃珠”	血液循环开始，卵黄囊血管区出现心脏，开始跳动，卵黄囊、羊膜和浆膜开始生出
4.5 ～ 5	卵黄囊血管的分布像蚊子，俗称“蚊虫珠”	胚胎头尾分明，内脏器官开始形成，尿囊开始发育，卵黄囊明显扩大
5.5 ～ 6	卵黄不随着蛋转动而转动，俗称“钉壳”；胚胎和卵黄囊血管形状像一只小的蜘蛛，又称“小蜘蛛”	胚胎头明显增大，与卵黄分离，各器官和组织都已具备，可见脚、翼、喙的雏形；尿囊迅速生长，卵黄囊血管所包围的卵黄达 1/3；羊水增加，胚胎已能自由地在羊膜群内活动

续表

胚龄/天	照蛋特征	胚蛋解剖时的特征
6.5	能明显看到黑色的眼点，称“单珠”“起眼”	胚胎头弯向胸部，四肢开始发育，已具有鸟类的外形特征，生殖器官形成，公母已定；尿囊与浆膜、壳膜接近，血管网向四周发射
8	胚胎头部明显，与弯曲增大的躯干部形似“电话筒”，俗称“双珠”	胚胎的躯干部增大，口部形成，翅与腿可分辨，胚胎开始活动，引起羊膜有规律地收缩；卵黄囊包围一半以上卵黄，尿囊迅速增大
9	羊水增多，胚胎活动尚不强，似沉在羊水中，俗称“沉”，正面已布满扩大的卵黄和血管	胚胎已现明显的鸟类特征，颈伸长，翼、喙明显，脚上生出趾（蹼）；卵黄增大达最大，蛋白重量减少
10	正面：胚胎较易看到，像浮在水中，俗称“浮”。背面：卵黄扩大到背面，转动时两边卵黄不易晃动，称“边口发硬”	胚胎的肋骨、肺、肝和胃明显，四肢成形，趾间有蹼
11～12	蛋转动时，两边卵黄容易晃动，俗称“晃得动”；背面尿囊血管迅速伸展，越出卵黄，俗称“发边”	胚胎眼裂呈椭圆形，脚趾上出现爪，绒毛原基扩展到头、颈部，羽毛突起明显，腹腔愈合，软骨开始骨化；尿囊迅速向小头伸展，几乎包围了整个胚胎
14～15	尿囊血管继续伸展，在蛋小头合拢，整个蛋除气室外都布满血管，俗称“合拢”“长足”	胚胎的头部偏向气室，眼裂缩小，喙具有一定形状，爪角质化，全部躯干覆以绒羽，尿囊在蛋的小头完全合拢
16	血管开始加粗，血管颜色开始加深	胚胎各器官进一步发育，头部和翅生出羽毛，腺胃可区别出来，足部鳞片明显可见
17	血管继续加粗，颜色逐渐加深，左右两边卵黄在大头端连接	鼻孔出现，全身覆有长的绒毛，肾脏开始工作，小头蛋白由一管状道（浆羊膜道）输入羊膜腔中
18	小头发亮的部分随胚龄增加而逐渐缩小	胚胎头部位于翼下，生长迅速，骨化作用急剧；胚胎大量吞食稀释的蛋白，尿囊中有白絮状排泄物出现；绒毛明显覆盖全身，气室逐渐增大

续表

胚龄 / 天	照蛋特征	胚蛋解剖时的特征
19 ~ 21	小头发亮的部分逐渐缩小，蛋内黑影部分则相应增大，胚体不断增大	胚胎的头部全在翼下，眼睛已被眼睑覆盖，胚胎开始由横向转向纵向，卵黄与蛋白显著减少，羊膜腔及尿囊中液体减少
22 ~ 23	小头看不到发亮的部分，俗称“封门”	鼻孔已形成，小头蛋白已全部输入到羊膜囊中，蛋壳与尿囊极易剥离
24 ~ 26	胚胎转身引起气室朝一方倾斜，俗称“斜口”	喙开始朝向气室端，眼睛睁开，吞食蛋白结束，卵黄已有小量进入腹中
27 ~ 28	气室内可以看到黑影在闪动，俗称“闪毛”	胚胎两腿弯曲朝向头部，颈部肌肉发达，同时大转身，颈部及翅突入气室内，准备啄壳，卵黄绝大部分已进入腹中，尿囊血管逐渐萎缩，胚膜完全退化
29 ~ 30	开始啄壳，俗称“啄壳”“见瞟”	胚胎的喙进入气室，开始啄壳见瞟，卵黄收净，可听到雏的叫声，肺呼吸开始。尿囊血管枯萎，少量雏鹅出壳
30.5 ~ 31	出壳	出壳重为蛋重的 65% ~ 70%，腹中尚有 5 克左右卵黄

3. 孵化条件

（1）温度

温度是鹅蛋孵化的首要条件。在胚胎发育的整个过程中，各种物质代谢都是在一定的温度条件下进行的。适宜的温度是孵化成败的关键，孵化温度过高过低都会影响胚胎的发育。

胚胎发育的不同阶段，对热量的需要量是不同的。发育初期，幼小的胚胎还没有调节体温的能力，需要供给较多的热量；发育后期，由于脂肪代谢加速，能产生大量的生理热，需要的热量较少。因此，孵化期的温度控制一般是“前高、中平、后低”，再结合孵化季节、室温、孵化器以及胚胎的发育状况，做到“看胎施温”，灵活掌握。当前，孵鹅蛋分恒温和变温两种方法。

① 恒温孵化　恒温孵化的施温标准是 1 ～ 28 天孵化机内的温度 37.8℃（孵化温度），孵化室内温度 23.9 ～ 29.4℃（室温）；28 天以后孵化机内的温度 37.5℃，孵化室内温度 29.4℃以上。

② 变温孵化　鹅蛋变温孵化的施温标准见表 1-10。

表 1-10　鹅蛋变温孵化的施温标准

品种	室温 /℃	孵化温度 /℃					适孵季节
		1 ～ 6 天	7 ～ 12 天	13 ～ 18 天	19 ～ 28 天	29 ～ 31 天	
中型品种	23.9 ～ 29.4	38.1	37.8	37.8	37.5	37.2	冬季和早春
	29.4 以上	38.1	37.8	37.5	37.2	36.9	春季
		37.8	37.2	37.5	36.9	36.7	夏季
大型品种	23.9 ～ 29.4	37.8	37.5	37.5	37.2	36.9	春季
	29.4 以上	37.8	37.5	37.2	36.9	36.7	夏季

（2）湿度

湿度与蛋内水分蒸发和胚胎物质代谢有密切关系，对胚胎的发育有较大影响，胚胎发育需要适宜的湿度。湿度偏高，蛋内水分不易蒸发，影响胚胎发育；湿度偏低，蛋内水分蒸发快，容易造成绒毛与蛋壳膜粘连现象。特别是在使用有风机的大型孵化机时，空气流速快，蛋内水分容易蒸发，如不掌握机内湿度，就会影响孵化效果。孵化湿度掌握的原则是“两头高，中间低”。孵化前期，胚胎要形成大量羊水和尿囊液，机内温度又较高，所以相对湿度需要大一些。一般前 10 天的相对湿度控制在 65% ～ 70%；中间 10 天，为了排除羊水和尿囊液，相对湿度可降至 55% ～ 60%；孵至后 10 天，为了防止绒毛粘连，要将相对湿度提高到 70% ～ 75%。种蛋在孵化过程中，常结合凉蛋降温，在鹅蛋上喷洒温水，以增加机内的相对湿度，使胚胎散热加强。湿度与鹅胚破壳有直接关系，在湿度与空气中的二氧化碳的共同作用下，能使蛋壳变脆，便于雏鹅啄壳。

（3）空气（通风换气）

鹅胚胎在发育的过程中，不断吸入氧气，排出二氧化碳，进行气体交换。胚胎发育需要的空气环境应是氧气含量不能低于 20%，二氧

化碳的含量在0.3%～0.5%之间，最高允许量为1.5%，当孵化机内二氧化碳含量超过1.5%时，胚胎发育迟缓，死亡率增高，出现胎位不正和畸形等现象，降低孵化率和雏鹅质量。

孵化初期，胚胎的物质代谢能力较低，需要氧气较少，随胚龄增大，尿囊发育，呼吸量逐渐增加，孵至最后两天，胚胎开始用肺呼吸，吸入的氧气和呼出的二氧化碳比孵化初期增加100多倍。为保护胚胎的正常发育，孵化机必须有良好的通风条件，保证提供足够的新鲜空气。特别是孵化后期（尤其是出雏期间），通风量逐渐增大。如果通风换气不足，导致出雏前死胚增多。现在设计的孵化器，都十分注意通风装置，开设了进气孔和出气孔。

（4）翻蛋

翻蛋的作用是使胚胎各部位受热均匀，避免与蛋壳粘连，并促进气体代谢，有利于营养吸收，提高孵化率。机器孵化有自动或半自动翻蛋系统，可根据需要定时翻蛋。一般每昼夜可翻蛋4～12次。在整个孵化期中，前期和后期的翻蛋次数不同，前期翻蛋次数要多些，开始第一周特别重要，应适当增加翻蛋次数，而孵至最后3～4天，可停止翻蛋。

（5）凉蛋

鹅蛋孵化至中期后，胚胎的物质代谢增强，产生大量的生理热，使机内温度上升。凉蛋的目的是帮助胚胎散发热量，促进气体代谢，改善血液循环，增强胚胎调节体温的能力，从而提高孵化率和雏鹅的品质。凉蛋就是在短时间内使蛋温降低。凉蛋的方法因孵化种类而异。自然孵化时，母鹅每天离巢饮水、采食、排粪，这就是凉蛋活动。机器孵化时，照蛋、喷水也属于凉蛋工作，但经常性的凉蛋要每天进行。孵化前期，凉蛋的时间短一些，孵至第15天后，要逐渐增加凉蛋的时间，每天打开机门两次，关闭热源，只开动风扇，并把蛋盘从蛋盘架上抽出1/3，再将温水喷洒在蛋上，随着胚龄增加，延长凉蛋时间，每天可凉蛋喷水2～3次，每天凉蛋的程度，以眼皮接触蛋壳感觉比较温和即可。凉蛋结束，将蛋盘推回机内，关闭机门，接通热源。凉蛋的时间因季节、室温、胚龄而异，通常为20～30分钟。摊床孵化时，凉蛋与翻蛋结合进行。

除上述条件外，还必须注意以下两点：一是种蛋要平放或大头（钝端）在上，绝对不可小头（尖端）在上；二是孵化机内要保持黑暗，必要时才开灯照明，用后关闭。许多试验表明，机内长期连续开灯，对孵化率影响极大。此外，孵化室的环境与孵化机内保持适宜条件有很大关系。孵化室较理想的条件是室温 21 ～ 24℃，相对湿度 50% ～ 60%，室内空气新鲜，要避免阳光直射或冷风直吹孵化机，墙壁、地面和用具要清洁卫生，用具摆放整齐，并定期进行消毒。

4. 孵化方法

种蛋的人工孵化方法包括机器孵化法、平箱孵化法、摊床孵化法以及炕孵法等。

（1）机器孵化法

用电孵机孵化鹅蛋，可根据鹅蛋的数量选用适当的电孵机，根据鹅蛋的大小，设计孵化蛋盘。孵化操作要点如下。

① 孵化前的准备　根据销售合同或本场需要雏鹅的数量、时间和种蛋供应情况制定孵化计划，合理安排入孵时间和入孵数量；在开机入孵前全面检查孵化器的电力供温、仪表测温、自动控温、翻蛋与通风等系统能否正常使用，测定孵化器内温度是否均匀，熟悉和掌握孵化机的性能和状态。试机运转 1 ～ 2 天正常后再开始入蛋孵化。为了防止临时停电事故的发生，应有专用的发电设备或备用电源，电压不稳定的地方应安装稳压器。

② 入孵　一批种蛋，出一批雏鹅；整批入孵是一次把孵化机装满，大型孵化厂多采用整批入孵。机器孵化多为 7 天入蛋一批，机内温度应保持恒温 37.8℃（室温 29 ～ 29.4℃），排气孔和进气孔全部打开。每 2 ～ 4 小时翻蛋 1 次。值得一提的是，冬季或早春时节，入孵前应将种蛋在孵化室停放数小时进行种蛋预温，使蛋逐渐达到室温后再入孵，这样可防止因种蛋直接从储蛋室（15℃左右）直接进入孵化机中（37.8℃左右）而造成结露现象，影响孵化效果。另外，分批入孵时，各批次的蛋盘应交错放置，这样有利于各批蛋受热均匀。入孵的时间

以下午 4 时以后为好，可使大批出雏的时间集中在白天，有利于工作的进行。

③ 照检　在孵化过程中应对入孵种蛋进行 3 次照检，入孵后的 7 天进行第一次照检，剔出无精蛋和死胚蛋，如发现种蛋受精率低，应及时调整和改善种鹅的饲养管理。入孵后的第 15 天进行第二次照检，将死胚蛋和漏检的无精蛋剔出，如果此时尿囊膜已在蛋的小头"合拢"，则表明胚胎发育是正常的，孵化条件的控制亦合适。第三次照检可结合落盘时进行。

④ 落盘　孵化到 28 天，通过照检剔出死胚蛋后，把发育正常的蛋转入出雏器继续孵化，称为"落盘"。落盘时，如发现胚胎发育延缓，应推迟落盘时间。落盘后应注意提高出雏机内的湿度和增大通风量。

⑤ 出雏　出雏期间保持出雏器黑暗，以免引起雏鹅的骚动。出雏期间不要经常打开机门，以免降低机内温度、湿度，影响出雏整齐度。有 20% ～ 30% 雏鹅出壳后进行第一次拣雏，以后每 2 ～ 3 小时拣雏一次即可。拣雏时拣出绒毛已干的雏鹅，并拣出蛋壳。在出雏末期，对已啄壳但无力出壳的弱雏，可进行人工破壳助产。助产要在尿囊血管枯萎时方可施行，否则易引起大量出血，造成雏鹅死亡。雏鹅拣出后即可进行雌雄鉴别和免疫。

⑥ 统计分析　根据记录，统计种蛋受精率、孵化率、健雏率，对结果进行分析，以改进孵化条件和种鹅的饲养管理方法，提高孵化成绩。

（2）平箱孵化法

通常情况下每台可孵鹅蛋 600 枚。当蛋筛装满蛋放入箱后，把门关紧并塞上火门，让温度慢慢上升，直至蛋温均匀为止。入孵后，应每隔 2 小时转筛一次（转筛角度为 180°，使每筛的蛋温均匀），并注意观察温度，当眼皮贴到蛋感到有热度时，可进行第一次调筛（调筛的目的是使上、下层的蛋温能在一天内基本均匀）；当蛋温达到眼皮有烫的感觉时，可进行第二次调筛及第一次翻蛋（翻蛋可调节边蛋与心蛋的温度，并可使蛋得到转动）；蛋温达到明显烫眼皮时，进行第三次调筛及第二次翻蛋。当蛋筛中间蛋温达到要求时说明蛋温已均匀。检验蛋温适当与否，应实行“看胎施温”。

（3）摊床孵化法

摊床孵化是炕孵、缸孵或平箱孵化后期普遍采用的一种方法。摊床孵化不用热源，依靠胚蛋后期的自发温度及孵化室的室温孵化，因而是一种十分经济的方法。

① 摊床的构造和设备　摊床一般设在孵化器（包括土缸、土炕、电孵机）的上方，以充分利用空间和孵化器的余热。如果孵化室太大不易保温，或房舍低矮，可单独设置摊床孵化室。摊床是用木头（水泥或三角铁）做架，钉上竹条，然后铺上草席。孵化时根据胚龄的大小及室温的高低，配备棉絮、棉毯或被单等物，以保持胚胎所需温度。摊床的面积根据孵化室的大小及生产规模而定，通常设 1 ～ 3 层。摊床应底层最宽，越上层越窄，便于操作时站立。一般底层宽 1.8 米时，每上一层缩进 20 厘米。

② 上摊时间　鹅蛋在入孵第 15 天后，即在第二次照蛋以后上摊。如果外界气温低，可以稍微推迟上摊时间。

③ 调温操作要点　上摊以后调节温度的工作是管理工作的重心，一定要调节好温度。

a．调温原则　摊床温度的调节，应根据心蛋与边蛋存在温差的特点来进行，应掌握“以稳为主，以变补稳，变中求稳”的原则，也就是说，为使蛋温趋于一致，要“以稳为主”，即以保持心蛋适温平衡为主；但心蛋保持适温时，边蛋蛋温必然偏低，以弥补温度的不足；当升温达到要求时，又要适时采取控制措施，不使温度升得太高，达到“变中求稳”的目的。

b．调温措施　一是翻蛋（抢摊）。在摊床上翻蛋，将心蛋和边蛋对换位置。因为边蛋易散热，蛋温较低，而摊床中间的心蛋不易散热，蛋温易升高，通过互换位置，就能使蛋温趋于平衡、均匀。二是调整摆蛋密度。通过调整蛋的排列层数和松紧来调节蛋温。刚上摊时，可摆放双层，排列紧密，随着胚蛋自温升高，上层可放稀些，以后只要将边蛋放双层，继而全部放平。三是增减覆盖物。通过棉被、被单等覆盖物的增减和掀盖来调节。随着胚龄的增长，其自发温度日益增强，

覆盖物应由多到少，由厚到薄，覆盖时间由长到短。当蛋温偏低时，则可加盖覆盖物。如蛋温上升较快，可减少覆盖物，甚至可将覆盖物掀起晾蛋。四是开关门窗。门窗、气窗也是调节蛋温的辅助设施。上摊初期和寒冷季节，应关闭门窗，以利保温；后期升温快或夏季气温高，应打开门窗，加大通风量，以利散热。

（三）初生雏鹅雌雄鉴别

现代养鹅业都非常重视雏鹅的雌雄鉴别工作，但初生雏鹅的雌雄鉴别比较困难，因为雏鹅身上的绒毛较多，泄殖腔小，不易根据生殖器官来鉴别。在生产中，多采用以下方法，从外观和形态上来鉴别。

1. 外形鉴别

一般来讲，初生雄雏鹅体型较大，身躯较长，头较大，颈较长，嘴角较长而阔，眼较圆，眼角无绒毛，腹部稍平贴，站立的姿势比较直；雌雏鹅体型较小，身躯较短圆，头较小，颈较短，嘴角短而窄，眼较长圆，眼角有绒毛，腹部稍下垂，站立的姿势有点倾斜。

2. 动作、声音鉴别法

如果在大母鹅面前试着追赶雏鹅，低头伸颈发出惊恐鸣声的为雄雏；高昂着头，不断发出叫声的为雌雏。一般雄的鸣声高、尖、清晰；雌的鸣声低、粗、沉浊。

3. 羽毛鉴别法

有色泽羽毛的鹅，如灰羽鹅，雄的羽色总是比雌的羽色淡一些。有的鹅种，如英国的西莫格兰鹅、美洲的移民鹅，具有特别的雌雄特征。移民鹅的初生公鹅，羽毛是奶油色（乳黄色），喙的颜色较浅；母鹅的羽毛为浅黄色，喙的颜色较深。西英格兰鹅的雌雏带有明显的灰色标志，雄雏则为全白色。

4. 翻肛法

当根据外形、动作及声音等都不易鉴别时，可根据生殖器官的形

态来鉴别。方法是先把雏鹅捉住，并仰卧固定，然后用拇指和食指把肛门轻轻拨开，再稍加压力向外翻，使内部外露，如有螺旋状而不大的阴茎突起，即为雄雏鹅；如肛门只有三角瓣形皱褶的，便是雌雏鹅。

5. 捏肛法

捏肛（摸肛）是鉴别初生水禽雌雄的传统办法。这种方法操作速度快，准确率很高，但要有丰富的经验。浙江萧山一带孵坊的师傅，每小时可鉴别 1500 ～ 1800 只，平均约 3 秒鉴别 1 只。雄雏鹅的阴茎比较发达，为长约 0.5 厘米的螺旋形，在泄殖腔肛门口内的下方，而雌雏鹅则没有，因此这种办法是科学的。操作方法是：以左手捉住雏鹅，使其背朝上，腹部朝下，并以拇指和食指轻轻抓往鹅颈部；然后，用右手的拇指和食指在鹅肛门外部捏一捏，使其泄殖腔略微外翻一点，以手指触摸，如感觉到油菜籽或芝麻粒大小的突起，就是雄的，否则即是雌的。初学者可多捏几次，用力要轻，不能来回动，以免伤及肛门。

6. 顶肛法

此法在山东一带广泛采用，比捏肛法困难一些，要求有较高的技术，不过熟练以后，速度比捏肛法还要快，准确率也不低于捏肛法。其原理与捏肛法相同，操作方法是：左手捉雏鹅，以右手的拇指在其肛门外轻轻往上项，如果感觉到有一颗油菜籽或芝麻粒大小的东西，即为雄雏，没有这种感觉的便是雌维。此法需要较长时间的反复实践，才能熟练掌握。

第二招
加强雏鹅选择和运输管理

【核心提示】

雏鹅的选择和运输关系到雏鹅的质量。优质健康的雏鹅的适应力和抗病力强，生长速度快，成活率高。所以，必须注意鹅的选择和运输管理，获得优质健康的雏鹅，可以为以后的高效生产奠定良好基础。

一、雏鹅的选择

（一）育雏季节的选择

采用关养或圈养方式、依靠人工喂给饲料的，原则上一年四季均可饲养，但四季引种是有区别的。

1. 春雏

3 月下旬至 5 月份饲养的雏鹅为春雏。这个时期外界气温比较低，要注意保温。但是育雏期一过，天气日趋变暖，自然饲料丰富，此阶段饲养的鹅不但生长快、开产早，而且可以节省饲料。

2. 夏鹅

从 6 月上旬至 8 月下旬饲养的雏鹅为夏鹅。这个时期的特点是气温高、雨水多、气候潮湿，雏鹅育雏期短，不需要保温，可节省大量的育雏保温费用。夏鹅开产早，当年可以见效。但是，夏鹅的前期气候闷热，管理上较困难，要注意防潮湿、防暑和防病工作。开产前，要注意补充光照。

3. 秋鹅

从 8 月中旬至 9 月饲养的雏鹅为秋鹅。此期的气候特点是秋高气爽，气温由高到低逐渐下降，是育雏的好季节。秋鹅的育成期正值寒冬，气温低，要注意防寒和适当补料。

（二）初生雏鹅的分级标准

每一批的孵化，总有一些弱雏和畸形雏。当出雏结束、发运之前，要进行 1 次严格的挑选和分级。畸形雏坚决淘汰，弱雏单独处理（绝不可选弱雏留作种用）。

1. 健雏

30 ～ 31 天内出壳；绒毛整洁，长短合适，色泽鲜亮；体重正常，符合该品种标准，大小均匀；腹部大小适中、柔软，脐部干燥、愈合良好、其上覆盖绒毛；精神活泼，反应灵敏，腿干结实；抓在手中饱满，挣扎有力。

2. 弱雏

提早或推后出壳；绒毛蓬乱污秽，缺乏光泽，有时短缺；体重过大或过小，大小不一致；腹部特别膨大，脐部愈合不好，脐孔大，触摸有硬块，有黏液，或卵黄囊外露，脐部裸露；精神表现是痴呆，闭目，反应迟钝，站立不稳，触感瘦弱、松软，无力挣扎。

3. 畸形雏

头部小，眼睛突出，一只眼或无眼；交错喙，颈部扭曲，跗关节粗肿，多脚，弯趾；卵黄吸收不良，绒毛板结过短，侏儒，八字脚等。畸形雏无康复价值，应及时淘汰。

（三）雏鹅的选择方法

要选择健康的初生鹅。健康雏鹅的适应力和抗病力强，易于饲养，生长速度快。

1. 看来源

雏鹅要求来自健康无病、生长快、产蛋高的种鹅，并符合所需要的品种特征和特性。

2. 看时间

选择按时间出壳的雏鹅（31.5 ～ 32.5 天出壳的雏鹅），凡是提前或延迟出壳的雏鹅，说明胚胎发育不正常，将对以后的生长发育产生一定的影响。

3. 看脐肛

大肚皮且肛门不清洁的雏鹅，表明健康情况不佳。所以要选择腹部柔软、脐部吸收好、肛门清洁的雏鹅。

4. 看绒毛

绒毛要粗密干燥、有光泽，凡是羽毛太细、太稀、潮湿，甚至相互粘连无光泽，表明发育不良、体质弱，不宜选择。

5. 看体态

初生鹅站立平稳，两眼有神，体重符合本品种要求（初生体重，小型品种 80 ～ 100 克，大型品种 105 ～ 125 克）可以选择。坚决剔除瞎眼、歪头等畸形雏鹅以及体重过小、无精打采的雏鹅。

6. 看活力

健康雏鹅活动有力、叫声洪亮、站立稳健，当用手抓住颈部提起时，两腿能迅速有力挣扎；将雏鹅推翻在地，它自己能够迅速翻身起来。健康雏鹅，可以选择，否则不能选择。

二、雏鹅的运输管理

雏鹅生命力柔弱，经不起外界的剧烈震动和多变的气温。因此，自孵化出壳到1个月脱温的雏鹅不宜长途运输，否则死亡率极高。一般1个月后的雏鹅可长途运输，宜用纸箱装运，箱底垫铺麻袋片以防滑。雏鹅存放室的温度要求为24～28℃，通风良好且无穿堂风，雏鹅应当尽快运到养殖场。

1. 运前准备

要和孵化场或种鹅场签订雏鹅订购合同，保证雏鹅的数量和质量，同时确定大致接雏日期。在接雏前1周内要确定具体的接雏日期，以便育雏舍提前预热和其他准备工作的进行。雏鹅出雏免疫接种以后，一般需要在孵化室恢复3～5小时，然后再进行运输，并尽快送至育雏舍。

准备好运输工具，车辆性能要好，以带篷布车厢的车为宜；备齐鹅篮，鹅篮要求新、质量好、数量足，篮子直径为85厘米，高为18厘米，在4～5厘米高处加一条边线，有利于鹅篮相叠；挑选具有一定运雏经验的运雏人员2～3人，其中2人在车上，观察车厢内情况，及时调整，到达目的地后车上2人迅速点数，不耽搁时间。

最早出壳的雏鹅从出壳到雏鹅全部出齐已经过了较长时间，加上雏鹅处理和雏鹅恢复时间，到开始装车运输时距出壳大约经过了30多个小时，因此雏鹅要尽快运到目的地，以防止雏鹅脱水。雏鹅开始装车运输后要马上通知饲养场雏鹅大约到达的时间，以便做好接雏工作。

2. 雏鹅接运

雏鹅质量是影响长途运输效果的首要因素。弱雏经过长时间颠簸，会造成途中死亡多、育雏期成活率低、损失大，因此装运前必须认真挑选，选择健康雏鹅进行运输。

鹅篮底部要垫一层薄薄的干净稻草，每篮装 80 只为宜。每车装 120 ～ 140 只鹅篮，鹅篮排列整齐并挤紧，以防止途中倾斜。一般鹅篮相叠 10 层左右，上面加盖一个空篮子，调节篷布，保持厢内温度在 30 ～ 34℃和空气新鲜，防止雏鹅缺氧而呼吸困难、窒息死亡，使雏鹅处于舒适、安静的环境中。

运输途中，要时时观察雏鹅动态，防止意外事故发生。夏季运输雏鹅要携带雨布，千万不能让雏鹅着雨，着雨后雏鹅感冒，会大量死亡，影响成活率。阴雨天运输雏鹅，除带防雨设备外，还要准备棉被、棉毯，防止雏鹅着凉。夏季运输雏鹅最好在早晚凉爽时进行，以防雏鹅中暑。运输初生雏鹅时，行车要平稳，转弯、刹车时都不要过急，下坡时要减速，以免雏鹅堆压死亡。

车辆行驶时速应为 40 ～ 50 千米，坚持“四快四慢”的原则，即好路快、中途快、中午快、天气好快；歪路慢、开车和停车时慢、晚上慢、阴雨慢。车辆行驶保持平稳、安全。一般晚上运输较好。运输途中不要停车，尽快到达育雏舍。若一车鹅苗要分多点饲养时，分发既要快、好，又要不出差错。

第三招 让肉鹅长得更快

【核心提示】

根据不同生长阶段，可将鹅划分为雏鹅、中鹅（生长鹅、青年鹅、育成鹅、育肥鹅）、后备鹅、成年种鹅等，依据不同阶段的特点，进行科学的饲养管理，提高雏鹅成活率和育成鹅质量，充分发挥种鹅的生产潜力和经济价值，获得较好的效益。

一、仔鹅的饲养管理

仔鹅（生长鹅、青年鹅或育成鹅）是指从4周龄以上至8周龄左右选入种用或转入肥育前的鹅。留作种用的称为后备种鹅，不能作种用的转入育肥群，经短期肥育供食用。仔鹅生长发育的好坏，与上市肉用仔鹅的体重、未来种鹅的质量有密切的关系。

（一）仔鹅的特点

仔鹅的消化道容积增大，消化力和对外界环境的适应性及抵抗力增强，并能大量利用青饲料。在饲养过程中以青饲料为主，有牧地的尽量多进行放牧或舍饲多喂青饲料；仔鹅阶段是骨骼、肌肉和羽毛生长最快的阶段。为了保证鹅骨骼的良好发育，培育出优质的种用鹅，要提供充足的活动空间和良好的空气环境。

（二）仔鹅的饲养管理

饲养方式有放牧饲养、舍内饲养（关棚饲养），不同饲养方式的管理方法也有较大不同。

1. 放牧饲养

放牧饲养，鹅群在草地和水面上，由于经常处在新鲜空气环境中，不仅能采食到含维生素和蛋白质营养丰富的青饲料，而且阳光充足，活动空间大，能促进鹅机体新陈代谢，增强对外界环境的适应性和抵抗力，为选留种鹅或转入育肥鹅打下良好基础。

（1）放牧场地和牧草选择

优良放牧场地应具备四个条件：一要有鹅喜食的优良牧草；二要有清洁的水源；三要有树荫或其他荫蔽物，可供鹅群遮阳或避雨；四是道路比较平坦。放牧场应划分若干小区，有计划地轮牧，以保证每天都有牧草采食。此外，农作物收割后的茬地也是极好的放牧场地。

（2）放牧时间

在放牧初期要适当控制放牧时间，一般上、下午各1次，中午赶鹅回舍休息两小时。天热时上午要早出早归，下午要晚出晚归，中午在凉棚或树荫下休息；天冷时则上午晚出晚归，下午早出早归。随着日龄的增长，慢慢延长放牧时间，中间不回鹅棚，就地在阴凉处休息、饮水。鹅的采食高峰在早晨和傍晚，因此放牧要尽量做到早出晚归，即所谓“早上踏露水，晚上顶星星”，同时把青草茂盛的地方安排在早晚采食高峰时放牧，使鹅群能尽量多采食青草。

（3）放牧群的大小

放牧群的大小要根据放牧地情况及放牧人员的经验丰富程度而定，一般以250～300只为一个放牧群为宜，由两人负责放牧。如果放牧地开阔平坦，对整个鹅群可以一目了然，则每群可以增加到500只，甚至可增加到1000只，放牧人员则应适当增加1～2人。如果鹅群过大，不易管理，特别是在林下或青草茂密的地方，可能造成小群体走散，少则十来只，多则上百只；同时鹅群过大，个体小、体质弱的鹅吃不饱或吃不到好草，招致大小不一、强弱不均。

（4）放牧养鹅时的注意事项

① 防中暑雨淋　热天放牧应早晚多放，中午在树荫下休息，或者赶回鹅棚，不可在烈日暴晒下长久放牧，同时要多放水，防止中暑。雷雨、大雨时不能放牧（毛毛细雨时可放牧）。牧地离鹅舍要近，在雨下大时可以及时赶回。

② 防止惊群　鹅对环境比较敏感，放牧时将竹竿举起或者雨天打伞（可以穿雨衣），都易使鹅群不敢接近人，甚至骚动逃离。不要让狗及其他动物突然接近鹅群，以防惊吓。鹅群经过公路时，要注意防止汽车高音喇叭的干扰而引起惊群。

③ 防跑伤　放牧需要逐步锻炼，距离由近渐远，慢慢增加。将鹅群赶往放牧地时，速度要慢，切不可强驱蛮赶，以致聚集成堆，前后践踏受伤，特别是吃饱时更要赶得慢些。每天放牧的距离大致相等，以免累伤鹅群，尽量选平坦的路线赶。在上、下水时，坡度大、雨道窄，或有乱石、树桩时，如赶得过快，鹅群争先恐后，飞跃冲撞，很易受伤，切切注意。收牧时要点清鹅数，并注意观察鹅的进食和健康状况。如发现体弱或有病的鹅掉队，捉回后应立即隔离饲喂或治疗。

④ 防中毒　对于施过农药的地方，管理人员应详细了解，不能作为放牧地，以免造成不必要的损失。施过农药后至少要经过一次大雨淋透，并经过一定时间后才能安全放牧。对于放牧不慎造成农药中毒时，要及时问清农药名称，采取相应的解毒措施。

（5）合理补饲

刚进入仔鹅期的鹅群（对长时间放牧和完全依靠青饲料还很不适

应）或牧地草数量少、质量差时，则需要补饲精料。刚进入仔鹅期的鹅群，晚上牧归后适当补饲，补饲的次数和数量可以逐步减少；放牧场地条件好，有丰富的牧草或落地谷实可吃时，可以少补饲或不补饲。补饲时将精饲料（补饲料配方：玉米粉46%、小麦次粉20%、鱼粉2%、豆粕粉9%、统糠10%、草粉10.5%、骨粉0.5%、石粉1%、微量元素和生长素1%）与青饲料以1 ∶ 4的比例配合成半干湿状喂给鹅，补饲的数量根据鹅的膘情和牧地草情而定。

（6）卫生防疫

放牧前应注射小鹅瘟免疫血清、禽霍乱疫苗。在放牧中，如发现邻区、上游放牧的鹅群或分散养鹅户发生传染病时，应立即转移鹅群到安全地点放牧，以防感染疫病。不要到工业排放污水的渠中放水，对喷洒过农药、施过化肥的草地、果园、农田，应经过10～15后再放牧，以防中毒。每天要清洗饲料槽、饮水盆，定期更换垫草，搞好舍内外、场区的卫生清洁。另外，仔鹅缺乏自卫能力，鹅棚舍要做好防鼠、防兽害的设施。

（7）及时转群

根据仔鹅的日龄，结合有利的饲养季节充分利用草地，在较少补饲的条件下，中鹅可以较好地生长发育，一般长至70～80日龄时，就可以达到选留种鹅的体重要求。选留合格的中鹅可转入后备种鹅群，继续进行培育。不合格的中鹅及时转入育肥群，进行肉用鹅肥育。

2. 舍内饲养

如果没有放牧条件，或种草养鹅为避免鹅群践踏牧草而影响牧草的生长，或便于集约化生产以及在养“冬鹅”时怕天气冷，可采用舍内饲养。

（1）科学饲喂

仔鹅处于体格生长发育的关键时期，所以必须保证营养充足，供给全价饲料和优质牧草等，特别要注意维生素和矿物质的供给。每天饲喂5～6次，每次间隔时间要均等。

（2）充足饮水

鹅的生长速度快、运动量大、代谢旺盛，必须保证充足的饮水。同时注意良好水质和饮水卫生，定期洗刷和消毒饮水用具。

（3）适量运动

仔鹅阶段是鹅的骨骼发育最快的阶段，需要适量的活动，否则影响骨骼发育，在设计鹅舍时要有面积足够大的运动场。

（4）舍内清洁卫生

舍内饲养的鹅群，饲养密度较高，采食充分，排泄量大，舍内容易污浊。每天清洁舍内和运动场上的粪便和污染物，保持清洁卫生，每周消毒 1 ～ 2 次。

（5）减少应激

保持基本固定的饲养管理制度，饲养人员，饲料和牧草、喂料、清洁、消毒等时间要基本固定，使鹅群建立良好的条件反射；避免意外的噪声、光照、陌生的动物和人等干扰和粗暴的饲养管理，减少对鹅群的不良刺激和应激反应的发生。

二、肥育仔鹅的饲养管理

仔鹅饲养到 8 周龄左右，转入肥育期。中鹅骨架大，但胸部肌肉不丰满，膘度不够，出肉率低且稍带有青草味。经过短期肥育后（肥育的时间以 15 ～ 30 天为宜），鹅摄取的过量糖类（包括淀粉）和部分蛋白质，进入体内经消化吸收后，产生大量的能量，过多的能量便大量转化为脂肪，在体内储存起来，使鹅肥胖；充裕的蛋白质可使肌纤维（肌肉细胞）尽量分裂增殖，使鹅体内各部位的肌肉、特别是胸肌充盈丰满起来，整个鹅变得肥大而结实。肥育仔鹅膘肥肉嫩，胸肌丰厚，味道鲜美，屠宰率高，可食部分比重增大。因此，经过肥育后的鹅更受消费者的欢迎，产品畅销，同时可增加饲养户的经济收益。由于肥育仔鹅饲养管理的状况，直接影响上市肉用仔鹅的体重、膘度、屠宰率、饲料报酬以及养鹅的生产效率和经济效益，所以必须加强肥育仔鹅的饲养管理。

（一）肥育鹅选择

中鹅饲养期过后，首先从鹅群中选留种鹅，送至种鹅场或定为种鹅群；剩下的鹅为肥育鹅群，要选精神活泼、羽毛光亮、两眼有神、叫声洪亮、机警敏捷、善于觅食、挣扎有力、肛门清洁、健壮无病的8周龄以上的中鹅作肥育鹅。新从市场买回的肉鹅还需在清洁水源放养2～3天，用500毫克/千克的高锰酸钾溶液进行脚部消毒，确认其健康无病后再予肥育。

（二）分群饲养

为了使育肥鹅群生长整齐、同步增膘，需将大群分为若干小群。分群原则是将体型大小相近、采食能力相似的公母混群，分成强群、中群和弱群三等，在饲养管理中根据各部分实际情况，采取相应的技术措施，缩小群体之间差异，使全群达到提高生产性能、一次性出栏的目的。

（三）驱虫

鹅体内的寄生虫较多，如蛔虫、绦虫、泄殖吸虫等，肥育前进行彻底驱虫，对提高饲料报酬和肥育效果极有好处。驱虫药应选择广谱、高效、低毒的药物。

（四）肥育方法

肥育的鹅群确定后，移至新的鹅舍，这是一种新环境应激，鹅会感到不习惯，有不安表现，采食减少。肥育前一般有1周左右肥育过渡期，使鹅逐渐适应即将开始的肥育饲养。

1. 放牧加补饲肥育法

放牧加补饲是较经济的肥育方法。根据肥育季节的不同，白天利用人工栽培草地放牧或在麦茬地、稻田地以及沟旁路边，采食收割后遗留在田里的粒穗或野草草籽等，边放牧边休息，定时饮水，晚上和夜间补饲全价饲料或压制成的颗粒料（可减少饲料浪费），能吃多少喂多少，吃饱的鹅颈的右侧可出现一假颈（味臌膨起），有压食动作，摆脖子下咽，嘴、头不停地往下点。补饲的鹅必须饮足水，尤其是夜间不能缺水。

2. 舍饲自由采食肥育法

舍饲肥育法将鹅群用围栏圈起来，每平方米 5 ～ 6 只，要求栏舍干燥、通风良好、光线暗、环境安静，从早 5 时到晚 10 时，每天进食 3 ～ 5 次。由于限制鹅的运动，喂给含有丰富糖类的谷实或块根饲料，每天喂 3 ～ 4 次，使体内脂肪迅速沉积，同时供给充足的饮水，增进食欲，帮助消化，经过半个月左右即可宰杀。

（1）饲养方式

饲养方式有围栏栅上肥育和地面肥育 2 种方式，可用竹竿或木条隔成小区，食槽和水槽设在围栏外，鹅伸出头来自由采食和饮水。

① 围栏栅上肥育　距地面 60 ～ 70 厘米高处搭起栅架，栅条间距 3 ～ 4 厘米，鹅粪可通过栅条间隙漏到地面上，在栅面上可保持干燥、清洁的环境，有利于鹅的肥育。肥育结束后一次性清理。

② 地面肥育　在地面上铺上垫料，用木条围成栅栏，鹅在栏内活动，伸头栏外采食和饮水，每天都要清理垫料或加新垫料，劳动强度相对大，卫生较差，但投资少，肥育效果也很好。

（2）饲喂方法

采用自由采食肥育，饲喂方法如下。

① 草浆饲料养鹅　将收割的青饲料或采集到的水葫芦、水浮莲、槐叶、杂草等青饲料打浆，再用配合粉料搅拌成牛粪状，每天饲喂 6 次，最后一次在晚上 10 时。选用的青饲料要避免有毒植物，如高粱苗、夹竹桃叶、苦楝树叶等。

② 青饲料拌粉料养鹅　将收割的青饲料剁碎，拌上配合粉料，1 天饲喂 6 次，晚上还要喂 1 次。

③ 青饲料、颗粒饲料养鹅　将颗粒饲料置于料桶上，任由肉鹅采食；将青饲料（种植的青饲料如黑麦草、象草等，蔬菜产区的大量老

叶以及大量农副产品如萝卜缨、甘薯藤）置于木架、板台、盆子或水面上，让鹅自由采食，一般每只每天只饲喂2～4千克。

④ 草粉全价颗粒饲料养鹅　将草粉（豆科牧草和禾本科牧草、松针、刺槐叶、花生藤等晒干或烘干，制成青绿色粉末）与豆饼、玉米等配制成全价颗粒饲料，可用料盘1日分4次饲喂，也可用自动料槽或料桶终日饲喂，另外保证有充足的清洁饮水，这种方式有利于规模化、集约化养鹅。

（3）管理

加强对鹅群的观察和日常管理，搞好卫生和消毒，保持鹅舍洁净；饲料更换有一定过渡期；特别注意防治消化系统疾患。可大量应用促菌生、益生素、EM菌、酵母菌、乳酸菌等饲料添加剂调节鹅肠道的微生态环境，保持菌群平衡，减少腹泻、肠炎的发生。另外，有意识地应用一些既是饲料又是中草药的植物和杂交酸模、马齿苋、大蒜、香桃叶、山姜等。

3. 舍饲填饲肥育法

采用填鹅式肥育技术，俗称“填鹅”，即在短期内强制性地让鹅来食大量的富含糖类的饲料，促进肥育。如可按玉米、碎米、甘薯面60%，米糠、麸皮30%，豆饼（粕）粉8%，生长素1%，食盐1%配成全价混合饲料，加水拌成糊状，用特制的填饲机填饲。具体操作方法是：由两人完成，一人抓鹅，一人握鹅头，左手撑开鹅嘴，右手将胶皮管插入鹅食道内，脚踏压食开关，一次性注满食道，一只一只慢慢进行。如没有填饲机，可将混合料制成1～1.5厘米粗、长6厘米左右的食条，待阴干后，人工一次性填入食道中，效果也很好，但费人工，适于小批量肥育。其操作方法是：填饲人员坐在凳子上，用膝关节和大腿夹住鹅身，背朝人，左手把嘴撑开，右手拿食条，先蘸一下水，用食指将食条填入食道内，每填一次用手顺着食道轻轻地向下推压，协助食条下移，每次填3～4条，以后增加，直至填饱为限。开始3天内，不宜填得太饱，每天填3～4次。以后要填饱，每天填5次，从早6时到晚10时，平均每4小时填一次，填后供足饮水。每

天傍晚应放水一次，时间约 30 分钟，将鹅群赶到水塘内，可促进新陈代谢，有利消化、清洁羽毛，防止生虱和其他皮肤病。

每天清理圈舍一次，如使用褥草垫栏，则每天要用干草替换，湿垫料晒干、去污后仍可使用。若用土垫，每天需添加新干土，1 周要彻底清除一次，堆积起来发酵，不但可防止环境污染，还可提高肥效。

（五）选择最佳出栏期

选择最佳的出栏期能够提高肉鹅的养殖效益。选择最佳出栏期，主要应考虑饲料利用效果和市场价格。

肉鹅 4 ～ 8 周龄出现增重的高峰期，9 周龄后增重减慢，饲料利用率降低，这时可将鹅群由放牧转为舍饲肥育，待达到出栏体重时，即可上市。一般认为，在正常的饲养管理条件下，中小型鹅 70 ～ 90 日龄，活重 3.0 ～ 4.0 千克，大型鹅 80 日龄，活重达 4.0 ～ 5.0 千克，就应出栏。利用优良品种配套杂交生产的商品鹅，60 日龄可达 3.5 ～ 4.5 千克，90 日龄出栏时平均体重可达 5.0 千克，其生长速度快，且羽绒含量高（30% 左右），缩短了饲养周期，提高了效益。

养鹅的效益受市场因素制约较大，应根据市场变化，结合鹅自身的生长状况，选择最佳时机出售。一般农户多在 5 月中旬至 7 月份进雏，出栏时间大多在 9 ～ 10 月份，由于出栏时间集中，相互竞争，造成价格低，经济效益差。饲养优良商品雏鹅可分期上市，避免了集中上市的诸多弊端。如 4 ～ 5 月份进雏，6 ～ 7 月份出栏，或 6 月份进雏，8 月份出栏，也可延时上市，中间进行活体拔毛，增加收入，提高养鹅生产的整体效益。

此外，选择最佳出栏期，还要受饲养管理等多种相关因素的影响。在生产过程中，一定要根据自己的实际情况，适时出栏，以达到经济效益最大化。

第四招 使鹅群更健康

【核心提示】

使鹅群更健康，必须注重预防，遵循“防重于治”“养防并重”的原则。加强饲养管理（采用“全进全出”制饲养方式、提供适宜的环境条件、保证舍内空气清新洁净、提供营养全面平衡的优质日粮），增强鹅体抗病力，注重生物安全（隔离卫生、消毒、免疫），避免病原侵入鹅体，以减少疾病的发生。

【注意两个问题】

1. 致病力和抵抗力

（1）致病力

① 病原的种类（病毒、细菌、支原体和寄生虫等）和毒力。

② 病原的数量（污染严重、净化不好、卫生差）。

③ 病原的入侵途径，如呼吸道、消化道、生殖道黏膜损伤和皮肤破损等。

④ 诱发因子，如应激、环境不适、营养缺乏（可逆的、不可逆的）等。

（2）抵抗力

① 特异性免疫力，针对某种疫病（或抗原）的特异性抵抗力。

② 非特异性免疫力，皮肤、黏膜、血管屏障的防御作用，正常菌群，炎症反应和吞噬作用等。

③ 营养状况。

④ 环境应激。

⑤ 治疗药物。

2. 鹅场疫病的控制策略

（1）注重饲养管理

① 采用“全进全出”制饲养方式。

② 提供适宜的环境条件，如适宜的温度、湿度、光照、密度和气流。

③ 保证舍内空气清新洁净，可在进气口安装过滤装置或空气净化器，减少进入舍内空气微粒数量，降低微生物含量，也可在封闭舍内安装空气电净化系统来除尘、防臭和减少病原微生物。

④ 根据不同阶段畜禽营养需求，提供营养全面、平衡的优质日粮。

⑤ 科学饲养管理。保证充足的活动空间，减少应激反应，提高机体的抵抗力。

（2）生物安全的措施

① 隔离卫生　隔离即是断绝来往，养殖场的隔离就是减少动物与病畜禽或病原接触机会的措施。良好的隔离可以阻断病原进入养殖场和畜禽机体，减少畜禽感染和发病的机会。养殖场的隔离措施包括场址的选择、规划布局、卫生防疫设施的完善（如防疫墙、消毒池及消毒室）、引种的隔离观察（种畜禽的净化）、全进全出的饲养制度及饲

养单一动物、进出人员和设备用具消毒、杀虫灭鼠、病死畜禽的无害化处理等。

② 消毒　消毒是指用物理、化学和生物学的方法清除或杀灭外环境（各种物体、场所、饲料饮水及畜禽体表皮肤、黏膜及浅表体）中病原微生物及其他有害微生物。消毒的含义包括两点：一是消毒是针对病原微生物和其他有害微生物的，并不要求清除或杀灭所有微生物；二是消毒是相对的而不是绝对的，它只要求将有害微生物的数量减少到无害程度，而并不要求把所有病原微生物全部杀灭。

消毒是生物安全体系中重要的环节，也是养殖场控制疾病的一个重要措施。一方面，消毒可以减少病原进入养殖场或畜禽舍。另一方面，消毒可以杀灭已进入养殖场或畜禽舍内的病原。总的结果是减少了畜禽周边病原的数量，减少了畜禽被病原感染的机会。养殖场的消毒包括进入人员、设备、车辆消毒，养殖场环境消毒，畜禽舍消毒，水和饲料消毒以及带畜（或禽）消毒等。

③ 免疫　免疫是预防、控制疫病的重要辅助手段，也是基本的生物安全措施。免疫接种可以提高畜禽的特异性抵抗力。应根据本地疫病流行状况、动物来源和遗传特征、养殖场防疫状况和隔离水平等，在动物防疫监督机构或兽医人员的监督指导下，选择疫苗的种类和免疫程序。注意疫苗必须为正规生产厂家经有关部门批准生产的合格产品。出于防治特定的疫病需要，自行研制的本场（地）毒株疫苗，必须经过动物防疫监督机构严格检验和试验，确认安全后方可应用，并且除在本场应用外，不得出售或用于其他动物养殖场；进行确切免疫接种，并定期进行疫病检测。

一、科学的饲养管理

饲养管理工作不仅影响鹅的生产性能发挥，更影响到鹅的健康和抗病能力。只有科学的饲养管理，才能维持机体健壮，增强机体的抵抗力，提高机体的抗病力。

（一）采用科学的饲养制度

采取“全进全出”的饲养制度是有效防止疾病传播的措施之一。“全进全出”使得鹅场能够做到净场和充分消毒，切断了疾病传播的途径，从而避免患病鹅或携带病原鹅将病原传染给日龄较小的鹅群。

（二）保证营养需要

饲料为鹅提供营养，鹅依赖从饲料中摄取的营养物质而生长发育、生产和提高抵抗力，从而维持健康和较高的生产性能。随着养鹅业的规模化发展，饲料营养与疾病的关系越来越密切，对疾病发生的影响越来越明显，成为控制疾病发生的最基础的一个重要环节。

畜禽获得的营养物质不足、过量或不平衡，能直接引起营养性疾病。营养性疾病大致可分为营养缺乏症和中毒症。一般认为畜禽对某营养素的需要量是有一定范围的，以便根据不同生理阶段和环境条件而维持其正常生理和生长繁殖的需要。供给量低于这个范围可表现为缺乏症，高于这个范围则没有必要；如超出最大安全量则会导致中毒，表现为生理机能严重紊乱，甚至死亡。鹅的营养性疾病的种类较多，例如：缺钙、缺磷或钙磷不平衡所造成的佝偻病、软脚病等；维生素和微量元素不足引起的缺乏症以及某些微量元素和维生素过量引起的中毒症，如硒、氟中毒等。常见的营养素对鹅的影响见表 4-1。

表 4-1　常见的营养素对鹅的影响

营养素	需要量	缺乏病与症状	过量及不良表现
代谢能	10.1 ～ 12.6 兆焦 / 千克	鹅的活重和生产性能下降很快	鹅过肥并停止产蛋
蛋白质	15% ～ 22%	生长速度、产蛋量与饲料报酬下降，羽毛生长不良	痛风症，肾脏损害

续表

营养素	需要量	缺乏病与症状	过量及不良表现
亚麻酸	1%	饲料报酬降低，蛋小，黄少，孵化率低，雏鸡体小	酸败，破坏脂溶性维生素
赖氨酸	0.6% ～ 1.3%	生长速度、血红蛋白与血细胞压积下降，羽毛生长不良，饲料利用率低	干扰精氨酸的利用率，肝脏与肾脏损伤
蛋氨酸	0.26% ～ 1.0%	生长速度、产蛋与蛋重下降，羽毛生长不良，饲料利用率差	肾炎与肝炎，增加其他氨基酸的需要
维生素 A	1000 ～ 1500 国际单位 / 千克	雏鹅消化不良，羽毛蓬乱无光泽，生长速度缓慢；母鹅产蛋量和受精率下降，胚胎死亡率高，孵化率降低等。干眼症、夜盲症、呼吸道疾病	肝炎，蛋黄与皮肤褪色，干扰维生素 E 的利用
维生素 D	1850 ～ 2150 国际单位 / 千克	雏鹅生长速度缓慢，羽毛松散，趾爪变软、弯曲，胸骨弯曲，胸部内陷，腿骨变形；成年鹅缺乏时，蛋壳变薄，产蛋率和孵化率下降	喙软而软组织钙化，干扰维生素 A、维生素 E 与维生素 K 的利用，脚腿脆弱
维生素 E	5 毫克 / 千克	雏鹅发生渗出性素质病，形成皮下水肿与血肿、腹水，引起小脑出血、水肿和脑软化；成鹅繁殖机能紊乱，产蛋率和受精率降低，胚胎死亡率高	干扰维生素 A 的利用
维生素 K	5 毫克 / 千克	皮下出血形成紫斑，而且受伤后血液不易凝固，流血不止以致死亡	营养失衡，增加脂溶性维生素需要量

续表

营养素	需要量	缺乏病与症状	过量及不良表现
维生素 B_1（硫胺素）	2 毫克 / 千克	易发生多发性神经炎，表现为头向后仰、羽毛蓬乱、运动器官和肌胃肌肉衰弱或变性、两腿无力，呈“观星”状；食欲减退，消化不良，生长发育缓慢	营养失衡，增加了其他营养素的需要，干扰抗球虫药安普罗林的活性
维生素 B_2（核黄素）	6.5 ～ 8.1 毫克 / 千克	雏鹅生长缓慢、下痢，足趾弯曲，用跗关节行走；种鹅产蛋率下降，种蛋孵化率降低；胚胎发育畸形、萎缩，绒毛短，死胚多	
维生素 B_3（泛酸）	18.5 ～ 22.5 毫克 / 千克	生长受阻，羽毛粗糙，食欲下降，骨粗短，眼帘黏着，喙和肛门周围有坚硬痂皮	
维生素 B_5（烟酸或尼克酸）	70 ～ 100 毫克 / 千克	雏鹅生长慢，羽毛发育不良，髁关节肿大，腿骨弯曲；成鹅缺乏时，羽毛脱落，口腔黏膜、舌食道上皮发生炎症。产蛋减少，种蛋孵化率低	营养失衡，增加了其他营养素的需要量
维生素 B_6（吡哆醇）	10 ～ 12.0 毫克 / 千克	神经障碍，从兴奋而至痉挛，雏鹅生长发育缓慢，食欲减退；脱毛，皮下水肿	
维生素 B_7（生物素）	0.16 ～ 0.25 毫克 / 千克	鹅喙、趾发生皮炎，生长速度降低，种蛋孵化率低，胚胎畸形	
胆碱	1000 ～ 1500 毫克 / 千克	脂肪代谢障碍，使鹅易患脂肪肝，发生骨短粗症，共济运动失调，产蛋率下降	可使鹅蛋产生鱼腥味

续表

营养素	需要量	缺乏病与症状	过量及不良表现
维生素 B_{11}（叶酸）	1.90～2.35毫克/千克	生长发育不良，羽毛不正常，贫血，种鹅的产蛋率和孵化率降低，胚胎在最后几天死亡	营养失衡，增加了其他营养素的需要量
维生素 B_{12}（钴胺素）	0.015～0.025毫克/千克	雏鹅生长停滞，羽毛蓬乱，种鹅产蛋率、孵化率降低	营养失衡，增加了其他营养素的需要量
维生素C（抗坏血酸）	应激时300～500毫克/千克	易患坏血病，生长停滞，体重减轻，关节变软，身体各部出血、贫血，适应性和抗病力降低	
钙、磷	生长鹅钙磷比例为（1～1.5）∶1；种鹅为（5～6）∶1	会导致鹅食欲减退，体质消瘦，雏鹅易患佝偻病，成鹅产蛋量减少，产软壳蛋，甚至无壳蛋	钙过量引起痛风症，软组织钙化，干扰磷、镁与锰的利用；磷过量降低了钙、镁、锰与锌的利用率
钠、氯	食盐添加不超过0.5%	缺乏钠、氯，可导致消化不良、食欲减退、啄肛啄羽等	饮水量增加，便稀，重者会导致中毒甚至死亡
钾	雏鹅0.33%～0.37%；其他鹅0.55%～0.68%	肌肉弹性和收缩力降低，肠道膨胀	钠的利用率降低，血细胞凝集
镁	590～610毫克/千克	鹅肌肉痉挛，步态蹒跚，生长受阻，种鹅产蛋量下降，神经过敏，易惊厥，出现神经性震颤	扰乱钙、磷平衡，导致下痢
铁	49～50毫克/千克	鹅食欲不振，生长不良，羽毛生长不良，雏禽红细胞血红蛋白过少，导致缺铁性贫血	营养障碍，降低磷的吸收率，使鹅出现佝偻病
铜	10～12毫克/千克	发生贫血，生长缓慢，羽毛褪色，生长异常，胃肠机能障碍，骨骼发育异常，跛行，骨脆易断，骨端软组织粗大	雏鹅生长受阻，肌肉营养障碍，肌胃糜烂，甚至死亡

续表

营养素	需要量	缺乏病与症状	过量及不良表现
锰	78.5～90毫克/千克	雏鹅的踝关节明显肿大、畸形，腿骨粗短，母鹅产蛋量减少，孵化率降低，薄壳蛋和软壳蛋增加	生长抑制，食欲减退，贫血，影响钙、磷的利用率
碘	0.35～0.4毫克/千克	鹅甲状腺肿大，代谢机能降低	产蛋量、蛋重与孵化率下降
锌	75～92毫克/千克	雏鹅食欲不振，体重减轻，羽毛生长不良，毛质松脆，胫骨粗短，表面皮肤粗糙并起鳞片，母鹅产蛋量减少，胚胎发育不良，雏鹅残次率增加	生长抑制，食欲减退，贫血，渗出性素质病，骨灰含量低，肌肉营养不良
硒	0.25～0.40毫克/千克	雏鹅皮下出现大块水肿，积聚血样液体，心包积水及患脑软化症	受精率、孵化率与生长速度下降，贫血，死亡

(三)供给充足卫生的饮水

水是最廉价的营养素，也是最重要的营养素，水的供应情况和卫生状况对维护鹅体健康有着重要作用，必须保证充足而洁净卫生的饮水。鹅场饮水的水质检测项目及标准见表4-2。

表4-2　鹅场饮水的水质检测项目及标准

检测项目	标准值
色度	＜5
浑浊度	＜2
臭	无异常
味	无异常
氢离子浓度（pH值）	5.8～8.6

续表

检测项目	标准值
硝酸氮及亚硝酸氮 /（毫克 / 升）	＜ 10
盐离子 /（毫克 / 升）	＜ 200
高锰酸钾使用量 /（毫克 / 升）	＜ 10
铁 /（毫克 / 升）	＜ 0.3
普通细菌 /（个 / 升）	＜ 100
大肠杆菌	未检出
残留氯 /（毫克 / 升）	0.1 ～ 1.0

1. 适当的水源位置

水源位置要选择远离生产区的管理区内，远离其他污染源（鹅舍与井水水源间应保持 30 米以上的距离），建在地势高燥处。鹅场可以自建深水井和自建水塔，深层地下水经过地层的过滤作用，又是封闭性水源，受污染的机会很少。

2. 加强水源保护

水源附近不得建厕所、粪池、垃圾堆、污水坑等，井水水源周围 30 米、江河水取水点周围 20 米、湖泊等水源周围 30 ～ 50 米范围内应划为卫生防护地带，四周不得有任何污染源。保护区内禁止一切破坏水环境生态平衡的活动以及破坏水源林、护岸林、与水源保护相关植被的活动；严禁向保护区内倾倒工业废渣、城市垃圾、粪便及其他废弃物；运输有毒有害物质、油类、粪便的船舶和车辆一般不准进入保护区；保护区内禁止使用剧毒和高残留农药，不得滥用化肥；避免污水流入水源，最易造成水源污染的区域，如病鹅隔离舍化粪池或堆粪场更应远离水源，粪污进行无害化处理，并注意排放时防止流进或渗进饮水水源。

3. 搞好饮水卫生

定期清洗并消毒饮水用具和饮水系统，保持饮水用具的清洁卫生。

保证饮水的新鲜。

4. 注意饮水的检测和处理

定期检测水源的水质，污染时要查找原因，及时解决；当水源水质较差时要进行净化和消毒处理。地面水一般水质较差，常含有泥沙、悬浮物、微生物等，需经沉淀、过滤和消毒处理；地下水较清洁，可只进行消毒处理，也可不做消毒处理。在水流减慢或静止时，泥沙、悬浮物等靠重力逐渐下沉，但水中细小的悬浮物，特别是胶体微粒因带负电荷，相互排斥不易沉降，因此，必须加混凝剂，混凝剂溶于水可形成带正电的胶粒，可吸附水中带负电的胶粒及细小悬浮物，形成大的胶状物而沉淀。这种胶状物吸附能力很强，可吸附水中大量的悬浮物和细菌等一起沉降，这就是水的沉淀处理。常用的混凝剂有铝盐（如明矾、硫酸铝等）和铁盐（如硫酸亚铁、三氯化铁等）。经沉淀处理，可使水中悬浮物沉降 70% ～ 95%，微生物减少 90%。水的净化还可用过滤池，用滤料将水过滤、沉淀和吸附后，可阻留消除水中大部分悬浮物、微生物等而得以净化。常用滤料为砂，以江河、湖泊等作分散式给水水源时，可在水边挖渗水井、砂滤井等，也可建砂滤池；集中式给水一般采用砂滤池过滤。经沉淀过滤处理后，水中微生物数量大大减少，但其中仍会存在一些病原微生物，为防止疾病通过饮水传播，还需进行消毒处理。消毒的方法很多，其中加氯消毒法投资少、效果好，较常采用。氯在水中形成次氯酸，次氯酸可进入菌体破坏细菌的糖代谢，使其致死。加氯消毒效果与水的 pH 值、浑浊度、水温、加氯量及接触时间有关。大型集中式给水可用液氯消毒，液氯配成水溶液，加入水中；大型集中式给水或分散式给水多采用漂白粉消毒。

（四）减少应激反应

定期药物预防或疫苗接种多种因素均可对鹅群造成应激，其中包括捕捉、转群、免疫接种、运输、饲料转换、无规律供水供料等生产管理因素，以及饲料营养不平衡或营养缺乏、温度过高或过低、湿度过大或过小、不适宜的光照、突然的音响等环境因素。实践中应尽可

能通过加强饲养管理和改善环境条件，避免和减轻以上两类应激因素对鹅群的影响，防止应激造成鹅群免疫效果不佳、生产性能和抗病能力降低。

二、创造适宜的环境条件

优良的饲养环境是保障鹅健康和生产效率发挥的重要条件。通过科学合理地选择场址和规划布局，建设满足要求的鹅舍，并加强场区和鹅舍的环境管理，为鹅创造一个舒适的、洁净的小气候，才能保障鹅的健康。

（一）注重场址选择和规划布局

场址选择及规划布局、鹅舍设计和设备配备等方面都直接关系到场区的温热环境和环境卫生状况等。鹅场场地选择不当，规划布局不合理，鹅舍设计不科学，必然导致隔离条件差，温热环境不稳定，环境污染严重，鹅群疾病频发，生产性能不能正常发挥，经济效益差。所以，必须科学选择好场地，合理规划布局，并注重鹅舍的科学设计和各种设备配备，使隔离卫生设施更加完善，以维护鹅群的健康和生产潜力发挥。

1. 场址选择

鹅场场址的选择，主要是对场地的地势和地形、土壤、水源、陆上运动场以及周围环境、交通、电力、青绿饲料供应和放牧条件进行全面考察，必须在养鹅之前作好周密计划，选择最合适的地点建场。

（1）地势和地形

鹅场的鹅舍及陆上运动场的地势应高燥，地面应有坡度。场地高燥，这样排水良好，地面干燥，阳光充足，不利于微生物和寄生虫的滋生繁殖；否则，地势低洼，场地容易积水而潮湿泥泞，夏季通风不良，空气闷热，有利于蚊蝇等昆虫的滋生，冬季则阴冷。地形要开阔整齐，向阳、避风，特别是要避开西北方向的山口和长形谷地，保持场区小气候状况相对稳定，减少冬季寒风的侵袭。场地不要过于狭长，也不要边角太多，以减少防护设施的投资。

（2）土壤

鹅场的土壤，应该洁净卫生、透气性强、毛细管作用弱、吸湿性和导热性小；质地均匀、抗压性强，以沙质土壤最适合，便于雨水迅速下渗。愈是贫瘠的沙性土地，愈适于建造鹅舍。这种土地渗水性强。如果找不到贫瘠的沙性土地，至少要找排水良好、暴雨后不会积水的土地，保证在多雨季节不会变得潮湿和泥泞，有利于保持鹅场和鹅舍干燥。

（3）水源

鹅是水禽，当然宜在有水源的地方建场。在鹅场生产中，鹅的饮食、饲料的调制、鹅舍和用具的清洗以及饲养管理人员的生活，都需要使用大量的水。同时，鹅的放牧、洗浴和交配等都离不开水源。鹅场必须有充足的水源。

水源应符合下列要求：一是水量要充足，既要能满足鹅场内的人、鹅用水和其他生产、生活用水，还要能满足鹅的放牧、洗浴等所需用水；二是水质要求良好，不经处理即能符合饮用标准的水最为理想，此外，在选择时要调查当地是否因水质而出现过某些地方性疾病等；三是水源要便于保护，以保证水源经常处于清洁状态，不受周围环境的污染；四是要求取用方便，设备投资少，处理技术简便易行。水的质量标准见表 4-3。

表 4-3 水的质量标准

指标	项目	禽
感官性状及一般化学指标	色度	≤ 0
	浑浊度	≤ 20
	臭和味	不得有异臭、异味
	肉眼可见物	不得含有
	总硬度（$CaCO_3$ 计）/（毫克 / 升）	≤ 1500
	pH 值	6.4 ～ 8.0
	溶解性总固体 /（毫克 / 升）	≤ 1200
	氯化物（以 Cl^- 计）/（毫克 / 升）	≤ 250
	硫酸盐（以 SO_4^{2-} 计）/（毫克 / 升）	≤ 250

续表

指标	项目	禽
细菌学指标	总大肠杆菌群数 /（个 /100 毫升）	≤ 1
毒理学指标	氟化物（以 F^- 计）/（毫克 / 升）	≤ 2.0
	氰化物 /（毫克 / 升）	≤ 0.05
	总砷 /（毫克 / 升）	≤ 0.2
	总汞 /（毫克 / 升）	≤ 0.001
	铅 /（毫克 / 升）	≤ 0.1
	铬（六价）/（毫克 / 升）	≤ 0.05
	镉 /（毫克 / 升）	≤ 0.01
	硝酸盐（以 N 计）/（毫克 / 升）	≤ 30

（4）场地面积

场地面积要根据饲养规模和以后发展规划来确定，占地面积不宜过大，也不能过小，应满足饲养密度要求。

（5）青饲料的供应

鹅是草食家禽，不仅需要较多的精饲料，也需要大量的青饲料的供应（每只种鹅每天需要青饲料 1.5 ～ 2.5 千克）。种草养鹅场地的选择还要考虑草场的位置和草的供应。场地尽量靠近草场。

（6）其他方面

鹅场是污染源，也容易受到污染。鹅场生产大量产品的同时，也需要大量的饲料，所以，鹅场场地要兼顾交通和隔离防疫，既要便于交通，又要便于隔离防疫。鹅场距居民点或村庄、主要道路要有 300 ～ 500 米距离，大型鹅场要有 1000 米距离。鹅场要远离屠宰场、畜产品加工场、兽医院、医院、造纸场、化工厂等污染源，远离噪声大的工矿企业，远离其他养殖企业；鹅场要有充足稳定的电源，周边环境要安全。

鹅场应充分利用自然的地形、地物，如树林、河流等作为场界的天然屏障。既要考虑鹅场避免其他周围环境的污染，远离污染源（如化工厂、屠宰场等），又要注意鹅场是否污染周围环境（如对周围居民生活区的污染等）。

2. 鹅场的规划布局

鹅场的规划布局就是根据拟建场地的环境条件，科学确定各区的位置，合理确定各类房舍、道路、供排水和供电等管线、绿化带等的相对位置及场内防疫卫生的安排。鹅场的规划布局是否合理，直接影响到鹅场的环境控制和卫生防疫。集约化、规模化程度越高，规划布局对其生产的影响越明显。场址选定以后，要进行合理的规划布局。因鹅场的性质、规模不同，建筑物的种类和数量亦不同，规划布局也不同。科学合理的规划布局可以有效利用土地面积，减少建场投资，保持良好的环境条件和高效方便的管理。

鹅场规划布局应遵循原则：一是便于管理，有利于提高工作效率；二是便于搞好防疫卫生工作；三是充分考虑饲养作业流程的合理性；四是节约基建投资。

（1）分区规划

鹅场通常根据生产功能，分为生产区、管理区或生活区和隔离区等，见图4-1。

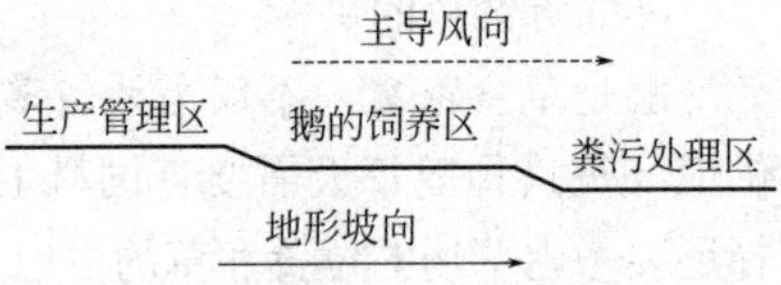

图4-1　地势、风向分区规划示意图

管理区使鹅场的经营管理活动与社会联系密切，易造成疫病的传播和流行，该区的位置应靠近大门，并与生产区分开，外来人员只能在管理区活动，不得进入生产区。场外运输车辆不能进入生产区。车棚、车库均应设在管理区，除饲料库外，其他仓库亦应设在管理区。职工生活区设在管理区的上风向和地势较高处，以免相互污染。

生产区是鹅生活和生产的场所（饲养区），该区的主要建筑为各种鹅舍，生产辅助建筑物。生产区应位于全场中心地带，地势应低于管理区，并在其下风向，但要高于病鹅管理区，并在其上风向；生产区内饲养着不同日龄的鹅，因为日龄不同，其生理特点、环境要求和抗病力也不同，所以在生产区内，要分小区规划，育雏区、育成区和成年区严格分开，并加以隔离，日龄小的鹅群放在安全地带（上风向、地势高的地方）；种鹅场、孵化场和商品场应各自分开，相距

300～500米以上；饲料库可以建在与生产区围墙同一平行线上，用饲料车直接将饲料送入料库；放牧的鹅场或放牧的鹅群还要靠近牧地，方便放牧。

病鹅隔离区主要是用来治疗、隔离和处理病鹅的场所。为防止疫病传播和蔓延，该区应处于生产区的下风向，并在地势最低处，而且应远离生产区、牧地和放水的池塘。焚尸炉和粪污处理地设在生产区下风处。隔离鹅舍应尽可能与外界隔绝。该区四周应有自然的或人工的隔离屏障，设单独的道路与出入口。

（2）鹅舍间距

鹅舍之间距离影响鹅舍的通风、采光、卫生、防火。鹅舍之间距离过小，场区的空气环境差，舍内微粒、有害气体和微生物含量过高，增加病原含量和传播机会，容易引起鹅群发病。为了保持场区和鹅舍环境卫生和适宜，鹅舍之间应保持15～20米的距离。

（3）鹅舍朝向

鹅舍朝向是指鹅舍长轴与地球经线是水平还是垂直。鹅舍朝向与鹅舍通风换气、防暑降温、防寒保暖以及采光等环境效果有关。朝向选择应考虑当地的主导风向、地理位置、采光和通风排污等情况。鹅舍朝南，即鹅舍的纵轴方向为东西向，对我国大部分地区的开放舍来说是较为适宜的。这样的朝向，在冬季可以充分利用太阳辐射的温热效应和射入舍内的阳光防寒保温；夏季辐射面积较少，阳光不易直射舍内，有利于防暑降温。

（4）道路

鹅场设置清洁道和污染道，清洁道供饲养管理人员、清洁的设备用具、饲料和新母鹅等使用，污染道供清粪、污浊的设备用具、病死和淘汰鹅使用。清洁道和污染道不交叉。

（5）储粪场

鹅场设置粪尿处理区。粪场靠近道路，有利于粪便的清理和运输。储粪场（池）设置注意：储粪场应设在生产区和鹅舍的下风处，与住宅、鹅舍之间保持30～50米的卫生间距，并应便于运往农田或其他地方处理；储粪池的深度以不受地下水浸渍为宜，底部应较结实。储粪场和污水池要进行防渗处理，以防粪液渗漏流失污染水源和土壤；储粪场底部应有坡度，使粪水可流向一侧或集液井，以便取用；储粪池的大小应根据每天牧场家畜排粪量多少及储藏时间长短而定。

（二）科学设计建筑鹅场

鹅场建设包括鹅舍和各种配套设施建设。科学地设计和建设鹅舍、配套各种设施，是保持鹅场洁净卫生、维持鹅舍环境条件适宜、减少疾病发生、提高鹅群生产性能的基础。

1. 鹅舍的类型及特点

鹅场的鹅舍主要有雏鹅舍、后备鹅舍、肥育舍、种鹅舍以及孵化室等，鹅场性质不同，鹅舍的种类就不同，对鹅舍的要求也不同。如商品肉鹅场只需要雏鹅舍和肥育舍，或雏鹅-肥育舍；种鹅场就需要雏鹅舍、后备鹅舍和种鹅舍。不同鹅舍的要求如下。

（1）雏鹅舍

雏鹅舍主要饲养3～4周龄以内的雏鹅。对雏鹅舍的要求：一是保温隔热，屋顶和墙壁选择导热性小的材料，并达到一定厚度，为增加保温性能可内设天花板；二是舍内干燥，为保持舍内干燥，地面应比舍外高25～30厘米，最好用水泥或砖铺成，以利于冲洗、消毒和防止鼠害；三是采光通风良好，窗与地面面积之比一般为1∶（10～15）。舍内空气流通而无贼风。

雏鹅舍按屋顶形式分类有双坡式、半坡式和平顶式等，生产中双坡式屋顶较为常见。另外，为降低基建投入，有的使用塑料大棚。

雏鹅舍的建筑面积根据育雏方式、饲养密度、饲养数量和饲养鹅的类型、周龄而确定。鹅舍内分割成多个小栏，每栏面积12～14米^2，可容纳雏鹅100只。每座雏鹅舍容纳500～1000只雏鹅比较适宜，如果饲养1000只雏鹅，则需要120～140米^{2}的雏鹅舍。

雏鹅舍的宽度一般为6～10米，长度根据雏鹅舍的面积和场地情况确定，房檐高2～2.5米，如果还饲养中鹅，可适当加高，有利于通风换气。鹅舍正前面设置喂料槽和戏水池。雏鹅舍见图4-2。

（2）后备鹅舍

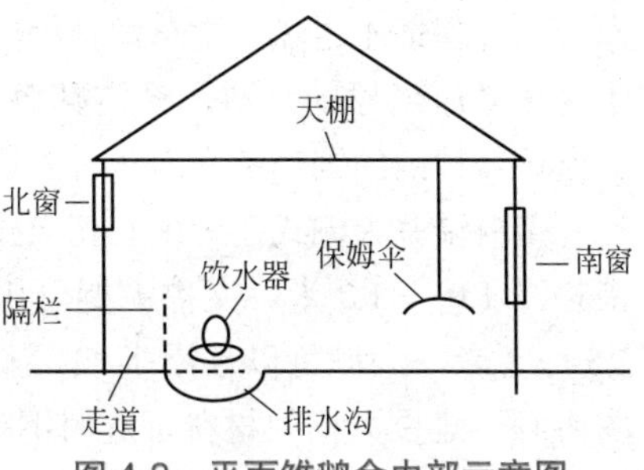

图 4-2　平面雏鹅舍内部示意图

后备鹅舍也称青年鹅舍。育雏结束，鹅的羽毛开始生长，对环境温度抵抗力增强，鹅舍的保温要求不高。因此，后备鹅舍的建筑结构简单，基本要求是能遮挡风雨、夏季通风、冬季保暖、室内干燥。规模较大的鹅场，建筑后备鹅舍时，可参考雏鹅舍。在南方只要建简易的棚架或鹅舍就可以了。要求鹅舍能做到遮雨、挡风，北方地区还要注意防寒。鹅舍下部能适当封闭，防止敌害。上部敞开，增加通风量，夏季特别注意散热。南方至 40 日龄后，可半露宿饲养，因此，鹅舍外应有舍外水、陆运动场，鹅舍与陆地运动场面积的比例在 1 ∶ 2 以上。每栏鹅群可扩大到 200 ～ 300 只，舍内密度大型鹅 6 ～ 7 只 / 米 ^{2}，中小型鹅 8 ～ 10 只 / 米 ^{2}。

（3）种鹅舍

鹅舍有单列式和双列式两种。双列式鹅舍中间设走道，两边都有陆上运动场和水上运动场，在冬天结冰的地区不宜采用双列式。单列式鹅舍冬暖夏凉，较少受季节和地区的限制，故大多采用这种方式。单列式鹅舍走道应设在北侧。种鹅舍要求防寒，隔热性能要好，有天花板或隔热装置更好。屋檐高 1.8 ～ 2.0 米。窗与地面面积比要求 1 ∶（10 ～ 12）。特别在南方地区，南窗应尽可能大些，气温高的地区朝南方向可以无墙也不设窗户。舍内地面用水泥或砖铺成，并有适当坡度（高出舍外 10 ～ 15 厘米），饮水器置于较低处，并在其下面设置排水沟。较高处设置产蛋箱或在地面上铺垫较厚的垫料以供产蛋之用。鹅舍外有陆上和水上运动场。每栋种鹅舍以养 400 ～ 500 只种鹅为宜。大型种鹅每平方米养 2 ～ 2.5 只，中型种鹅每平方米养 3 只，小型种鹅每平方米养 3 ～ 3.5 只。

种鹅也可用秸秆搭建的大棚。大棚坐北朝南，前墙高度 1 米左右，后墙高度不碰头为宜。大棚四周可以使用玉米秸、高粱秸围起或挂上草帘，并保证不透风（用草泥抹糊或内衬塑料布）。冬季种鹅舍地面铺上 3 ～ 4 厘米厚的垫料，经常翻晒和更换补充垫料，保持垫料洁净。大棚饲养种鹅的饲养密度为 2 ～ 3 只 / 米 ^{2} 为宜。

塑料温室大棚式鹅舍坐北朝南建设，跨度一般为 6 ～ 10 米，四周围栏高 1.0 ～ 1.2 米，支撑大棚可用空心砖等材料砌成，棚高一般在 2.5 ～ 3 米。大棚可以采用半坡式（见图 4-3），也可采用双坡式（见图 4-4）。建设大棚的材料可选用钢筋、水泥等材料，顶部覆盖塑料薄膜、编织布、草帘等。大棚夏天拉开塑料薄膜卷帘、加盖遮阳网等于是个凉棚，冬季放下塑料薄膜卷帘加盖草帘就成为一个暖圈，冬暖夏凉，为鹅提供了一个良好的生长环境。

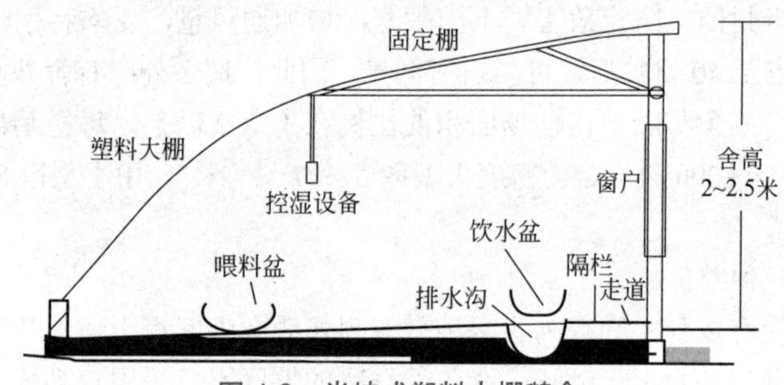

图 4-3　半坡式塑料大棚鹅舍

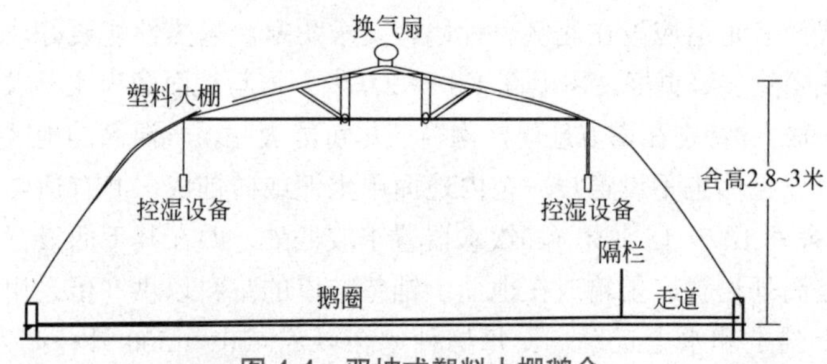

图 4-4　双坡式塑料大棚鹅舍

种鹅舍外需设陆上运动场和水上运动场。陆上运动场的面积应为鹅舍面积的 1.5 ～ 2 倍，周围要建围栏或围墙（花墙），一般高 80 厘米。周围种植树木，既可绿化环境，又可在夏季作凉棚。在陆上

运动场与水面连接处，需用块石砌好，用水泥做好斜坡，坡度约为25°～35°，斜坡要深入水中，与枯水期的最低水位持平。水上运动场的面积应大于陆上运动场，周围可用竹竿或渔网围住，围栏深入水下，高出水面80～100厘米（最高水位时）。

现在许多地方的鹅场没有水上运动场，应当扩大陆上运动场的面积，并在运动场上设置嬉戏池（可以用水泥抹底抹壁，也可以用塑料布铺设，避免水向下渗）。

（4）肉用鹅舍

肉用鹅舍的要求与雏鹅舍基本相同，但窗户可以大些，通风量应大些。要便于消毒。肉用仔鹅采用笼养和网上平养时房舍应适当高些。仔鹅育肥期间，每小栏15米^{2}左右，可养中型鹅80～90只。有些地区，饲养量较多时，常采用行棚、草舍、塑料大棚等简易鹅舍，这种鹅舍多采用毛竹、稻草、塑料布和油毛毡等材料制成，投资少、建造快，夏天通风，冬天保暖，是东南各省常用的建舍方法，饲养效果甚佳。肉用仔鹅育肥后期，要求环境安静，光线暗淡，通风良好。平养育肥密度为大型鹅种3～4只/米^2，中小型鹅种5～8只/米^2。舍中栏圈单位应小些，一般以每群20～50只为宜，不应超过100只。为提高育肥效率或特殊需要育肥（如肥肝生产填肥），最好选择离地育肥。离地育肥应保证通风、饮水供应充分。对肥肝生产还可实行单栏饲养。

2. 鹅舍的配套及规格

（1）鹅舍的配套

鹅舍的配套就是根据不同阶段的占舍时间，确定各种鹅舍的配套比例或数量，以保证鹅群的正常周转和提高鹅舍的利用率。

① 种鹅场　种鹅场的鹅舍主要有雏鹅舍、仔鹅舍和种鹅舍。种鹅的利用年限一般是3年，每年需要育成1/3的存栏种鹅。仔鹅舍年周转2次，则仔鹅舍和种鹅舍的配套比例是1∶6。即饲养6000套种鹅，每栋存栏1000套，则需要6栋种鹅舍和1栋后备鹅舍。

② 商品肉鹅场　商品肉鹅场的鹅舍与饲养制度有关。一段制饲

养，只需要雏鹅 - 仔鹅舍，年周转 3 次；二段制饲养，需要雏鹅舍和仔鹅舍（或肥育舍），其比例是 1 ∶ 2（即 1 栋雏鹅舍，2 栋仔鹅舍），雏鹅舍年周转 10 次，仔鹅舍年周转 5 次。

（2）鹅舍规格的确定

鹅舍规格即鹅舍的长、宽、高。鹅舍规格决定于饲养方式、设备和笼具的摆放形式及尺寸、鹅舍的容鹅数和内部设置。平养鹅舍因为不受笼具摆放形式和笼具尺寸影响，只要满足饲养密度要求，长、宽可以根据面积需要和场地情况灵活确定。

如一种鹅场的种鹅舍，每栋饲养种鹅 1000 套，公母比例为 1 ∶ 4，需要公鹅 250 只，则舍内共容纳 1250 只鹅。采用地面平养，饲养密度 2.5 只 / 米 ^{2}，则鹅舍的饲养面积为 500 米 ^{2}。鹅舍宽度确定为 10 米，则长度为 50 米。鹅舍南北向，内设 1 米的后走廊，东西贯通。舍内设置 5 个 9 米 ×10 米的单元（鹅栏），每个单元的南北墙上各开一个门，门宽 1 米。鹅舍的入口可设值班室和饲料间。

鹅舍前檐高 2 米，后檐高 1.8 米，墙体根据气候特点设计。舍内地面为水泥地面，比运动场高 10 ～ 25 厘米，由北向南倾斜。前檐长 1.2 米，这样可以防止刮风下雨时雨水进入鹅舍，同时可以防止前檐下的饲料槽日晒雨淋。舍内靠走廊处设置产蛋箱 90 个（每个 50 厘米宽，留门处不设置）。

运动场宽 10 米，运动场场上檐下靠墙设料槽一个，每个单元长 8 米。水泥地面与水池相连，内高外低向水池方向倾斜。水池宽 5 ～ 10 米，深 40 ～ 50 米，靠运动场一边设置 50 厘米的斜坡，坡度 30°，深入水池。运动场与水池结合处有一宽 50 厘米的明沟，上面用漏缝水泥板或塑料网覆盖，缝隙的方向应与明沟的流向一致，以利污水等进入明沟。沟底有 10° 的坡度，以利污水排出。各鹅舍明沟均汇入鹅舍一端的总明沟，总明沟由南向北流入粪污处理池，总明沟宽 0.5 米，由南向北倾斜，坡度为 10° ～ 15°。运动场靠水池一边植树遮阳或搭凉棚。

前一栋鹅舍与后一栋鹅舍的水池间有 30 米间距，以利防火、防疫。期间可以植树、种植牧草和苗圃。在每栋鹅舍入口处，即走廊的

东（或西）端建一个消毒池，宽1.5米左右，进出鹅舍必须经该处消毒。

3. 鹅场设备用具配备

（1）育雏保温设备

① 草窝　用稻草编织而成，一般口径60厘米，高35厘米左右，每窝关初生雏15～20只。草窝可以另外做盖，也可以用麻袋覆盖。草窝既保温，又通气（空气可以缓慢地流通），是理想的自温育雏用具。

② 箩筐　分两层套筐和单层竹筐两种。两层套筐，用竹篾编织而成，由筐盖、小筐和大筐拼合为套筐。筐盖直径60厘米，高20厘米，用作保温和喂料用。大筐直径50～55厘米，高40～43厘米。小筐的直径略小于大筐，高18～20厘米，套在大筐上半部。两筐底均铺垫草，筐壁四周用棉絮等保温材料，每层可关初生雏鹅10只左右。单层竹筐，筐底及四周用垫草等保温材料，上面覆盖筐盖或其他保温材料。

③ 栈条　长15～20米，高60～70厘米，用竹编成，供围鹅用。栈条一般在春末夏初至秋分这段时间，作鹅自温育雏用具。

（2）加温设备

育雏期间需要人工加温，加温主要有如下设备可供选择。

① 煤炉供温　指在育雏室内设置煤炉和排烟通道，燃料用炭块、煤球、煤块均可，保温良好的房舍，每15～25米^{2}设置一个煤炉。为了防止舍内空气污染，可以紧挨墙砌煤炉，把煤炉的进风口和掏灰渣口留在墙外。这种方法优点是省燃料，温度容易上升；缺点是费人力，温度不稳定。适用于专业户、小规模鹅场的各种育雏方式（见图4-5）。

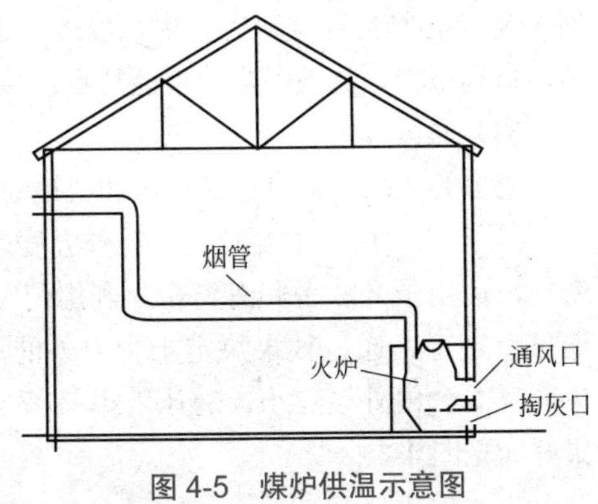

图4-5　煤炉供温示意图

② 保姆伞加温　形状像伞样，撑开吊起，伞内侧安

装有加温和控温装置（如电热丝、电热管、温度控制器等），伞下一定区域温度升高，达到育雏温度。雏鹅在伞下活动，采食和饮水。伞的直径大小不同，养育的雏鹅数量不等。目前保姆伞的材料多是耐高温的尼龙，可以折叠，使用比较方便。其优点是育雏数量多，雏鹅可以在伞下选择适宜的温度带，换气良好；不足是育雏舍内还需要保持一定的舍内温度。保姆伞加温适用于地面平养和网上平养。保姆伞加温示意图见图 4-6。

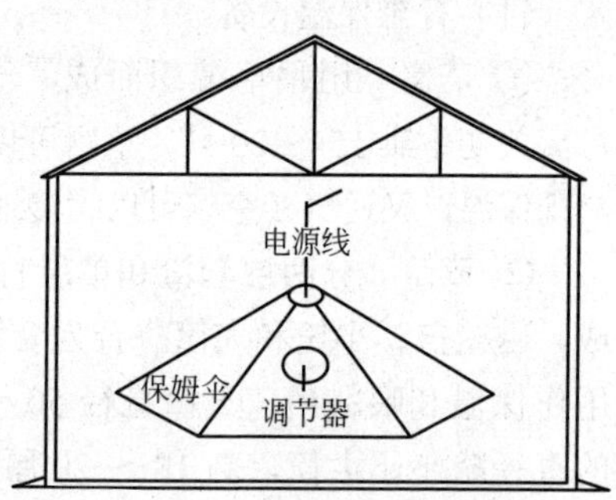

图 4-6 保姆伞加温示意图

③ 烟道加温　可在舍内地面上方架设烟道，雏鹅在烟道下活动，为了保温在烟道上设置护板；雏鹅也可饲养在烟道上面的网面上。这种烟道可使用任何燃料，也根据舍温调整烧火次数，以保证适宜的舍温。

④ 热水热气加温　大型鹅场育雏数量较多，可在育雏舍内安装散热片和管道，利用锅炉产生的热气或热水使育雏舍内温度升高。此法育雏的鹅舍清洁卫生，育雏温度稳定，但投入较大。

⑤ 热风炉加温　热风炉是以空气为介质、以煤炭或油为燃料的一种新型供热设备，其结构紧凑合理，热效率高，运行成本低，操作方便。全自动型具有自动控制环境温度、进煤数量、空气进入、热风输出，自动报警，高效除尘等性能特点。

（3）通风设备

鹅舍的通风方式有自然通风和机械通风。

① 自然通风　主要利用舍内外温度差和自然风力进行舍内外空气交换，适用于开放舍和有窗舍。利用门窗开启的大小成鹅舍屋顶上的通风口进行。通风效果决定于舍内外的温差、通风口和风力的大小。炎热夏季舍内外温差小，通风效果差；冬季鹅舍内外温差大，通风效果好（见图 4-7）。

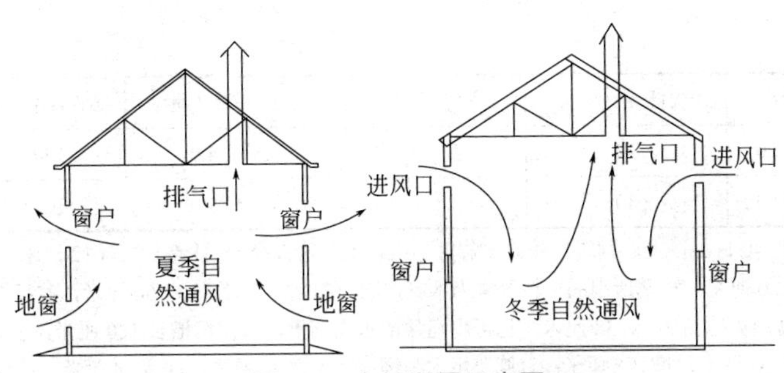

图 4-7　自然通风示意图

② 机械通风　是利用风机进行强制的送风（正压通风）和排风（负压通风）。常用的风机是轴流式风机。风机由外壳、叶片和电机组成，有的叶片直接安装在电机的转轴上，有的是叶片轴与电机轴分离，由传送带连接。

（4）照明设备

鹅舍必须要安装人工光照照明系统。人工照明采用普通灯泡或节能灯泡，安装灯罩，以防尘和最大限度利用灯光。根据饲养阶段采用不同功率的灯泡。如育雏舍用 40 ～ 60 瓦的灯泡，育成舍用 15 ～ 25 瓦的灯泡，产蛋舍用 25 ～ 45 瓦的灯泡。灯距为 2 ～ 3 米。鹅舍的光源布置要均匀。

（5）饲喂和饮水设备

应根据鹅的品种类型和日龄配置大小和高度适当的喂料器和饮水器，要求所用喂料器和饮水器适合鹅的平喙型采食、饮水特点，能使鹅头颈舒适地伸入器内采食和饮水，但最好不要使鹅任意进入料、水器内，以免弄脏。其规格和形式可因地而异，既可购置专用喂料器、饮水器，也可自行制作，还可以用木盆或瓦盆代用，周围用竹条编织构成。

现将大型鹅雏鹅用的喂料器和饮水器尺寸规格列于表 4-4，供参考。

表 4-4　大型鹅雏鹅用喂料器、饮水器尺寸

日龄	盆直径 / 厘米	盆高 / 厘米	竹条间距离 / 厘米	饲喂鹅只数 / 只
1 ～ 10	17	5	2.5 ～ 3.0	13 ～ 15

续表

日龄	盆直径 / 厘米	盆高 / 厘米	竹条间距离 / 厘米	饲喂鹅只数 / 只
11 ～ 20	24	7 ～ 8	3.5 ～ 4.0	13 ～ 15
21 ～ 40	30	9	4.5 ～ 5.0	12 ～ 14

注：鹅 40 日龄以上，饲料盆和饮水盆可不用竹围，盆直径 45 厘米，盆高 12 厘米，盆面离地 15 ～ 20 厘米；种鹅所用的饲料器多为木制，圆形如盆，直径 55 ～ 60 厘米，盆高 15 ～ 20 厘米，盆边离地高 28 ～ 38 厘米；也可用瓦盆或水泥饲槽，水泥饲槽长 120 厘米，上宽 43 厘米，底宽 35 厘米，槽高 8 厘米；育肥鹅用木制饲槽，上宽 30 厘米，底宽 24 厘米，长 50 厘米，高 23 厘米。

（6）其他用具

① 围栏　软竹围可圈围 1 月龄以下的雏鹅，竹围高 40 ～ 60 厘米，圈围时可用竹夹子夹紧固定。1 个月龄以上的中鹅改用围栏，围栏高 60 厘米，竹条间距离 2.5 厘米，长度依需要而定。

② 产蛋箱　一般生产鹅场多采用开放式产蛋巢，即在鹅舍一角用围栏隔开，地上铺以垫草，让鹅自由进入产蛋和离开。

良种繁殖场如做母鹅个体产蛋记录，可采用自动关闭产蛋箱。此箱高 50 ～ 70 厘米，宽 50 厘米，深 70 厘米。箱放在地上，箱底不必钉板，让母鹅自由入箱产蛋，箱上面安装盖板，母鹅进入产蛋箱后不能自由离开，需集蛋者在记录后，再将母鹅捉出或打开门放出鹅。

③ 运输笼　用作育肥鹅的运输，铁笼或竹笼均可，每只笼可容纳 8 ～ 10 只；笼顶开一小盖，盖的直径为 35 厘米，笼的直径为 75 厘米，高 40 厘米。

④ 孵蛋巢（筐）　有些鹅就巢性很强，每产完一窝蛋就自己就巢孵化。有些农户饲养利用就巢性设计孵蛋巢进行天然孵化。常见的孵蛋巢有两种规格：一为高型孵蛋巢，上径 40 ～ 43 厘米，下径 20 ～ 25 厘米，高 40 厘米，适用于中小型品种鹅；另一种为低型孵蛋巢，上下径均为 50 ～ 55 厘米，高 30 ～ 35 厘米，适用于大型鹅。一般每 100 只母鹅应备有 25 ～ 30 只孵蛋巢。孵蛋巢内围和底部用稻草或麦秸作垫物。在孵化舍内将若干个孵蛋巢连接排列一起，用砖和木板或竹条垫高，离地面 7 ～ 10 厘米，并加以固定，防止翻倒。每

个孵蛋巢之间可用竹片编成的隔围隔开，使抱巢母鹅不互相干扰打架。孵蛋巢排列方式视孵化舍的形状大小而定，力求充分利用，操作方便。

设计和建造巢箱或巢筐时必须注意以下几点：一是用材省、造价低；二是便于打扫、清洗和消毒；三是结构坚固耐用；四是大小适中；五是能和鹅舍的建筑协调起来，充分利用鹅舍面积来安排巢和箱；六是必须方便日常操作；七是母鹅居住在里面能感到舒适；八是能减少母鹅间的相互侵扰；九是有利于充分发挥种鹅的生产性能。

（三）鹅场场区的环境管理

1. 合理的规划设计

科学地进行规划布局是保证鹅场安全的基础。鹅场必须分区规划、科学布局鹅舍和道路、配备必需的防护设施，如鹅场周围建立隔离墙、防疫沟等，鹅场入口和鹅舍入口设立消毒池、配套粪污及污水处理设施等，并制定严格的卫生防疫管理制度。

2. 绿化

绿化不仅有利于场区和鹅舍温热环境的维持和空气洁净，而且可以美化环境。鹅场建设应搞好绿化。

（1）场界林带的设置

在场界周边种植乔木和灌木混合林带，乔木如杨树、柳树、松树等，灌木如榆叶梅等。特别是场界的西侧和北侧，种植混合林带宽度应在 10 米以上，以起到防风阻沙的作用。在北方，树种选择应适应冬季寒冷特点。

（2）场区隔离林带的设置

主要用以分隔场区和防火。常用杨树、槐树、柳树等，两侧种植灌木，总宽度为 3 ～ 5 米。

（3）场内外道路两旁的绿化

常用树冠整齐的乔木和亚乔木以及某些树冠呈锥形、枝条开阔、整齐的树种。需根据道路宽度选择树种的高矮。在建筑物的采光地段，不应种植枝叶过密、过于高大的树种，以免影响自然采光。

（4）运动场的遮阴林

在运动场的南侧和西侧，应设1～2行遮阴林。多选枝叶开阔，生长势强，冬季落叶后枝条稀疏的树种，如杨树、槐树、枫树等。运动场内种植遮阴树时，应选遮阴性强的树种。但要采取保护措施，以防家畜损坏。

3. 水源保护

鹅场水源可分为三大类。第一类为地面水，如江、河、湖、塘及水库水等，主要由降水或地下泉水汇集而成。其水质受自然条件影响较大，易受污染。特别是易受生活污水及工业废水的污染，经常因此而引发疾病或造成中毒。使用此类水源应经常进行水质化验。一般而言，活水比死水自净力强，应选择水量大、流动的地面水源。供饮用的地面水要进行人工净化和消毒处理。第二类为地下水，这种水为封闭的水源，受污染的机会较少。地下水距离地面越远，受污染的程度越低，也越洁净。但地下水往往受地质化学成分的影响而含有某些矿物性成分，硬度较大。有时会因某些矿物性毒物而引起地方性疾病。所以，选用地下水时，应进行检验。第三类为降水，由雨、雪等降落在地面而形成。由于大气中经常含有某些杂质和可溶性气体，使降水受到污染。降水不易收集，且无法保证水质，储存困难，除水源特别困难的小型鹅场外，一般不宜采用降水作为水源。作为鹅场水源的水质，必须符合卫生要求（表4-5）。当饮用水含有农药时，农药含量不能超过表4-6中的规定。

表4-5　畜禽饮用水质量

项目	自备水	地面水	自来水
大肠杆菌值 /（个 / 升）	3	3	
细菌总数 /（个 / 升）	100	200	
pH 值	5.5～8.5		

续表

项目	自备水	地面水	自来水
总硬度/（毫克/升）	600		
溶解性总固体/（毫克/升）	2000		
铅/（毫克/升）	Ⅳ地下水标准	Ⅳ地下水标准	饮用水标准
铬（六价）/（毫克/升）	Ⅳ地下水标准	Ⅳ地下水标准	饮用水标准

表 4-6　畜禽饮用水中农药限量指标

项目	马拉硫磷	内吸磷	甲基对硫磷	对硫磷	乐果	林丹	百菌清	甲萘威	2,4-D
限量/(毫克/毫升)	0.25	0.03	0.02	0.003	0.08	0.004	0.01	0.05	0.1

鹅生产过程中，用水量很大，如鹅的饮水、嬉戏用水、粪尿的冲刷、用具及笼舍的消毒和洗涤、生活用水等。不仅在选择鹅场场址时，应将水源作为重要因素考虑，而且鹅场建好后还要注意水源的防护，其措施如下。

（1）水源位置适当

饮用水源的位置要选择远离生产区的管理区内，远离其他污染源，并且建在地势高燥处。鹅场可以自建深水井和水塔，深层地下水经过地层的过滤作用，又是封闭性水源，水质水量稳定，受污染的机会很少。

（2）加强水源保护

水源周围没有工业和化学污染以及生活污染（不得建厕所、粪池垃圾场和污水池）等，并在水源周围划定保护区，保护区内禁止一切破坏水环境生态平衡的活动以及破坏水源林、护岸林、与水源保护相关植被的活动；严禁向保护区内倾倒工业废渣、城市垃圾、粪便及其他废弃物；运输有毒有害物质、油类、粪便的船舶和车辆一般不准进入保护区；保护区内禁止使用剧毒和高残留农药，不得滥用化肥，不得使用炸药、毒品捕杀鱼类；避免污水流入水源。

（3）搞好饮水卫生

定期清洗和消毒饮水用具和饮水系统，保持饮水用具的清洁卫生。

保证饮水的新鲜。

（4）注意饮水的检测和处理

定期检测水源的水质，污染时要查找原因，及时解决；当水源水质较差时要进行净化和消毒处理。净化的方法有沉淀（自然沉淀和混凝沉淀）和过滤；消毒就是在水中加入消毒剂（氯或含有效氯的化合物，如漂白粉、漂白粉精、液态氯、二氧化氯等比较常用），杀死水中的病原微生物。

4. 废弃物处理

鹅场的废弃物，如粪便、污水、病死鹅等直接影响到鹅场的卫生和疫病控制，危害鹅群安全和公共卫生安全，必须进行无害化处理。

（1）粪便处理

经过堆积腐熟或高温、发酵干燥处理后，体积变小，松软，无臭味，不带病原微生物，作为有机肥用于农田。比较简单的处理方法是堆粪法。先将非传染性的粪便或垫草等堆至厚 25 厘米，其上堆放欲消毒的粪便、垫草等，高达 1.5 ～ 2 米，然后在粪堆外再铺上厚 10 厘米的非传染性的粪便或垫草，并覆盖厚 10 厘米的沙子或土，如此堆放 3 周至 3 个月，即可用以肥田，见图 4-8。当粪便较稀时，应加些杂草，太干时倒入稀粪或加水，使其不稀不干，以促进迅速发酵。

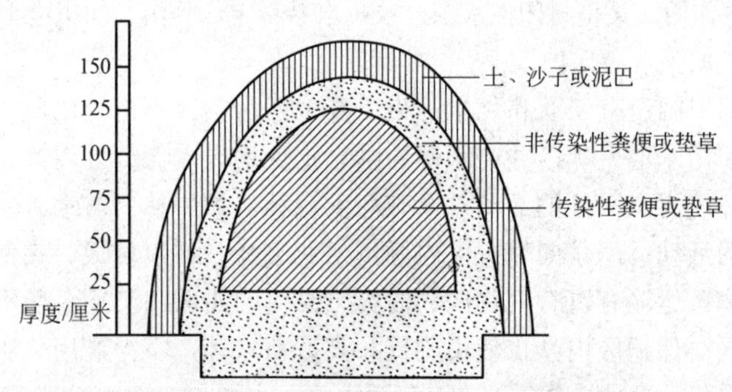

图 4-8　粪便生物热消毒的堆粪法

（2）病死鹅处理

病死鹅必须及时进行无害化处理，坚决不能图一己私利而出售。

处理方法有如下几方面。

① 焚烧法　焚烧也是一种较完善的方法，但不能利用产品，且成本高，故不常用。但对一些危害人、畜健康极为严重的传染病病畜的尸体，仍有必要采用此法。焚烧时，先在地上挖一十字形沟（沟长约2.6米，宽0.6米，深0.5米），在沟的底部放木柴和干草作引火用，于十字沟交叉处铺上横木，其上放置鹅尸，鹅尸四周用木柴围上，然后洒上煤油焚烧，尸体烧成黑炭为止。或用专门的焚烧炉焚烧。

② 高温处理法　此法是将鹅尸体放入特制的高温锅（温度达150℃）内或有盖的大铁锅内熬煮，达到彻底消毒的目的。鹅场也可用普通大锅，经100℃以上的高温熬煮处理。此法可保留一部分有价值的产品，但要注意熬煮的温度和时间，必须达到消毒的要求。

③ 土埋法　是利用土壤的自净作用使其无害化。此法虽简单但不理想，因其无害化过程缓慢，某些病原微生物能长期生存，从而污染土壤和地下水，并会造成二次污染，所以不是最彻底的无害化处理方法。采用土埋法，必须遵守卫生要求，埋尸坑远离鹅舍、放牧地、居民点和水源，地势高燥，尸体掩埋深度不小于2米。掩埋前在坑底铺上2～5厘米厚的石灰，尸体投入后，再撒上石灰或消毒药剂，埋尸坑四周最好设栅栏并做上标记。

④ 发酵法　将尸体抛入尸坑内，利用生物热的方法进行发酵，从而起到消毒灭菌的作用。尸坑一般为井式，深达9～10米，直径2～3米，坑口有一个木盖，坑口高出地面30厘米左右。将尸体投入坑内，堆到距坑口1.5米处，盖封木盖，经3～5个月发酵处理后，尸体即可完全腐败分解。

在处理鹅尸时，不论采用哪种方法，都必须将病鹅的排泄物、各种废弃物等一并进行处理，以免造成环境污染。

（3）污水的处理

污水经过消毒后排放。被病原体污染的污水，可用沉淀法、过滤法、化学药品处理法等进行消毒。比较实用的是化学药品消毒法。方法是先将污水处理池的出水管用一木闸门关闭，将污水引入污水池后，加入化学药品（如漂白粉或生石灰）进行消毒。消毒药的用量视污水量而定（一般1升污水用2～5克漂白粉）。消毒后，将闸门打开，使污水流出。

（4）垫料处理

有的鹅场采用地面平养多使用垫料，使用垫料对改善环境条件具有重要的意义。垫料具有保暖、吸潮和吸收有害气体等作用，可以降低舍内湿度和有害气体浓度，保证一个舒适、温暖的小气候环境。选择的垫料应具有导热性低、吸水性强、柔软、无毒、对皮肤无刺激性等特性，并要求来源广、成本低、适于作肥料和便于无害化处理。常用的垫料有稻草、麦秸、稻壳、树叶、野干草、植物藤蔓、刨花、锯末、泥炭和干土等。近年来，还采用橡胶、塑料等制成的垫料取代天然垫料。没有发生过传染病的垫料经过阳光暴晒后以及熏蒸消毒后可以重复利用，利用后可以堆积发酵和消毒后作为肥料；发生过传染病的垫料要焚烧。

5. 灭鼠

鼠是人、畜多种传染病的传播媒介，鼠还盗食饲料和鹅蛋，咬死雏鹅，咬坏物品，污染饲料和饮水，危害极大，鹅场必须加强灭鼠。

（1）防止鼠类进入建筑物

鼠类多从墙基、天棚、瓦顶等处窜入室内，在设计施工时注意墙基最好用水泥制成，碎石和砖砌的墙基，应用灰浆抹缝。墙面应平直光滑，防鼠沿粗糙墙面攀登。砌缝不严的空心墙体，易使鼠隐匿营巢，要填补抹平。通气孔、地脚窗、排水沟（粪尿沟）出口均应安装孔径小于1厘米的铁丝网，以防鼠窜入。

（2）器械灭鼠

器械灭鼠方法简单易行，效果可靠，对人、畜无害。灭鼠器械种类繁多，主要有夹、关、压、卡、翻、扣、淹、粘等。近年来还研究和采用电灭鼠和超声波灭鼠等方法。

（3）化学灭鼠

化学灭鼠效率高、使用方便、成本低、见效快，缺点是可能引起人、畜中毒，有些鼠对药物有选择性、拒食性和耐药性。所以，使

用时需选好药剂和注意使用方法，以保安全有效。灭鼠药剂种类很多，主要有灭鼠剂、熏蒸剂、烟剂、化学绝育剂等。鹅场的鼠类以孵化室、饲料库、鹅舍最多，是灭鼠的重点场所。饲料库可用熏蒸剂毒杀。鹅舍灭鼠投放毒饵时，要防止鹅误食。鼠尸应及时清理，以防被人、畜误食而发生二次中毒。选用鼠吃惯了的食物作饵料，突然投放，饵料充足，分布广泛，以保证灭鼠的效果。常用的慢性灭鼠药物见表4-7。

6. 杀虫

鹅场易滋生蚊、蝇等有害昆虫，引起人、畜疾病发生及传播，给人、畜健康带来危害，应采取综合措施杀灭。

（1）环境卫生

搞好鹅场环境卫生，保持环境清洁、干燥，是杀灭蚊蝇的基本措施。蚊虫需在水中产卵、孵化和发育，蝇蛆也需在潮湿的环境及粪便等废弃物中生长。因此，填平无用的污水池、土坑、水沟和洼地。保持排水系统畅通，对阴沟、沟渠等定期疏通，勿使污水储积。对储水池等容器加盖，以防蚊蝇飞入产卵。对不能清除或需要的水池，在蚊蝇滋生季节，应定期换水。永久性水体（如鱼塘、池塘等），蚊虫多滋生在水浅而有植被的边缘区域，修整边岸，加大坡度和填充浅湾，能有效地防止蚊虫滋生。鹅舍内的粪便应定时清除，并及时处理，储粪池应加盖并保持四周环境的清洁。

（2）物理杀灭

利用机械方法以及光、声、电等物理方法，捕杀、诱杀或驱逐蚊蝇。我国生产的多种紫外线光或其他光诱器，效果良好。此外，还有可以发出声波或超声波并能将蚊蝇驱逐的电子驱蚊器等，都具有防除效果。

（3）生物杀灭

利用天敌杀灭害虫，如池塘养鱼即可达到鱼类治蚊的目的。此外，应用细菌制剂——内菌素杀灭吸血蚊的幼虫，效果良好。

表 4-7 常用的慢性灭鼠药物

类型	名称	特性	作用特点	用法	注意事项
慢性灭鼠药物	敌鼠钠盐	为黄色粉末，无臭，无味，溶于沸水、乙醇、丙酮，性质稳定	作用较慢，能阻碍凝血酶原在鼠体内的合成，使凝血时间延长，而且其能损坏毛细血管，增加血管的通透性，引起内脏和皮下出血，最后死于内脏大量出血。一般在投药 1 ～ 2 天出现死鼠，第 5 ～ 8 天死鼠量达到高峰，死鼠可延续 10 多天	① 敌鼠钠盐毒饵：取敌鼠钠盐 5 克，加沸水 2 升搅匀，再加 10 千克杂粮，浸泡至毒水全部吸收后，加入适量植物油拌匀，晾干备用 ② 混合毒饵：将敌鼠钠盐加入面粉或滑石粉中制成 1% 毒粉，再取毒粉 1 份，倒入 19 份切碎的鲜菜中拌匀即成 ③ 毒水：用 1% 敌鼠钠盐 1 份，加水 20 份即可	对人、畜、禽毒性较低，但对猫、犬、兔、猪毒性较强，可引起二次中毒。在使用过程中要加强管理，以防家畜误食中毒或发生二次中毒。如发现中毒，可使用维生素 K 解救
	氯敌鼠（又名氯鼠酮）	黄色结晶性粉末，无臭，无味，溶于油脂等有机溶剂，不溶于水，性质稳定	敌鼠钠盐的同类化合物，但对鼠的毒性作用比敌鼠钠盐强，为广谱灭鼠剂，而且适口性好，不易产生拒食性。主要用于毒杀家鼠和野栖鼠，尤其是可制成蜡块剂，用于毒杀下水道鼠类。灭鼠时将毒饵投在鼠洞或鼠活动的地区即可	有 90% 原药粉、0.25% 母粉、0.5% 油剂 3 种剂型。使用时可配制成如下毒饵：① 0.005% 水质毒饵，取 90% 原药粉 3 克，溶于适量热水中，待凉后，拌于 50 千克饵料中，晒干后使用；② 0.005% 油质毒饵，取 90% 原药粉 3 克，溶于 1 千克热食油中，冷却至常温，洒于 50 千克饵料中拌匀即可；③ 0.005% 粉剂毒饵，取 0.25% 母粉 1 千克，加入 50 千克饵料中，加少许植物油，充分混合拌匀即成	

续表

类型	名称	特性	作用特点	用法	注意事项
慢性灭鼠药物	杀鼠灵（华法令）	白色粉末，无味，难溶于水，其钠盐溶于水，性质稳定	属香豆素类抗凝血灭鼠剂，一次投药的灭鼠效果较差，少量多次投放的灭鼠效果好。鼠类对其毒饵接受性好，甚至出现中毒症状时仍采食	毒饵配制方法如下：① 0.025%毒粉，取2.5%母粉1份、植物油2份、米渣97份，混合均匀即成。②0.025%面丸，取2.5%母粉1份，与99份面粉拌匀，再加适量水和少许植物油，制成每粒1克重的面丸。以上毒饵使用时，将毒饵投放在鼠类活动的地方，每堆约39克，连投3～4天	对人、畜和家禽毒性很小，中毒时维生素K_1为有效解毒剂
	杀鼠迷	黄色结晶粉末，无臭，无味，不溶于水，溶于有机溶剂	属香豆素类抗凝血杀鼠剂，适口性好，毒杀力强，二次中毒极少，是当前较为理想的杀鼠药物之一，主要用于杀灭家鼠和野栖鼠类	市售有0.75%的母粉和3.75%的水剂。使用时，将10千克饵料煮至半熟，加适量植物油，取0.75%杀鼠迷母粉0.5千克，撒于饵料中拌匀即可。毒饵一般分2次投放，每堆10～20克。水剂可配制成0.0375%饵剂使用	
	杀它仗	白灰色结晶粉末，微溶于乙醇，几乎不溶于水	对各种鼠类都有很好的毒杀作用。适口性好，急性毒力大，1个致死剂量被吸收后3～10天就发生死亡，一次投药即可	用0.005%杀它仗稻谷毒饵，杀黄毛鼠有效率可达98%，杀室内褐家鼠有效率可达93.4%，一般一次投饵即可	适用于杀灭室内和农田的各种鼠类。对其他动物毒性较低，但犬对其很敏感

（4）化学杀灭

化学杀灭是使用天然或合成的毒剂，以不同的剂型（粉剂、乳剂、油剂、水悬剂、颗粒剂、缓释剂等），通过不同途径（胃毒、触杀、熏杀、内吸等），毒杀或驱逐蚊蝇。化学杀灭法具有使用方便、见效快等优点，是当前杀灭蚊蝇的较好方法。常用的药物见表 4-8。

表 4-8　常用的杀虫剂及使用方法

名称	性状	使用方法
敌百虫	白色块状或粉末。有芳香味；低毒、易分解、污染小；杀灭蚊（幼）、蝇、蚤、蟑螂及家畜体表寄生虫	25% 粉剂撒布，1% 喷雾；0.1% 畜体涂抹，0.02 克 / 千克体重口服驱除畜禽体内寄生虫
敌敌畏	黄色、油状液体，微芳香。易被皮肤吸收而中毒，对人、畜有较大毒害，畜禽舍内使用时应注意安全。杀灭蚊（幼）、蝇、蚤、蟑螂、螨、蜱	0.1% ～ 0.5% 喷雾，表面喷洒；10% 熏蒸
马拉硫磷	棕色、油状液体，有强烈臭味；其杀虫作用强而快，具有胃毒、触毒作用，也可作熏杀，杀虫范围广。对人、畜毒害小，适于畜禽舍内使用。世界卫生组织推荐的室内滞留喷洒杀虫剂；可杀灭蚊（幼）、蝇、蚤、蟑螂、螨	0.2% ～ 0.5% 乳油喷雾，灭蚊、蚤；3% 粉剂喷撒灭螨、蜱
倍硫磷	棕色、油状液体，有蒜臭味；毒性中等，比较安全；可杀灭蚊（幼）、蝇、蚤、臭虫、螨、蜱	0.1% 的乳剂喷洒，2% 的粉剂、颗粒剂喷撒、撒布
二溴磷	黄色、油状液体，微辛辣；毒性较强；可杀灭蚊（幼）、蝇、蚤、蟑螂、螨、蜱	50% 的油乳剂喷洒；0.05% ～ 0.1% 用于室内外灭蚊、蝇、臭虫等；野外用 5% 浓度
杀螟松	红棕色、油状液体，有蒜臭味；低毒、无残留；可杀灭蚊（幼）、蝇、蚤、臭虫、螨、蜱	40% 的湿性粉剂杀灭蚊蝇及臭虫；2 毫克 / 升灭蚊
地亚农	棕色、油状液体，有酯味；中等毒性，水中易分解；可杀灭蚊（幼）、蝇、蚤、臭虫、蟑螂及体表害虫	滞留喷洒 0.5%；喷浇 0.05%；撒布 2% 粉剂

续表

名称	性状	使用方法
皮蝇磷	白色结晶粉末，微臭；低毒，对农作物有害；可杀灭体表害虫	0.25% 喷涂皮肤，1% ～ 2% 乳剂灭臭虫
辛硫磷	红棕色、油状液体，微臭；低毒，日光下短效；可杀灭蚊（幼）、蝇、蚤、臭虫、螨、蜱	2 克 / 米 ^{2} 室内喷洒灭蚊、蝇；50% 乳油剂灭成蚊或水体内幼蚊
杀虫畏	白色固体，有臭味；微毒；可杀灭家蝇及畜禽体表寄生虫（蝇、蜱、蚊、虻、虱）	20% 乳剂喷洒，涂布家畜体表；50% 粉剂喷撒体表灭虫
双硫磷	棕色、黏稠液体；低毒稳定；可杀灭幼蚊、蚤	5% 乳油剂喷洒，0.5 ～ 1 毫升 / 升撒布，1 毫克 / 升颗粒剂撒布
毒死蜱	白色结晶粉末；中等毒性；可杀灭蚊（幼）、蝇、螨、蟑螂及仓储害虫	2 克 / 米 ^{2} 喷洒物体表面
西维因	灰褐色粉末；低毒；可杀灭蚊（幼）、蝇、臭虫、蜱	25% 可湿性粉剂和 5% 粉剂撒布或喷撒
害虫敌	淡黄色、油状液体；低毒；可杀灭蚊（幼）、蝇、蚤、蟑螂、螨、蜱	2.5% 的稀释液喷洒，2% 粉剂，1 ～ 2 克 / 米 ^{2} 撒布，2% 气雾
双乙威	白色结晶，芳香味；中等毒性；可杀灭蚊、蝇	50% 的可湿性粉剂喷雾，2 克 / 米 ^{2} 喷洒灭成蚊
速灭威	灰黄色粉末；中等毒性；可杀灭蚊、蝇	25% 可湿性粉剂和 30% 乳油喷雾灭蚊
残撒威	白色结晶粉末，有酯味；中等毒性；可杀灭蚊（幼）、蝇、蟑螂	2 克 / 米 ^{2} 用于灭蚊、蝇，10% 粉剂局部喷撒灭蟑螂
胺菊酯	白色结晶；微毒；可杀灭蚊（幼）、蝇、蟑螂、臭虫	0.3% 油剂、气雾剂，需与其他杀虫剂配伍使用

（四）鹅舍的环境管理

影响鹅群生活和生产的主要环境因素有空气、温度、湿度、气流、光照、有害气体、微粒、微生物、噪声等。在科学建设鹅舍、配套设备以及保证良好的场区环境的基础上，加强对鹅舍环境管理来保证舍内温度、湿度、气流、光照、空气中有害气体和微粒、微生物、噪声等条件适宜，保证鹅舍良好的小气候环境，为鹅群的健康和生产性能提高创造条件。鹅舍主要环境参数见表4-9。

表4-9　各类鹅舍主要环境参数

项目	温度/℃	相对湿度/%	噪声允许强度/分贝	尘埃允许量/(毫克/米^3)	有害气体/(毫克/米^3)		
					NH_3	H_2S	CO_2
成年鹅舍	10～15	60～70	90	2～5	12	15	2950
1～30日龄笼养	20	65～75	90	2～5	8	15	2950
1～30日龄平养	22～20	65～75	90	2～5	8	15	2950
30～65日龄	20～18	65～75	90	2～5	8	15	2950
66～240日龄	16～14	70～80	90	2～5	12	15	2950

1. 舍内温度控制

温度是主要环境因素之一，舍内温度的过高、过低都会影响鹅体的健康和生产性能的发挥。舍内温度的高低受到舍内热量的多少和散失难易的影响。冬季舍内热量主要来源于鹅体的散热，夏季几乎完全受外界气温的影响，如果鹅舍具有良好的保温隔热性能，则可减少冬季舍内热量的散失而维持较高的舍内温度，可减少夏季太阳辐射热进入鹅舍而避免舍内温度过高。

（1）舍内温度对鹅体的影响

① 影响鹅体的健康　一是影响鹅体的热调节。动物生命活动过程中伴随产热和散热两个过程，动物机体产热和散热是保持对立过程的动态平衡，只有保持动态平衡，才能维持体温恒定。鹅是恒温动物，在一定范围的环境温度下，通过自身的热调节过程能够保持体温恒定。当环境温度过高或过低，超出了调节范围而热平衡破坏时，鹅的体温升高或降低，使鹅体受到直接伤害，严重时引起死亡。

舍内温度过高的情况下，鹅体内的热量散失困难，体内蓄热导致体温升高，发生热应激，严重时导致热射病引起死亡。炎热夏季持续高温会引起鹅体发生慢性热应激；短时过高温度引起急性热应激，给生产带来了巨大损失。温度过高，对雏鹅也会产生不良影响，表现为

远离热源，张口呼吸，精神不振，食欲减退，频频饮水。若雏鹅长时间处于高温环境，鹅群体质减弱，生长缓慢，易患呼吸道疾病或感冒。高温危害鹅体的机制见图 4-9。

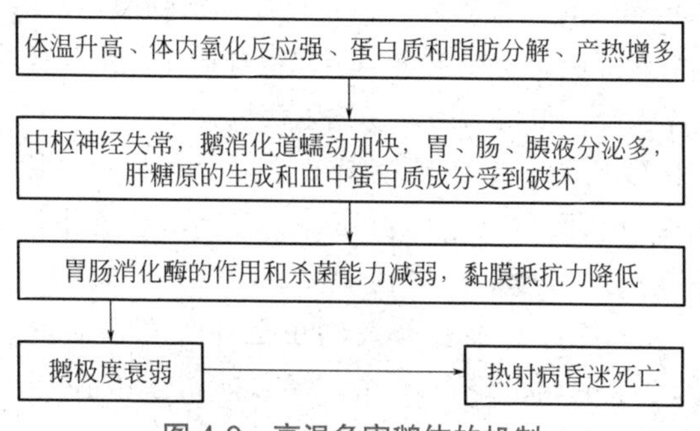

图 4-9　高温危害鹅体的机制

舍内温度过低的情况下，如果饲料供应充足，鹅能够充足活动，对育成后期和成年鹅危害较小，但对雏鹅影响较大。急性的低温刺激，鹅颤抖，产热超过散热，体温稍有升高，如果持续时间长，也可引起体温下降。因为雏鹅体温调节机能不健全，防寒能力差，所以低温能严重破坏雏鹅的热平衡，甚至引起死亡。低温时雏鹅表现为拥挤叠堆，似草垛状，绒毛直立，躯体蜷缩，发出“叽叽”的尖叫声。温度过低，雏鹅集堆，在下面的鹅被压而窒息死亡，且雏鹅易患感冒、拉稀等疾病，鹅体软弱，甚至死亡。温度过低危害鹅体的机制见图 4-10。

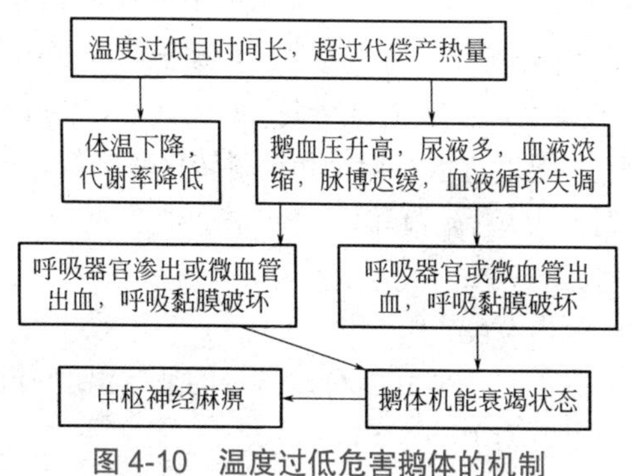

图 4-10　温度过低危害鹅体的机制

温度的忽高忽低，对鹅的健康和生长产生严重的不良反应。如果育雏期间温度不稳定，忽冷忽热，对雏鹅的生理活动影响很大。育雏温度的骤然下降，雏鹅会发生严重的血管反应，循环衰竭，窒息死亡；育雏温度的骤然升高，雏鹅体表血管充血，加强散热，消耗大量的能量，抵抗力明显降低。忽冷忽热，雏鹅很难适应，不仅影响生长发育，而且影响抗体水平，抵抗力差，易发生疾病。

二是间接致病。一定的环境温度、湿度有利于病原体和媒介虫类的生存繁殖，从而危害鹅体健康。高温高湿状态下，霉菌会大量滋生繁殖引起饲料霉变，鹅采食了霉变的饲料而发生曲霉菌病或霉菌毒素中毒。如各种寄生虫卵及幼虫在体外存活时间明显受到环境影响，鹅的球虫病、隐孢子病、绦虫病等多发生在温暖潮湿的季节。

三是影响鹅群的营养状态和饲养管理。天气炎热时采食量下降，营养供应不足，最后导致营养不良，鹅抵抗力下降，容易发病；饲料易酸败变质和发生霉变，饲料利用率下降，容易出现消化不良和发生曲霉菌病或曲霉菌毒素中毒。天气寒冷时采食量升高，代谢增强，如饲料供应不足，也会造成营养不良，抵抗力下降。冬季一些块根块茎类、青绿多汁饲料容易冰冻或饮水的温度过低，鹅饮食后会消化不良、下痢；冬季鹅舍密封过紧，通风不良易引起呼吸道疾病等。

② 影响生产性能　不同种类、不同性别、不同饲养条件和不同饲养阶段的鹅对环境温度有不同的要求，如果温度不适宜，会影响生长和生产。如雏鹅出壳后需要的温度是 28 ～ 30℃，温度过高，雏鹅采食量少，生长慢；温度过低，增重和饲料转化率降低。鹅的羽绒丰满，皮下脂肪多，对高温敏感。高温时鹅常停产，公鹅精子无活力，温度过低，采食量增加。

（2）适宜的舍内温度

雏鹅适宜的温度见表 4-10。母鹅产蛋的适宜温度为 8 ～ 25℃，公鹅产壮精的适宜温度为 10 ～ 25℃。

表 4-10　雏鹅适宜的温度

日龄 / 天	1 ～ 2	3 ～ 5	6 ～ 10	11 ～ 15	16 ～ 20	20 以上
育雏温度 /℃	30 ～ 29	28 ～ 27	26 ～ 25	24 ～ 22	18 ～ 22	脱温
舍内温度 /℃	18 ～ 17	16 ～ 15	16 ～ 15	15	15	

（3）鹅舍内温度的控制

① 育雏舍温度控制　一是提高育雏舍的保温隔热性能。加强育雏舍的保温隔热性能设计和精心施工。屋顶和墙壁是育雏舍最易散热的部位，要达到一定的厚度，要选择隔热材料，结构要合理，屋顶最好设置天棚。天棚可以选用塑料布、彩条布等隔热性能好、廉价、方便的材料。

二是供温设施要稳定可靠。根据本鹅场情况选择适宜的供温设备。无论选用什么样的供温设备，安装好后一定要试温，通过试温，观察能不能达到育雏温度，达到育雏温度需要多长时间，温度稳定不稳定，受外界气候影响大小等。供温设备应能满足一年四季需要，特别是冬季的供温需要。如果不能达到要求的温度，一定要采取措施加以解决。观察开启供温设备后多长时间温度可以上升到育雏温度，这样，可以在雏鹅入舍前适宜的时间开始供温。

三是防止育雏温度过高。夏季育雏时，由于外界温度高，如果育雏舍隔热性能不良、舍内饲养密度过高，会出现温度过高的情况，可以通过加强通风、喷水蒸发降温等方式降低舍内温度。

② 育成和产蛋鹅舍内温度控制　鹅有较厚的羽毛，耐寒不耐热，需要做好夏季降温工作。

一是隔热降温。在鹅舍屋顶铺盖 15 ～ 20 厘米厚的稻草、秸秆等垫草，或设置通风屋顶，可降低舍内温度 3 ～ 5℃；将圈舍的外墙壁用生石灰水或白色涂料刷白，房顶覆盖白色物料，可增强光的反射作用，减少圈舍对热量的吸收；在鹅舍周围及运动场南侧种植高大的乔木形成阴凉或在鹅舍南侧、西侧种植爬壁植物，搭建遮阳棚，减少太阳的辐射热。在圈舍内离鹅体 2 米左右的高处，用 1.5 ～ 2.5 厘米厚的白色泡沫塑料板做一层天花板，塑料板的隔热作用可使圈舍温度下降

2～4℃。

二是通风降温。鹅舍内必要时安装有效的通风设备，定期对设备进行维修和保养，使设备正常运转，提高鹅舍的空气对流速度，有利于缓解热应激。

三是喷水降温。中午高温时，将刚抽上来的深井水用喷雾器对圈舍空间喷洒，或冲洗房顶和外墙壁，这样可加强散热，降低舍温。

四是降低饲养密度。饲养密度降低，单位空间产热量减少，有利于舍内温度降低。

2. 舍内湿度的控制

湿度是指空气的潮湿程度，生产中常用相对湿度表示。相对湿度是指空气中实际水汽压与饱和水汽压的百分比。鹅体排泄和舍内水分的蒸发都可以产生水汽而增加舍内湿度。

（1）湿度对鹅的影响

湿度作为单一因子对鹅的影响不大，常与温度、气流等因素一起对鹅产生一定影响。

① 高温高湿　高温高湿影响鹅体的热调节，加剧高温的不良反应，破坏热平衡。鹅体表由于有羽毛，不利于高温时的传导、辐射和对流散热，主要依靠呼吸道蒸发散失热量。蒸发散热量正比于鹅体蒸发面水汽压与空气水汽压之差，舍内空气湿度大，鹅体蒸发面（皮肤和呼吸道）水汽压与空气水汽压变小，不利于蒸发散热，加重机体热调节负担，热应激更严重；高温高湿，鹅的抵抗力降低，传染病的发生率提高，鹅体得病后沉重；高温高湿，有利于球虫、大肠杆菌、布氏杆菌、鼻疽放线菌、无囊膜病毒和真菌的滋生繁殖，增加了寄生虫病、皮肤病、霉菌病及中毒病的发生机会。

② 低温高湿　低温高湿时鹅体的散热容易，潮湿的空气使鹅的被毛潮湿，保温性能下降，鹅感到更加寒冷，加剧了冷应激，特别是对雏鹅影响更大。鹅易患感冒性疾病，如风湿症、关节炎、肌肉炎、神经痛以及消化道疾病（下痢）等。寒冷冬季，相对湿度＞85%，对鹅的生长有不利影响，饲料转化率会显著下降。

③ 高温低湿　高温低湿的环境中，能使鹅的体表皮肤或外露的黏膜发生干裂，降低了对微生物的防卫能力，而招致细菌、病毒感染等，可导致被毛粗糙，鹅绒的品质下降。低湿，舍内尘埃增加，容易诱发呼吸道疾病。

（2）舍内适宜的湿度

鹅虽是水禽，但也怕圈舍潮湿。特别是30日龄以内的雏鹅更怕潮湿。鹅舍最适宜的相对湿度为：0 ～ 10 日龄，60% ～ 65%；11 ～ 21 日龄，65% ～ 70%；22 ～ 24 日龄，60% ～ 80%；成年鹅舍，60% ～ 70%。

（3）舍内湿度调节措施

① 湿度低时　舍内相对湿度低时，可在舍内地面洒水或用喷雾器在地面和墙壁上喷水，水的蒸发可以提高舍内湿度。如是雏鹅舍，舍内温度过低时可以喷洒热水。冬季可以在雏鹅舍内的供暖炉上放置水壶或水锅，使水蒸发提高舍内湿度。

② 湿度高时　当舍内相对湿度过高时，可以采取如下措施：

一是加大换气量。通过通风换气，驱除舍内多余的水汽，换进较为干燥的新鲜空气。舍内温度低时，要适当提高舍内温度，避免通风换气引起舍内温度下降。

二是提高舍内温度。舍内空气水汽含量不变，提高舍内温度可以增大饱和水汽压，降低舍内相对湿度。特别是冬季或仔鹅舍，加大通风换气量对舍内温度影响大，应提高舍内温度。

③ 防潮措施　鹅较喜欢干燥，潮湿的空气环境与高温协同作用，容易对鹅产生不良影响。保证鹅舍干燥需要做好鹅舍防潮，除了选择地势高燥、排水好的场地外，可采取如下措施。

一是鹅舍墙基设置防潮层，新建鹅舍待干燥后使用，特别是雏鹅舍。有的刚建好就立即使用，由于雏鹅舍密封严密，舍内温度高，没有干燥的外围护结构中存在的大量水分很容易蒸发出来，使舍内相对湿度一直处于较高的水平。晚上温度低的情况下，大量的水汽变成水在天棚和墙壁上附着，舍内的热量容易散失。

二是舍内排水系统畅通，粪尿、污水及时清理。

三是尽量减少舍内用水。舍内用水量大，舍内湿度容易提高。防止饮水设备漏水，能够在舍外洗刷的用具可以在舍外洗刷或洗刷后的污水立即排到舍外，不要在舍内随处抛洒。

四是保持舍内较高的温度，使舍内温度经常处于露点以上。

五是使用防潮剂（如撒生石灰、草木灰），及时更换污浊潮湿的垫草。

3. 舍内通风的控制

（1）通风的作用

冬季的通风可以驱除舍内多余的水汽和污浊的空气，保持舍内空气干燥和洁净；夏季的通风可以驱除舍内多余的热量，保证一定的气流速度，使鹅感到舒适。

（2）鹅舍的通风要求

通风参数见表 4-11。

表 4-11　鹅舍的通风参数表

鹅舍	换气量 /［米 ^{3}/（小时·千克）］		气流速度 /（米 / 秒）	
	冬季	夏季	冬季	过渡季
成年鹅舍	0.60	5.0		0.5 ～ 0.8
1 ～ 9 周龄鹅舍	0.8	5.0	0.2 ～ 0.5	0.2 ～ 0.5
9 周龄以上鹅舍	0.6	5.0	0.2 ～ 0.5	0.2 ～ 0.5

（3）舍内通风控制

鹅舍的通风方式，一般可分为自然通风和机械通风两种。利用门窗的空气对流或屋顶的排气孔和进气孔进行调节的方式叫自然通风；采用机械进行抽风或送风的方式叫机械通风。种鹅舍一般饲养密度较小，可让鹅经常在运动场进行活动，夏季可以利用采光窗或墙体开露部分进行自然通风，冬季寒冷季节可以利用冬季通风系统来进行通风；圈养肉鹅舍由于饲养密度高，夏季可以借助风机进行机械通风。

① 自然通风设计　自然通风的动力是风压（是指大气流动时，作用于建筑物表面的一个压力，当风吹向建筑物时，迎风面形成正压，

背风面形成负压，气流从正压流入，由负压流出，形成自然通风）和热压（当舍内不同部位的空气因温度不均而发生密度差异时，即当舍外温度较低的空气进入舍内，遇到由鹅体散发的热量或其他热源，受热变轻而上升，于是在舍内进屋顶天棚处形成较高的压力区，而由屋顶的通气口或空隙排出，舍内下部空气稀薄，舍外较冷的空气不断入内，如此反复形成自然通风）。

由于自然界的风是随机的，因此自然通风一般是考虑无风时的不利情况，设计时按热压进行计算。这样夏季有风时，舍内通风量将大于计算值，对鹅更有利；冬季为防寒关闭门窗，通风量也不受太大影响。

热压通风量大小取决于舍内外的温差、进排气口面积及中心垂直距离（只有一个开口时，中心垂直距离为开口高度的1/2）。气流分布决定于进排气口的形状、位置和分布。

计算方法与步骤：可根据平均每间鹅舍所需要的通风量来进行计算和设计。

第一步，确定所需要的通风量。按鹅舍容纳的鹅的种类和数量，查鹅舍通风参数表计算冬夏季所需要的通风量，再按容纳鹅的鹅舍间数，求得每间鹅舍夏季或冬季所需要的通风量 L。

第二步，检验采光窗能否满足夏季通风量需要，利用自然通风设计的计算公式进行计算。

鹅舍通风量：　　$L=L_{排}=L_{进}$

$$L=3600\mu F^2\sqrt{\frac{2gH(t_n-t_w)}{273+t_w}}=7968.9F^2\sqrt{\frac{H(t_n-t_w)}{273+t_w}}$$

式中，3600为1小时变换秒数；μ 为排风口的流量系数（小于1）；F 为排风口面积，米^2；g 为重力加速度，9.8米/秒^2；H 为进排气口垂直距离，米；t_n 为舍内通风计算温度（冬季雏鹅舍取20℃，肉鹅舍、种鹅舍取10℃；夏季 $t_n=t_w+3$）；t_w 为舍外通风计算温度（查环境卫生学附录的室外气象参数表，如郑州地区冬季为0℃，夏季为32℃；北京地区冬季为−5℃，夏季为30℃；哈尔滨地区冬季为−20℃，夏季为

26℃）。

如果南北窗面积和位置不同，应分别计算各自的通风量。代入上式，求其和即得出该间鹅舍总通风量。排气口面积 *F* 为窗面积的 1/2，*H* 为窗高的 1/2。如能满足夏季要求，可进行冬季通风设计；如不能满足需要，设置地窗、天窗或通风屋脊、屋顶风管等。

第三步，地窗、天窗、屋顶通风管道设计。地窗可设置在南北墙采光窗下，按采光窗的面积 50% ～ 70% 设计成卧式保温窗。设置地窗后再计算能否满足夏季通风需要。

计算时排风口面积按采光窗面积，垂直距离按采光窗中心至地窗中心的垂直距离。

第四步，冬季通风设计。如果鹅舍跨度小（8 米以内），冬季所需通风量较小，冷风渗透较多，可在窗上部设置外开口下悬窗排风口，每窗上面设一个，最多隔窗一个，酌情控制开启角度以调节通风量，面积不必计算；如果鹅舍跨度大（8 米以上），结合夏季通风设置屋顶风管作排气口。无天棚时，风管高出屋面不少于 1 米，下端进入舍内不宜少于 0.6 米；进风口设在背风侧墙的上部，使冷空气预热后再降到地面。

风管面积可根据该栋鹅舍冬季所需要的通风量依据表 4-12 计算所得，然后按所需要的总面积可求得风管数量。跨度小时安装一排，跨度大时设置两排，交错布置。风管最好做成圆管，以便于安装风机。顶端有风帽，寒冷地区风管外加保温层，为控制通风量，管内应设调节阀。

进风口的面积以排风口面积的 70% 设计，如只在背风的一侧墙上设置进风口，屋顶风管宜靠对侧墙近一些，以保证通风均匀。进气口设置导向控制板，以控制风量和风向。

冬季通风量每 1000 米^3/ 小时需要排风口面积见表 4-12。

表 4-12　冬季通风量每 1000 米^3/ 小时需要排风口面积　　单位：米^2

舍内外温差 /℃	风管上口至舍内地面的高度 / 米						
	4	5	6	7	8	9	10
6	0.43	0.38	0.35	0.32	0.30	0.28	0.27
8	0.36	0.33	0.30	0.28	0.26	0.24	0.23
10	0.33	0.29	0.28	0.25	0.23	0.22	0.21
12	0.30	0.26	0.24	0.22	0.21	0.20	0.19
14	0.28	0.25	0.22	0.21	0.19	0.18	0.17
16	0.25	0.23	0.21	0.19	0.18	0.17	0.16
18	0.24	0.22	0.20	0.18	0.17	0.16	0.15
20	0.23	0.20	0.19	0.17	0.16	0.15	0.14
22	0.22	0.19	0.18	0.16	0.15	0.14	0.14
24	0.21	0.18	0.17	0.16	0.15	0.14	0.13
26	0.20	0.18	0.16	0.15	0.14	0.13	0.12
28	0.19	0.17	0.16	0.14	0.13	0.13	0.12
30	0.18	0.16	0.15	0.14	0.13	0.12	0.11
32	0.17	0.16	0.15	0.13	0.12	0.12	0.11
34	0.17	0.15	0.14	0.13	0.12	0.11	0.11
36	0.16	0.15	0.13	0.12	0.12	0.11	0.10
38	0.16	0.14	0.13	0.12	0.11	0.11	0.10
40	0.14	0.14	0.13	0.12	0.11	0.10	0.10

【例 1】河南郑州某鹅场一栋种鹅舍，地面平养，总长 54 米，宽 10 米，共 18 间（留一间作值班室），容纳种鹅 1250 只（体重 5 千克）。南北各设置两个高 1.5 米，宽 1.2 米的窗户。检验采光窗能否满足夏季通风要求？设计冬季通风系统（风管距地面高度按 5 米计）。

解：第一步求夏季每间通风量。种鹅占的间数为 17 间。查表得种鹅所需要通风量为 5 米^3/（小时 · 千克），则每间需要的通风量为 L=1250×5×5÷17=1838.24（米^3/ 小时）。

第二步求采光窗夏季热压通风量。南北窗均为单开口通风，上排下进，进排气口垂直距离 H 是高的 1/2，则：

南北窗 H=0.75 米；

南窗排风口面积 F_1=1.5×1.2×2÷2=1.8（米^2）；

北窗排风口面积 F_2=1.5×1.2×2÷2=1.8（米^2）；

查表得郑州的舍外通风计算温度 t_w=32℃，则舍内 t_n=（32+3）℃；

则 $L=7968.9F^2\sqrt{\dfrac{H(t_n-t_w)}{273+t_w}}=7968.9\times(1.8+1.8)^2\times\sqrt{\dfrac{0.75\times(35-32)}{273+32}}\approx 2464.3$（米 ^{3}/ 小时）

由此可知，窗户的通风量大于需要的通风量，利用窗户通风完全可以满足需要。

第三步进行冬季通风设计。查表知冬季需要通风量为 0.60 米 ^{3}/(小时 · 千克），则每间鹅舍需 1250×5×0.60÷17=220.59（米 ^{3}/ 小时）；查表知鹅舍冬季 t_n=10℃，舍外冬季 t_w= 0℃，则 t_n-t_w=10−0=10（℃）。

查表得知风管上口距地面 5 米时，1000 米 ^{3}/ 小时通风量需要的风管面积为 0.29 米 ^{2}，则 220.59 米 ^{3}/ 小时需 0.064 米 ^{2}。

一间设置一个排风管，设成圆形，风管半径为 $\sqrt{0.064\div3.14}$=0.14（米），交叉安置在屋顶。

进气口面积为 0.064×70%=0.0448（米 ^{2}）。在南窗上设置高为 0.12 米的进气口一个，则宽度为 0.0448÷0.12=0.38（米）。

② 机械通风设计　机械通风的动力是电动风机，鹅舍通风的风机可用轴流式风机。机械通风方式主要有正压通风［通过风机将舍外的新鲜空气强制输入舍内，使舍内气压增高，舍内污浊空气经风口或风管自然排出换气（当鹅舍不能封闭时可采用）］和负压通风［通过风机抽出舍内空气，造成舍内空气气压小于舍外，舍外空气通过进气口或进气管流入舍内（生产中常采用，但鹅舍必须封闭）］。

根据风机安装位置，负压通风又可分为横向通风和纵向通风。纵向通风与横向通风比较，一是风速提高，平均风速比横向通风风速提高 5 倍以上。纵向通风的气流断面（畜舍净宽）仅为横向通风（畜舍长度）的 1/10 ～ 1/5。二是气流分布均匀，无死角。三是节能，风机数量少，总功率低，运行费用低。四是场区小气候环境好，提高生产性能。所以，目前生产中多采用纵向负压通风。纵向负压通风设计步骤：

第一步，确定通风量。排风量 = 风速（米 / 秒）× 鹅舍横断面（米 ^{2}）= 风速（米 / 秒）× 鹅舍宽度（米）× 鹅舍的内径高度（米）

第二步，风机数量确定。先根据总排风量和风机的风量选择风机，然后计算风机台数（生产中常见的风机及性能见表 4-13）。

表 4-13　鹅舍常用风机性能参数

型号	HRJ-71 型	HRJ-90 型	HRJ-100 型	HRJ-125 型	HRJ-140 型
风叶直径 / 毫米	710	900	100	125	140
风叶转速 /（转 / 分钟）	560	560	560	360	360
风量 /（米^3/ 分钟）	295	445	540	670	925
全压 / 帕	55	60	62	55	60
噪声 / 分贝	≤ 70	≤ 70	≤ 70	≤ 70	≤ 70
输入功率 / 千瓦	0.55	0.55	0.75	0.75	1.1
额定电压 / 伏	380	380	380	380	380
电机转速 /（转 / 分钟）	1350	1350	1350	1350	1350
安装外形尺寸（长 × 宽 × 厚）	810 毫米 × 810 毫米 × 370 毫米	1000 毫米 × 1000 毫米 × 370 毫米	1100 毫米 × 1100 毫米 × 370 毫米	1400 毫米 × 1400 毫米 × 400 毫米	1550 毫米 × 1550 毫米 × 400 毫米

第三步，进气口面积确定。进气口面积直接与鹅舍横断面相等，或为风机面积的 2 倍，或按 1000 米^2 排风量需要 0.15 米^2 计算，或应用下列公式计算：

进气口面积（最小）= 排风量 / 进风口速度（一般要求夏季 2.5 ～ 5 米 / 秒，冬季 1.5 米 / 秒）

第四步，风机和进气口的布置。根据鹅舍的布局、长短布置风机和进气口，如图 4-11 所示。

【例 2】河南某一鹅场的仔鹅舍长 39 米，宽 8 米，天花板距地面高度 2.5 米。网上平养，饲养仔鹅 2000 只（仔鹅重 2.5 千克）。设计负压纵向通风系统（夏季风速按 4 米 / 秒）。

解：

第一步，确定通风量。

排风量 = 风速（米 / 秒）× 鹅舍横断面（米^2）= 4×8×2.5×60=4800（米^3/ 分钟）

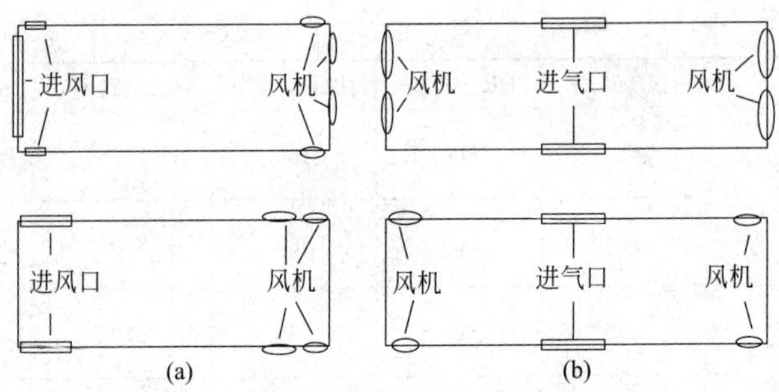

图 4-11　纵向通风风机和进风口布局图

注：1. 图（a）表示的是鹅舍的长度在 60 米以内，可以将风机安装在一端墙上或紧邻端墙的侧墙上，进气口在另一端墙或紧邻端墙的侧墙上；（b）图表示的是鹅舍的长度在 60 米以上，可以将风机安装在二端墙上或紧邻端墙的侧墙上，进气口在中部侧墙。

2. 负压通风风机应安装在污染道一侧端墙或侧墙，风机距地面高度 0.4 ～ 0.5 米或高于饲养层，纵墙上安装风机，排风方向与屋脊成 30° ～ 60° 角。

第二步，确定风机数量。如果选择 HRJ-140 型风机，需要风机数量为：

风机台数 =4800 米 ^{3}/ 分钟 ÷925 米 ^{3}/（分钟 · 台）=5.2 台

可以选择 4 台 HRJ-140 型风机，2 台 HRJ-125 型风机。其通风量为 925×4+670×2=5040（米 ^{3}/ 分钟），可以充分满足需要。

第三步，确定进气口面积。进气口面积可以与鹅舍的横断面面积相等，所以进气口面积为 20 米 ^{2}。

机械通风的管理：

一要做好通风设备的检查工作。每天通风换气前，或在夏季来临之前，做好通风设备的检查工作。检查内容包括线路和控制器的安全性，电机的完好性，扇叶的牢固性等，并清理风机扇叶和百叶窗上的灰尘，保证有效的通风量。另外，如果风机皮带松弛，也会造成扇叶转速减慢甚至皮带过早磨损。因此，应经常清除风机扇叶和百叶窗上的灰尘，确保皮带处于紧绷状态，使风机经常处于最大工作效率状态，同时及时更换皮带和磨损后的皮带轮，大大提高风机的通风换气量和排热能力。

二要根据不同季节开启不同数量的风机。安装风机时，每个风机

上都要安装控制装置，根据不同的季节或不同的环境温度开启不同数量的风机。如夏季可以开启所有的风机，其他季节可以开启部分风机，稳定适宜时可以不开风机（能够进行自然通风的鹅舍）。

三要保证鹅舍的密闭性。鹅舍的密闭性无论是在夏季还是在冬季都十分重要，保持鹅舍密闭，冬天避免热量流失，节省能源开支；夏天避免热空气随处可入，降低舍内空气的流速，进而影响降温效果。

四要联合使用湿帘装置。当天气炎热，舍内温差较大时才有必要使用，而且一定要等纵向通风系统运转正常以后再开启湿帘装置。同时，保证除了湿帘进风口以外，不应该存在其他的进风口，还要检查湿帘是否存在干燥部位，否则会影响降温效果。

4. 舍内光照的控制

光照不仅影响鹅的生长发育，而且影响仔鹅培育期的性成熟时间和以后的产蛋。培育期光照时间过长，鹅性成熟时间早、开产早、产蛋小；产蛋期光照时间不足会使鹅产蛋减少。光照控制是要保证鹅舍内的光照强度和光照时数符合要求，并且光线均匀。鹅舍一般采用自然光照与人工补光相结合。

① 自然光照设计　自然采光是指太阳光通过鹅舍的开露部分进入舍内，达到照明的目的。自然采光取决于窗户的面积，窗户面积越大进入舍内的光线越多，但采光面积要兼顾通风、光照、保温隔热因素合理确定。采光系数是衡量与设计鹅舍采光的一个重要指标［指窗户的有效面积与鹅舍地面面积之比，即 1 ∶ *X*。鹅舍的采光系数为 1 ∶（11 ～ 12），雏鹅舍的采光系数为 1 ∶（10 ～ 15）］。影响鹅舍自然采光的因素主要有畜舍的方位（坐北朝南方向，舍内光线较好）、舍外情况、入射角（鹅舍地面中央一点到窗户上缘或屋檐所引的直线与地面水平线之间的夹角，入射角的大小对光线进入舍内有影响，入射角越大，越有利于光线进入舍内。为保证舍内得到适宜照度，入射角一般不小于 25°）、透光角（鹅舍地面中央一点向窗户上缘（或屋檐）和下缘引出的两条直线所形成的夹角。透光角越大，越有利于光线进入舍内。

为保证舍内得到适宜照度，透光角一般不小于 5°）、玻璃、舍内反光面、舍内设施及笼具构造与布局等。

自然光照的设计任务是合理设计采光窗的位置、形状、数量、面积，保证鹅舍的自然采光标准，并尽量使其照度均匀。

第一步，确定窗口位置。如图 4-12 所示，可以根据入射角和透光角来计算窗口上下缘的高度：

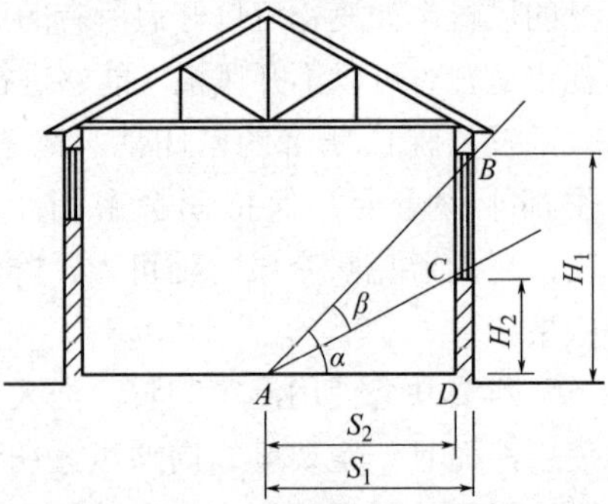

图 4-12　鹅舍的入射角和透光角

$H_1 = \tan\alpha S_1$；

$H_2 = \tan(\alpha - \beta) S_2$

要求 $\alpha \geqslant 25°$，$\beta \geqslant 5°$，即 $\alpha - \beta \leqslant 20°$

则：$H_1 \geqslant 0.4663 S_1$；

$H_2 \leqslant 0.364 S_2$。

第二步，窗口面积计算。按采光系数计算。计算公式如下：

$$A = \frac{KF_d}{J}$$

式中，A 为采光窗口总面积；K 为采光系数；F_d 为舍内地面面积；J 为窗扇遮挡系数，单层金属窗 0.80、双层 0.65，单层木窗 0.70、双层 0.50。

第三步，确定窗的数量、形状和布置。窗的数量应首先根据当地气候确定南北窗的比例，然后再考虑光照均匀和房屋结构对窗间墙宽度的要求来确定。炎热地区，南北窗的比例是（1 ～ 2）∶ 1，冬冷夏热和寒冷地区为（2 ～ 4）∶ 1。

窗的形状也关系到采光和通风的均匀程度。卧式窗有利于长度方向采光均匀，而跨度方向则较差；立式窗则相反。

【例 3】河南一栋鹅舍共 13 间，间距 3 米，净跨度为 8 米，则每间净面积 24 米 ^{2}。其采光系数标准为 1 ∶（10 ～ 12），如采用单层木窗，遮挡系数为 0.7，进行采光设计。

第一步，窗缘高度。

$H_1 \geqslant 0.4663 \times 4 = 1.865$（米）；

$H_2 \leqslant 0.364 \times 4 = 1.456$（米）。

南窗高度确定为上缘 1.95 米，下缘 0.75 米，窗高 1.2 米。

第二步，窗户总面积。

$$A = 0.1 \times \frac{24}{0.7} = 3.5\ （米^2）$$

根据河南气候特点，北窗与南窗面积相同，则每间鹅舍南北窗为 $3.5 \times 1/2 = 1.75$（米^2）。

第三步，窗户形状与布局。南北窗宽度确定为 0.8 米，设置两个，则面积为 $1.2 \times 0.8 \times 2 = 1.96$（米^2），稍大于标准，可以满足要求。

② 人工照明系统设计　第一步，计算鹅舍光照需要的总流明数。

$$总流明数 = \frac{光照强度（勒克斯/米^2）\times 地板面积（米^2）}{利用系数 \times 维持系数}$$

注意：利用系数是表示光源发射的光线与鹅接收光线的比例系数，它受到舍内建设及安装结构与清洁度的影响。未粉刷、无天花板、无反光罩的系统利用系数为 0.25，粉刷的、清洁有反光罩的为 0.60，一般清洁和有反光罩的为 0.5 左右；维持系数是指光照设备清洁和能否正常使用等的系数，常在 0.5 ～ 0.7 范围内。

如一个面积 100 米^2 的种鹅舍，光照强度 10 勒克斯。安装带罩的白炽灯光源，利用系数 0.5，维持系数 0.7，代入上式，则总流明数 = 2857.2（流明）。

第二步，确定灯泡规格和数量。根据鹅舍的实际情况确定光源的种类和规格，再据不同光源的发光量（表 4-14）计算光源的数量。

表 4-14　不同规格光源的发光量

规格 / 瓦	15	25	40	50	60	100
白炽灯 / 流明	125	225	430	655	810	1600
荧光灯 / 流明	500 ～ 700	800 ～ 100	2000 ～ 2500			

为了保证鹅舍光照均匀，可以适当增加光源的数量，降低光源的规格（功率）。上例中如果选用 40 瓦白炽灯，其发光量为 810 流明，需要的灯泡数量 = 总流明数 ÷ 每个灯泡的流明数 $=2857.2 \div 430 = 6.6$（只）≈ 7（只）。

第三步，光照系统的安装和管理。灯的高度直接影响到地面的光照强度。一般安装高度为1.8～2.4米；光源分布均匀，数量多的小功率光源比数量少的大功率光源有利于光线均匀。光源功率一般在40～60瓦之间较好（荧光灯在15～25瓦之间）。灯间距为其高度的1.5倍，与墙的距离为灯间距的一半，灯泡不应使用软线。如是笼养，应在每条走道上方安置一列光源；灯罩可以使光照强度增加50%，应选择伞形或蝶形灯罩。

5. 舍内有害气体控制

鹅舍内鹅群密集，鹅的生长伴随呼吸、排泄和有机物分解，有害气体成分要比舍外空气复杂和含量高。在规模养鹅生产中，鹅舍中有害气体含量超标，可以直接或间接引起鹅群发病或生产性能下降，影响鹅群安全和产品安全。

（1）舍内有害气体的种类及分布

鹅舍中主要有害气体及分布见表4-15。

表4-15 鹅舍中主要有害气体及分布

种类	理化特性	来源和分布
氨	无色、具有刺激性臭味，比空气密度小，易溶于水，在0℃时，1升水可溶解907克氨	来源于鹅排泄物、饲料残渣和垫草等有机物的分解。舍内含量多少决定于鹅的密度、鹅舍地面的结构、舍内通风换气情况和舍内管理水平。上下含量高，中间含量低
硫化氢	无色、易挥发的恶臭气体，比空气密度大，易溶于水，1体积水可溶解4.65体积的硫化氢	来源于含硫有机物的分解。当鹅采食富含蛋白质的饲料而又消化不良时，排出大量的硫化氢，粪便厌氧分解也可产生，或由破损蛋腐败发酵产生。硫化氢产自地面，密度大，故愈接近地面浓度愈大
二氧化碳	无色、无臭、无毒、略带酸味气体，比空气密度大	来源于鹅的呼吸，由于二氧化碳密度大于空气，因此聚集在地面上
一氧化碳	无色、无味、无臭气体，比空气密度小	来源于火炉煤炭不完全的燃烧，特别是冬季夜间鹅舍封闭严密、通风不良，如不注意，可达到中毒程度，分布于畜舍上部

（2）有害气体的危害

① 引起慢性中毒　氨和硫化氢含量高，鹅体质变弱，表现为精神萎靡，抗病力下降，对某些病敏感（如对结核杆菌、大肠杆菌、肺炎球菌感染过程显著加快），采食量、生产性能下降（慢性中毒）。二氧化碳和一氧化碳含量高，易造成缺氧，鹅生长缓慢，抵抗力减弱，容易发生腹水症。高浓度氨可以通过肺泡进入血液，具有置换氧基破坏血液的运氧功能，可直接刺激体组织引起碱性化学性灼伤，使组织溶解坏死；还可引起中枢神经麻痹、中毒性肝病、心肌损伤等。高浓度的硫化氢可直接抑制呼吸中枢，引起窒息和死亡。

② 破坏局部黏膜系统　呼吸道黏膜是保护鹅体的第一道屏障，可以起到保护作用。另外黏膜还形成了局部免疫系统，产生局部抗体。如果黏膜破坏，屏障功能降低或消失，抗体不能有效地生成，鹅体抗病力降低，病原就容易侵袭，鹅体容易发生疾病。有害气体，如氨、硫化氢等刺激鹅体呼吸道黏膜，黏膜遭到破坏，如图4-13所示。

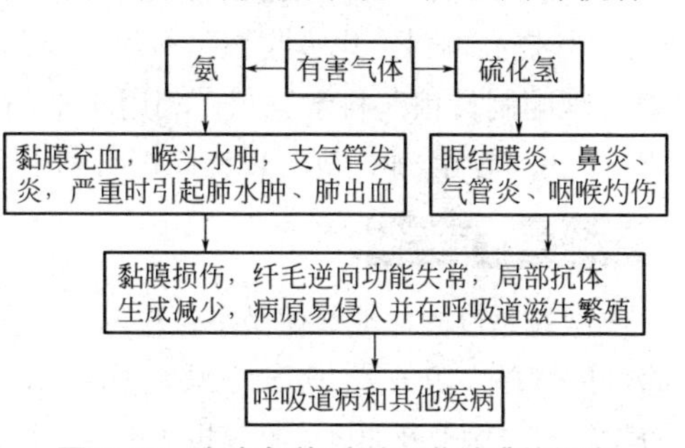

图4-13　有害气体对呼吸道黏膜的损害

（3）消除措施

① 加强场址选择和合理布局，避免工业废气污染　合理设计鹅场和鹅舍的排水系统及粪尿、污水处理设施。

② 加强防潮管理，保持舍内干燥　有害气体易溶于水，湿度大时易被吸附，舍内温度升高时又挥发出来。

③ 加强鹅舍管理　地面平养时在鹅舍地面铺上垫料，并保持垫料清洁卫生；保证适量的通风，特别是注意冬季的通风换气，处理好保温和空气新鲜的关系；做好卫生工作，及时清理污物和杂物，排出舍内的污水，加强环境的消毒等。

④ 加强环境绿化　绿化不仅美化环境，而且可以净化环境。绿色植物进行光合作用可以吸收二氧化碳，生产出氧气。如每公顷阔叶林

在生长季节每天可吸收1000千克二氧化碳，产出730千克氧气；某些绿色植物可大量的吸附氨，如玉米、大豆、棉花、向日葵以及一些花草都可从大气中吸收氨而生长；绿色林带可以过滤、阻隔有害气体。有害气体通过绿色林带时至少有25%被阻留，煤烟中的二氧化硫被阻留60%。

⑤ 采用化学物质消除　鹅的饲料中添加丝兰属植物提取物、沸石，或在鹅舍内撒布过磷酸钙、活性炭、煤渣、生石灰等具有吸附作用的物质，均可不同程度地消除空气中的臭味。另外，利用过氧化氢、高锰酸钾、硫酸亚铁、硫酸铜、乙酸等化学物质也可降低鹅舍空气臭味。用4%硫酸铜和适量熟石灰混在垫料之中，或者用2%的苯甲酸、2%乙酸喷洒垫料，均可起到除臭作用。

⑥ 提高饲料消化吸收率　科学选择饲料原料；按可利用氨基酸需要合理配制日粮；科学饲喂；利用酶制剂、酸制剂、微生态制剂、低聚糖、中草药添加剂等可以提高饲料利用率，减少有害气体的排出量。

6. 微粒的控制

微粒是以固体或液体微小颗粒形式存在于空气中的分散胶体中。鹅舍中的微粒来源于鹅的活动、咳嗽、鸣叫，饲养管理过程，如清扫地面、分发饲料、饲喂及通风除臭等机械设备运行。鹅舍内有机微粒较多。

（1）微粒对鹅健康影响

① 影响散热和引起炎症　微粒落在皮肤上，可与皮脂腺、皮屑、微生物混合在一起，引起皮肤发痒、发炎，堵塞皮脂腺和汗腺，皮脂分泌受阻，皮肤干，易干裂感染；影响蒸发散热；落在眼结膜上引起尘埃性结膜炎。

② 损坏黏膜和感染疾病　微粒可以吸附空气中的水汽、氨、硫化氢、细菌和病毒等有毒有害物质，造成黏膜损伤，引起血液中毒及传播各种疾病。

（2）消除措施

一是改善鹅舍和牧场周围地面状况，实行全面绿化，种树、种草和种农作物等。植物表面粗糙不平，多绒毛，有些植物还能分泌

油脂或黏液，能阻留和吸附空气中的大量微粒。含微粒的大气流通过林带，风速降低，大径微粒下沉、小径的被吸附。夏季可吸附35.2%～66.5%微粒。二是鹅舍远离饲料加工场，分发饲料和饲喂动作要轻。三是保持鹅舍地面干净，禁止干扫，更换和翻动垫草也动作要轻。四是保持适宜的湿度，适宜的湿度有利于尘埃沉降。五是保持通风换气，必要时安装过滤设备。

7. 噪声的控制

物体呈不规则、无周期性振动所发出的声音叫噪声。鹅舍内的噪声来源主要有外界传入，场内机械产生和鹅自身产生。鹅对噪声比较敏感，容易受到噪声的危害。

（1）噪声对鹅健康影响

噪声特别是比较强的噪声作用于鹅，引起严重的应激反应，不仅能影响生产，而且使正常的生理功能失调，免疫力和抵抗力下降，危害健康，甚至导致死亡。

（2）改善措施

① 选择场地　鹅场选在安静的地方，远离噪声大的地方，如交通干道、工矿企业和村庄等。

② 选择设备　选择噪声小的设备。

③ 饲养管理　饲养管理过程中动作要轻柔，避免人为产生噪声。

④ 搞好绿化　场区周围种植林带，可以有效地隔声。

三、严格消毒

消毒是指用化学或物理的方法杀灭或清除传播媒介上的病原微生物，使之达到无传播感染水平，即不再有传播感染的危险。鹅场消毒就是采用一定方法将养殖环境、养殖器具、动物体表、进入的人员或物品、动物产品等存在的微生物全部或部分杀灭或清除掉。消毒是保证鹅群健康和正常生产的重要技术措施。

（一）消毒的方法

1. 机械性清除

（1）清扫、铲刮、冲洗等

用清扫、铲刮、冲洗等机械方法清除降尘、污物及沾染的墙壁、地面以及设备上的粪尿、残余的饲料、废物、垃圾等，这样可除掉70%的病原，并为药物消毒创造条件。对清扫不彻底的鹅舍进行化学消毒时，即使使用高于规定的消毒剂量，效果也不显著，因为消毒剂即使接触少量的有机物也会迅速丧失杀菌力。必要时将舍内外的表层土也一起清除，以减少感染疫病的机会。

（2）适当通风

特别是在冬、春季，适当通风可在短时间内迅速降低舍内病原微生物的数量，加快舍内水分蒸发，保持干燥，可使除芽孢、虫卵以外的病原失活，起到消毒作用。

2. 物理消毒法

（1）紫外线

利用太阳中的紫外线或安装波长为280～240纳米紫外线灭菌设备等可以杀灭病原微生物。一般病毒和非芽孢的菌体，在直射阳光下，只需要几分钟到1小时就能被杀死。即使是抵抗力很强的芽孢，在连续几天的强烈阳光下反复暴晒也可变弱或杀死。利用阳光消毒运动场及移出舍外的、已清洗的设备与用具等，既经济又简便。

（2）高温

高温消毒主要有火焰、煮沸与蒸汽等形式。如利用酒精喷灯的火焰杀灭病原微生物，但不能对塑料、木制品和其他易燃物品进行消毒，消毒时应注意防火。另外对有些耐高温的芽孢（破伤风梭状芽孢、炭疽杆芽孢菌），使用火焰喷射靠短暂高温来消毒，效果难以保证。煮沸与蒸汽消毒效果比较理想，主要消毒衣物和器械。

3. 化学药物消毒

利用化学药物杀灭病原微生物以达到预防感染和传染病的传播和

流行的方法。使用的化学药品称化学消毒剂，化学药物消毒是生产中最常用的消毒方法，消毒剂的使用方法有以下几种。

（1）浸泡法

主要用于器械、用具、衣物等消毒。一般洗涤干净后再进行浸泡，药液要浸过物体，浸泡时间应长些，水温应高些。鹅舍入口处的消毒槽内，可用浸泡药物的草垫或草袋对人员的靴鞋消毒。

（2）喷洒法

喷洒地面、墙壁、舍内固定设备等，可用细眼喷壶；对舍内空间消毒，则用喷雾器。喷洒要全面，药液要喷到物体的各个部位。喷洒地面，药液量 2 升 / 米 ^{2} 面积；喷墙壁、顶棚，药液量 1 升 / 米 ^{2} 面积。

（3）熏蒸法

适用于可以密闭的鹅舍。这种方法简便、省事，对房屋结构无损，消毒全面，鹅场常用。常用的药物有福尔马林（40% 的甲醛水溶液）、过氧乙酸水溶液。为加速蒸发，常利用高锰酸钾的氧化作用。实际操作中要注意两点：一是鹅舍及设备必须清洗干净，因为气体不能渗透到鹅粪和污物中去，所以不能发挥应有的效力；二是鹅舍要密封，不能漏气，应将进出气口、门窗和排气扇等的缝隙糊严。

（4）气雾法

气雾粒子是悬浮在空气中的气体与液体的微粒，直径小于 200 纳米，分子量极小，能悬浮在空气中较长时间，可到处漂移穿透到鹅舍内的周围及空隙。气雾是消毒液倒进气雾发生器后喷射出的雾状微粒，是消灭气源性病原微生物的理想办法。全面消毒鹅舍的空间，每立方米用 5% 的过氧乙酸溶液 0.5 毫升喷雾。

4. 生物消毒法

指利用生物技术将病原微生物杀灭或清除的方法。如粪便进行堆积，需氧或厌氧发酵产生一定的高温可以杀死其中的病原微生物。

（二）化学药物消毒的药物

常用的化学消毒剂见表 4-16。

表 4-16　常用的化学消毒剂

名称	概述	名称	性状和性质	使用方法
含氯消毒剂	含氯消毒剂是指在水中能产生具有杀菌作用的活性次氯酸的一类消毒剂，包括有机含氯消毒剂和无机含氯消毒剂，作用机制是：①氧化作用；②氯化作用；③新生态氧的杀菌作用。目前生产中的使用较为广泛	漂白粉（含氯石灰，含有效氯25%～30%）	白色颗粒状粉末，有氯臭味，久置空气中失效，大部溶于水和醇	5%～20%的悬浮液环境消毒；饮水消毒每50升水加1克；1%～5%的澄清液消毒食槽、玻璃器皿、非金属用具等，宜现用现配
		漂白粉精	白色结晶，有氯臭味，含氯稳定	0.5%～1.5%用于地面、墙壁消毒，0.3～0.4克/千克用于饮水消毒
		氯胺-T（含有效氯24%～26%）	为含氯的有机化合物，白色微黄晶体，有氯臭味。对细菌的繁殖体及芽孢、病毒、真菌、孢子有杀灭作用。杀菌作用慢，但性质稳定	0.2%～0.5%水溶液喷雾用于室内空气及表面消毒；1%～2%浸泡物品、器材消毒；3%的溶液用于排泄物和分泌物的消毒；黏膜消毒为0.1%～0.5%；饮水消毒，1升水用2～4毫克。配制消毒液时，如果加入一定量的氯化铵，会大大提高消毒能力
		二氯异氰尿酸钠（含有效氯60%～64%，优氯净），强力消毒净、84消毒液、速效净等均含有二氯异氰尿酸钠	白色晶粉，有氯臭味。室温下保存半年仅降低有效氯0.16%。是一种安全、广谱和长效的消毒剂，不会残留毒性	一般0.5%～1%溶液可以杀灭细菌和病毒，5%～10%的溶液用作杀灭芽孢。环境器具消毒为0.015%～0.02%；饮水消毒，每1升水加4～6毫克，作用30分钟；球虫囊消毒，每10升水中加入10～20克；本品宜现用现配。 三氯异氰尿酸钠，其性质特点和作用与二氯异氰尿酸钠基本相同
		二氧化氯[益康（ClO_2）、消毒王、超氯]	白色粉末，有氯臭味，易溶于水，易湿潮，可快速地杀灭所有病原微生物，制剂有效氯含量为5%，具有高效、低毒、除臭和不残留的特点	可用于鹅舍、场地、器具、种蛋、屠宰厂、饮水和带鹅消毒。含有效氯5%，环境消毒时，每升水加药5～10毫升，泼洒或喷雾消毒；饮水消毒，100升水加药5～10毫升；用具、食槽消毒，每1升水加药5毫克，浸泡5～10分钟。宜现配现用

续表

名称	概述	名称	性状和性质	使用方法
碘类消毒剂	是碘与表面活性剂（载体）及增溶剂等形成的稳定络合物。作用机制是碘的正离子与酶系统中蛋白质所含的氨基酸发生亲电取代反应，使蛋白质失活；碘的正离子具有氧化性，能对膜联酶中的硫氢基进行氧化，破坏酶活性	碘酊（碘酒）	为碘的醇溶液，红棕色澄清液体，微溶于水，易溶于乙醚、氯仿等有机溶剂，杀菌力强	2%～2.5%用于皮肤消毒
		碘伏（络合碘）	红棕色液体，随着有效碘含量的下降逐渐向黄色转变。碘与表面活性剂及增溶剂形成的不定型络合物，其实质是一种含碘的表面活性剂，主要剂型为聚乙烯吡咯烷酮碘和聚乙烯醇碘等，性质稳定，对皮肤无害	0.5%～1%用于皮肤消毒；每升水加10毫升用于饮水消毒
		威力碘	红棕色液体，本品含碘0.5%	1%～2%用于鹅舍、鹅体表及环境消毒，5%用于手术器械、手术部位消毒
醛类消毒剂	能产生自由醛基，在适当条件下与微生物的蛋白质及其他某些成分发生反应。作用机制是可与菌体蛋白质中的氨基结合使其变性，或使蛋白质分子烷基化。可以与细胞壁脂蛋白发生交联，和细胞磷壁酸中的酯联残基形成侧链，封闭细胞壁，阻碍微生物对营养物质的吸收和废物的排出	福尔马林，含36%～40%甲醛的水溶液	无色有刺激性气味的液体，90℃下易生成沉淀。对细菌繁殖体及芽孢、病毒和真菌均有杀灭作用，广泛用于防腐消毒	1%～2%用于环境消毒，与高锰酸钾配伍熏蒸消毒鹅舍等，可使用不同级别的浓度
		戊二醛	无色油状液体，味苦，有微弱甲醛气味，挥发度较低，可与水、乙醇作任何比例的稀释，溶液呈弱酸性，其碱性溶液有强大的灭菌作用	2%水溶液，用0.3%碳酸氢钠调整pH值在7.5～8.5范围可消毒，不能用于热灭菌的精密仪器、器材的消毒
		多聚甲醛（聚甲醛含甲醛91%～99%）	为甲醛的聚合物，有甲醛臭味，为白色疏松粉末，常温下不可分解出甲醛气体，加热时分解加快，释放出甲醛气体与少量水蒸气。难溶于水，但能溶于热水，加热至150℃时，可全部蒸发为气体	多聚甲醛的气体与水溶液，均能杀灭各种类型病原微生物。1%～5%溶液作用10～30分钟，可杀灭除细菌芽孢以外的各种细菌和病毒；杀灭芽孢时，需8%浓度作用6小时。用于熏蒸消毒时，用量为每立方米3～10克，消毒时间为6小时

续表

名称	概述	名称	性状和性质	使用方法
氧化剂类	是一些含不稳定结合态氧的化合物。作用机制是：遇到有机物和某些酶可释放出初生态氧，破坏菌体蛋白或细菌的酶系统。分解后产生的各种自由基，如巯基、活性氧衍生物等破坏微生物的通透性屏障、蛋白质、氨基酸、酶等，最终导致微生物死亡	过氧乙酸	无色透明酸性液体，易挥发，具有浓烈刺激性，不稳定，对皮肤、黏膜有腐蚀性。对多种细菌和病毒杀灭效果好	通常用法为400～2000毫克/升，浸泡2～120分钟；0.1%～0.5%擦拭物品表面；0.5%～5%环境消毒；0.2%器械消毒
		过氧化氢（双氧水）	无色透明，无异味，微酸苦，易溶于水，在水中分解成水和氧。可快速灭活多种微生物	1%～2%创面消毒；0.3%～1%黏膜消毒
		过氧戊二酸	有固体和液体两种。固体难溶于水，为白色粉末，有轻度刺激性作用，易溶于乙醇、氯仿、乙酸	2%器械浸泡消毒和物体表面擦拭，0.5%皮肤消毒，雾化气溶胶用于空气消毒
		臭氧（O_3）	是氧气（O_2）的同素异形体，常温下为淡蓝色气体，有鱼腥臭味，极不稳定，易溶于水。臭氧对细菌繁殖体、病毒、真菌和芽孢有较好的杀灭作用，对原虫和虫卵也有很好的杀灭作用	30毫克/米^3，15分钟室内空气消毒；0.5毫克/升作用10分钟，用于水消毒；15～20毫克/升，用于传染源污水消毒
		高锰酸钾	紫黑色斜方形结晶或结晶性粉末，无臭，易溶于水，容易以其浓度不同而呈暗紫色至粉红色。低浓度可杀死多种细菌的繁殖体，高浓度（2%～5%）在24小时内可杀灭细菌芽孢，在酸性溶液中可以明显提高杀菌作用	0.1%溶液可用于鹅的饮水消毒，杀灭肠道病原微生物；0.1%用于创面和黏膜消毒；0.01%～0.02%用于消化道清洗；0.1%～0.2%用于体表消毒

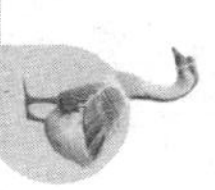

续表

名称	概述	名称	性状和性质	使用方法
酚类消毒剂	酚类消毒剂是消毒剂中种类较多的一类化合物。作用机制是：① 高浓度下可裂解并穿透细胞壁，与菌体蛋白质结合，使微生物原浆蛋白质变性；② 低浓度下或较高分子的酚类衍生物，可使氧化酶、去氢酶、催化酶等细胞的主要酶系统失去活性	苯酚（石炭酸）	白色针状结晶，弱碱性，易溶于水，有芳香味	杀菌力强，3% ～ 5% 用于环境与器械消毒，2% 用于皮肤消毒
		煤酚皂（来苏儿）	由煤酚和植物油、氢氧化钠按一定比例配制而成，无色，见光和空气变为深褐色，与水混合成为乳状液体，毒性较低	3% ～ 5% 用于环境消毒；5% ～ 10% 用于器械消毒、处理污物；2% 的溶液用于术前、术后和皮肤消毒
		复合酚（农福、消毒净、消毒灵）	由冰醋酸、混合酚、十二烷基苯磺酸、煤焦油按一定比例混合而成，为棕色黏稠状液体，有煤焦油臭味，对多种细菌和病毒有杀灭作用	用水稀释 100 ～ 300 倍后，用于环境、禽舍、器具的喷雾消毒，稀释用水温度不低于 8℃；1 ∶ 200 杀灭烈性传染病，如口蹄疫；1 ∶（300 ～ 400）药浴或擦拭皮肤，药浴 25 分钟，可以防治皮肤寄生虫病，效果良好
		氯甲酚溶液（菌球杀）	为甲酚的氯代衍生物，一般为 5% 的溶液，杀菌作用强，毒性较小	主要用于鹅舍、用具、污染物的消毒。用水稀释 33 ～ 100 倍后用于环境、鹅舍的喷雾消毒
表面活性剂	又称清洁剂或除污剂（双链季胺酸盐类消毒剂）。作用机制是：①可以吸附到菌体表面，改变细胞膜渗透性，溶解、损伤细胞使菌体破裂，细胞内容物外流；②表面活性剂在菌体表面浓集，阻碍细菌代谢，使细胞结构紊乱；	新洁尔灭（苯扎溴铵）。市售的一般为浓度 5% 的苯扎溴铵水溶液	无色或淡黄色液体，振摇产生大量泡沫。对革兰氏阴性菌的杀灭效果比对革兰氏阳性菌强，能杀灭有囊膜的亲脂病毒，不能杀灭亲水病毒、芽孢菌、结核菌，易产生耐药性	皮肤、器械消毒用 0.1% 的溶液（以苯扎溴铵计），黏膜、创口消毒用 0.02% 以下的溶液，0.5% ～ 1% 溶液用于手术局部消毒
		度米芬（杜米芬）	白色或微白色片状结晶，能溶于水和乙醇。主要用于细菌病原，消毒能力强，毒性小，可用于环境、皮肤、黏膜、器械和创口的消毒	皮肤、器械消毒用 0.05% ～ 0.1% 的溶液，带鹅消毒用 0.05% 的溶液喷雾

续表

名称	概述	名称	性状和性质	使用方法
表面活性剂	③渗透到菌体内使蛋白质发生变性和沉淀；④破坏细菌酶系统	棥甲溴铵溶液（百毒杀）。市售浓度一般为10%棥甲溴铵溶液	白色、无臭、无刺激性、无腐蚀性的溶液剂。本品性质稳定，不受环境酸碱度、水质硬度、粪便血污等有机物及光、热影响，可长期保存，且适用范围广	饮水消毒，日常1：（2000～4000），可长期使用，疫病期间1：（1000～2000），连用7天；鹅舍及带鹅消毒，日常1：600，疫病期间1：（200～400）；可采用喷雾、洗刷、浸泡方式消毒
		双氯苯胍己烷	白色结晶粉末，微溶于水和乙醇	0.5%环境消毒，0.3%器械消毒，0.02%皮肤消毒
		环氧乙烷（烷基化合物）	常温无色气体，沸点10.3℃，易燃、易爆、有毒	50毫克/升密闭容器内，用于器械、敷料等熏蒸消毒
		氯己定（洗必泰）	白色结晶，微溶于水，易溶于醇，禁止与升汞配伍	0.022%～0.05%水溶液，术前洗手浸泡5分钟；0.01%～0.025%用于腹腔、膀胱等冲洗
醇类消毒剂	醇类物质，作用机制是使蛋白质变性沉淀；快速渗透过细胞壁进入菌体内，溶解、破坏细菌细胞；抑制细菌酶系统，阻碍细菌正常代谢；可快速杀灭多种微生物	乙醇（酒精。主要通过使细菌菌体蛋白质凝固并脱水而发挥杀菌作用）	无色透明液体，易挥发，易燃，可与水和挥发油任意混合。无水乙醇含乙醇量为95%以上。以70%～75%乙醇杀菌能力最强。对组织有刺激作用，浓度越大刺激性越强	70%～75%用于皮肤、手背、注射部位和器械及手术、实验台面消毒，作用时间3分钟。注意：不能作为灭菌剂使用，不能用于黏膜消毒。浸泡消毒时，消毒物品不能带有过多水分，物品要清洁
		异丙醇	无色透明液体，易挥发，易燃，具有乙醇和丙酮混合气味，与水和大多数有机溶剂可混溶。作用浓度为50%～70%，过浓过稀，杀菌作用都会减弱	50%～70%的水溶液涂擦与浸泡，作用时间5～60分钟。只能用于物体表面和环境消毒。杀菌效果优于乙醇，但毒性也高于乙醇。有轻度的蓄积和致癌作用

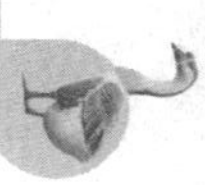

续表

名称	概述	名称	性状和性质	使用方法
强碱类	碱类物质，作用机制是氢氧根离子可以水解蛋白质和核酸，使微生物的结构和酶系统受到损害，同时可分解菌体中的糖类而杀灭细菌和病毒。尤其是对病毒和革兰氏阴性菌的杀灭作用最强，但其腐蚀性也强	氢氧化钠（火碱）	白色干燥的颗粒，棒状、块状、片状结晶，易溶于水和乙醇，易吸收空气中的 CO_2 形成碳酸钠或碳酸氢钠盐。对细菌繁殖体、芽孢体和病毒有很强的杀灭作用，对寄生虫卵也有杀灭作用，浓度增大，作用增强	2% ～ 4% 溶液可杀死病毒和繁殖型细菌，30% 溶液 10 分钟可杀死芽孢，4% 溶液 45 分钟杀死芽孢，如加入 10% 食盐能增强其杀芽孢能力。2% ～ 4% 的热溶液用于喷洒或洗刷消毒，如鹅舍、仓库、墙壁、工作间、入口处、运输车辆、饮饲用具等；5% 浓度用于炭疽消毒
		生石灰（氧化钙）	白色或灰白色块状或粉末，无臭，易吸水，加水后生成氢氧化钙	加水配制成 10% ～ 20% 石灰乳，涂刷鹅舍墙壁、鹅栏等消毒
		草木灰	新鲜草木灰主要含氢氧化钾。取筛过的草木灰 10 ～ 15 千克，加水 35 ～ 40 千克，搅拌均匀，持续煮沸 1 小时，补足蒸发的水分即成 20% ～ 30% 草木灰	20% ～ 30% 草木灰可用于鹅舍、运动场、墙壁及食槽的消毒。应注意水温在 50 ～ 70℃

（三）鹅场的消毒程序

1. 进入人员及物品消毒

养鹅场周围要有防疫墙或防疫沟，只设置一个大门入口控制人员和车辆物品进入。设置人员消毒室，人员消毒室设置淋浴装置、熏蒸衣柜和场区工作服，进入人员必须淋浴，换上清洁消毒好的工作衣帽和靴后方可进入，工作服不准穿出生产区，定期更换、清洗消毒。工作人员工作前要洗手消毒；进入场区的所有物品、用具都要消毒。舍内的用具要固定，不得互相串用。非生产性用品，一律不能带入生产区。

2. 进入车辆消毒

大门入口处必须设置车辆消毒池。车辆消毒池的长度为进出车辆车轮 2 个周长以上，消毒液可用消毒时间长的复合酚类和 3% ～ 5% 氢氧化钠溶液，最好设置喷雾消毒装置，车辆进出鹅场大门时，必须对车身消毒。可用 1 ∶ 1000 的氯制剂消毒液喷雾；要尽量使用场内车辆和工业用车，对于其他农场、牧场、兽药厂等有关单位的车辆尽量不用。接鹅和转群所用的笼具和车辆等均需喷洒消毒。

3. 场区环境消毒

进鹅前对鹅舍周围 5 米以内的地面用 0.2% ～ 0.3% 过氧乙酸，或使用 5% 的火碱溶液、5% 的甲醛溶液进行喷洒；鹅舍周围 1.5 ～ 2 米撒布生石灰消毒；鹅场场内的道路和鹅舍周围的环境定期消毒，尤其是生产区的主要道路，每天或隔日喷洒药液消毒。

4. 鹅舍消毒

（1）空舍消毒

鹅淘汰或转群后，要彻底进行清洁、消毒鹅舍，清洁消毒步骤如下。

① 清理清扫　移出能够移出的设备和用具，清理舍内杂物。然后

将鹅舍各个部位、任何角落所有灰尘、垃圾及粪便清理、清扫干净。为了减少尘埃飞扬，清扫前喷洒消毒药。

② 冲洗　用高压水枪冲洗鹅舍的墙壁、地面和屋顶和不能移出的设备用具，不留一点污垢。

③ 消毒药喷洒　鹅舍冲洗干净后，用 5% ～ 8% 的火碱溶液喷洒地面、墙壁、屋顶、笼具、饲槽等 2 ～ 3 次，用清水洗刷饲槽和饮水器，不宜用水冲洗和火碱消毒的设备可以用其他消毒液涂擦。

④ 熏蒸消毒　能够密闭的鹅舍，特别是雏鹅舍，要进行熏蒸消毒。将清洁消毒过的设备用具移入舍内，密闭鹅舍，使用福尔马林溶液和高锰酸钾熏蒸 24 ～ 48 小时待用。熏蒸的方法步骤：

第一步，封闭育雏舍的窗和所有缝隙。根据育雏舍的空间和污浊程度分别计算好福尔马林和高锰酸钾的用量，见表 4-17。

表 4-17　同熏蒸浓度的药物使用量

药品名称	Ⅰ	Ⅱ	Ⅲ
福尔马林 /（毫升 / 米 ^{3} 空间）	14	28	42
高锰酸钾 /（克 / 米 ^{3} 空间）	7	14	21

第二步，把高锰酸钾放入陶瓷或瓦制的容器内（鹅舍面积大时可以多放几个容器），将福尔马林溶液缓缓倒入，迅速撤离，封闭好门。

第三步，熏蒸效果最佳的环境温度是 24℃以上，相对湿度 75% ～ 80%，熏蒸时间 24 ～ 48 小时。熏蒸后打开门窗通风换气 1 ～ 2 天，使其中的甲醛气体逸出。不立即使用的鹅舍可以不打开门窗，待用前再打开门窗通风。

第四步，熏蒸时要注意，熏蒸时的两种药物反应剧烈，因此盛装药品的容器尽量大一些；熏蒸后可以检查药物反应情况。若残渣是一些微湿的褐色粉末，则表明反应良好。若残渣呈紫色，则表明福尔马林量不足或药效降低。若残渣太湿，则表明高锰酸钾量不足或药效降低。

（2）带鹅消毒

有鹅饲养的鹅舍可用过氧乙酸进行带鹅消毒，每立方米空间用 30

毫升过氧乙酸配成0.3%的溶液喷洒，选用大雾滴的喷头，喷洒鹅舍各部位、设备以及鹅群。一般每周消毒1～2次，发生疫病期间每天带鹅消毒1次。或选用其他高效、低毒、广谱、无刺激性的消毒药，如700毫克/千克爱迪伏液经1∶160稀释后带鹅消毒，效果良好；用50%的百毒杀原液经1∶3000稀释后可带鹅消毒。冬季气温低，不要把鹅体喷得太湿，雏鹅可以使用温水稀释消毒液；夏季带鹅消毒有利于降温和减少热应激死亡。

5. 饲喂、饮水等用具的消毒

饲喂、饮水等用具每周洗刷消毒一次，炎热季节应增加次数，饲喂雏鹅的开食盘、饮水器，正反两面都要清洗消毒；医疗器械必须先冲洗后再煮沸消毒；拌饲料的用具及工作服每天用紫外线照射一次，照射时间20～30分钟。

6. 饲料和饮水消毒

饲料和饮水中含有病原微生物，可以引起鹅群感染疾病。通过在饲料和饮水中添加消毒剂，抑制和杀死病原，减少鹅群发生疫病的机会。二氧化氯（ClO_2）是一种广谱、高效、低毒和安全的消毒剂，目前广泛用于饮水处理、医疗卫生、食品保鲜、养殖和种植等各个行业。用二氧化氯拌料并配合饮水和环境消毒，有利于疫病的控制。

7. 池塘水体消毒

水体消毒常用的消毒剂有生石灰、含氯消毒剂等。生石灰消毒时，每亩水面（按1米水深计）的用量在20～30千克，将生石灰配成10%～20%的石灰乳后立即进行泼洒；漂白粉消毒时，每亩（按1米水深计）水面使用1.0～1.5千克；或二氯异氰尿酸钠，每亩水面（按1米水深计）使用0.2～0.5千克，配成溶液喷洒，现配现用。

8. 粪便和污水消毒

粪便及时清理，堆放在指定地点，远离鹅舍，并进行消毒处理，如采用堆积发酵或喷洒消毒药等方法，杀死病原微生物。

（四）提高消毒效果的措施

1. 正确选择消毒剂

市场上的消毒剂种类繁多，每一种消毒剂都有其优点及缺点。所以，要正确选择化学消毒剂。选择时，一要注意了解消毒剂的适用性。不同种类病原微生物的构造不同，对消毒剂的反应不同，有些消毒剂是广谱的，对绝大多数微生物具有几乎相同的效力，也有一些消毒剂为专用，只对有限的几种微生物有效。因此，在购买消毒剂时，一要了解消毒剂的药性，了解所消毒的物品及杀灭的病原种类；二要消毒力强，性能稳定；三要毒性小，刺激性小，对人畜危害小，不残留在鹅产品中，腐蚀性小；四要廉价易得，使用方便。

2. 制定消毒计划

鹅场应制定消毒计划，按照消毒计划严格实施。消毒计划包括计划（消毒方法、消毒时间及次数、消毒场所和对象、消毒药物选择、配置和更换等）、执行（消毒对象的清洁卫生和清洁剂或消毒剂的使用）和控制（对消毒效果肉眼和微生物学的检测，以确定病原体的减少和杀灭情况）。

3. 消毒表面清洁

在鹅场进行消毒时，不可避免地总会有些有机物存在（如鹅舍内有粪便、羽毛、饲料、蜘蛛网、污泥、脓液、油脂等），有机排泄物或分泌物存在时，所有消毒剂的作用都会降低甚至变成无效，其中以季胺、碘剂、甲醛所受影响较大，而石炭酸类与戊乙醛所受的影响较小。有机物以粪尿、血、脓、伤口坏死组织、黏液和其他分泌物等最为常见。有机物影响消毒剂效果的原因：一是有机物能在菌体外形成一层保护膜，而使消毒剂无法直接作用于菌体。二是消毒剂可能与有机物形成一不溶性化合物，而使消毒剂无法发挥其消毒作用。三是消毒剂可能与有机物进行化学反应，而其反应产物并不具有杀菌作用。四是有机悬浮液中的胶质颗粒状物可能吸附消毒剂粒子，而将大部分抗菌成分从消毒液中移除。五是脂肪可能会将消毒剂去活化。六是有机物可能引起消毒剂的 pH 的变动，而使消毒剂不活化或效力低下。

所以，鹅场消毒时，清除表面的污物（尤其是有机物），是提高消毒效果的最重要的一步，否则不论是何种消毒剂都会降低其消毒效力。进行各种表面的清洗时，除了刷、刮、擦、扫外，还应用高压水枪冲洗，效果会更好，有利于有机物溶解与脱落，必要时借助清洁剂与消毒剂的合剂来完成。

4. 药物浓度应正确

这是决定消毒剂效力的首要因素，对黏度大的消毒剂在稀释时需搅拌成均匀的消毒液才行。药物浓度的表示方法有：

（1）使用量以稀释倍数表示

这是制造厂商依据其药剂浓度计算所得的稀释倍数，表示 1 份的药剂以若干份的水来稀释而成，如稀释倍数为 1000 倍时，即在每升水中添加 1 毫升药剂以配成消毒溶液。

（2）使用量以质量分数（%）表示

消毒剂浓度以质量分数（%）表示时，表示每 100 克溶液中溶解若干克或毫升的有效成分药品（质量分数），但实际应用时有几种不同表示方法。例如某消毒剂含 10% 某有效成分，可能该溶液 100 克中有 10 克消毒剂，也可能溶液 100 克中有 10 毫升消毒剂或可能溶液 100 毫升中有 10 毫升消毒剂。如果把含 10% 某有效成分的消毒剂配制成 2% 溶液时，则每升消毒溶液需 200 毫升消毒剂与 800 毫升水混合而成。其算法如：

$$X\times 10\%/1000\text{（毫升）}=2/100$$

则：X=200 毫升

5. 药物的量充足

单位面积的药物使用量与消毒效果有很大的关系，因为消毒剂要发挥效力，需先使欲消毒表面充分润湿，所以如果增加消毒剂浓度 2 倍，而将药液量减成 1/2 时，可能因物品无法充分润湿而不能达到消毒效果。通常鹅舍的水泥地面，每消毒 3.3 米^2 至少要 5 升的消毒液。

6. 接触时间充足

消毒时，至少应有30分钟的浸渍时间以确保消毒效果。有的人在消毒手时，用消毒液洗手后立即用清水洗手，是起不到消毒效果的。在浸渍消毒笼具、喂料饮水等器具时，不必浸渍30分钟，因在取出后至干燥前消毒作用仍在进行，所以浸渍约20秒即可。细菌与消毒剂接触时，不会立即被消灭。细菌的死亡，与接触时间、温度有关。消毒剂所需杀菌的时间，从数秒到几个小时不等，例如氧化剂作用快速，醛类则作用缓慢。检查在消毒作用的不同阶段的微生物存活数目，可以发现在单位时间内所杀死的细菌数目与存活细菌数目是常数关系，因此起初的杀菌速度非常快，但随着细菌数的减少杀菌速度逐步缓慢下来，到最后要完全杀死所有的菌体，必须要有显著较长的时间。此种现象在现场常会被忽略，因此必须要特别强调，消毒剂需要一段作用时间（通常指24小时）才能将微生物完全杀灭，另外需注意的是许多灵敏消毒剂在液相时才能有最大的杀菌作用。

7. 保持一定的温度

消毒作用也是一种化学反应，因此加温可增进消毒杀菌率。若加化学制剂于热水或沸水中，则其杀菌力大增。大部分的消毒剂的消毒作用在温度上升时有显著的增进，尤其是戊乙醛类（卤素类的碘剂例外）。对许多常用的温和消毒剂而言，接近冰点的温度是毫无作用的。在用甲醛气体熏蒸消毒时，如将室温提高到24℃以上，会得到较佳的消毒效果。但需注意的是消毒物表面的温度，而非空气的温度，常见的错误是在使用消毒剂前极短时间内进行室内加温，如此不足以提高水泥地面的温度。

8. 勿与其他消毒剂或杀虫剂等混合使用

把两种以上消毒剂或杀虫剂混合使用可能很方便，但却可能发生一些肉眼可见的沉淀、分离变化或肉眼见不到的变化，如pH的变化，而使消毒剂或杀虫剂失去其效力。但为了增大消毒药的杀菌范围，减少病原种类，可以选用几种消毒剂交替使用，使用一种消毒剂1～2周后再换用另一种消毒剂，能起到一个互补作用，因为不同的消毒剂虽然介绍是广谱，但都有一定的局限性，不可能杀死所有的病原微生物。

9. 注意使用上的安全

许多消毒剂具有刺激性或腐蚀性，例如强酸性的碘剂、强碱性的石炭酸剂等，因此切勿在调配药液时用手直接去搅拌，或在进行器具消毒时直接用手去搓洗，如不慎沾到皮肤时应立即用水洗干净。使用毒性或刺激性较强的消毒剂（或喷雾消毒时），应穿着防护衣服与戴防护眼镜、口罩、手套。有些消毒剂如磷制剂、甲苯酚、过氧乙酸等，具有可燃性和爆炸性，因此应提防火灾和爆炸的发生。

10. 消毒后的废水需处理

消毒后的废水不能随意排放到河川或下水道，必须进行处理。

四、科学免疫接种

免疫接种通常是使用疫苗和菌苗等生物制剂作为抗原接种于鹅体内，激发抗体产生特异性免疫力。目前该法仍是预防传染病的有效手段。

（一）疫苗的种类及特点

疫苗是将病毒（或细菌）减弱或灭活，失去原有致病性而仍具有良好的抗原性用于预防传染病的一类生物制剂，接种动物后能产生主动免疫，产生特异性免疫力，包括细菌性疫苗和病毒性疫苗。

疫苗也可分为活毒疫苗和死疫苗两大类。活毒疫苗多是弱毒苗，是由活的病毒或细菌致弱后形成的。当其接种后进入鹅体内可以繁殖或感染细胞，既能增加相应抗原量，又可延长和加强抗原刺激作用，具有产生免疫快、免疫效力好、免疫接种方法多、用量小且使用方便等优点，还可用于紧急预防。死疫苗（灭活苗）是用强毒株病原微生物灭活后制成的，安全性好，不散毒，不受母源抗体影响，易保存，产生的免疫力时间长，适用于多毒株或多菌株制成多价苗。但需免疫注射，成本高。常用的疫苗见表 4-18。

表 4-18　常用的疫苗

名称	性状	适应证	制剂与规格	用法与用量	药物相互作用（不良反应）及注意事项
重组禽流感病毒灭活疫苗（H5N1 亚型，RE-5 株或 RE-1 株）	乳白色乳状液	预防 H5 亚型禽流感病毒引起鹅的禽流感。接种 14 日后产生免疫力，鹅需加强接种一次，免疫期为 4 个月	乳剂；250 毫升 / 瓶、500 毫升 / 瓶	颈部皮下或胸部肌内注射。鹅每只 0.5 毫升；5 周龄以上鹅，1.5 毫升 / 只	一般无可见不良反应。禽流感感染鹅或健康状况异常的鹅切忌使用本品；严禁冻结；如出现破损、异物或破乳分层等异常现象，切勿使用；使用前应将疫苗恢复至常温并充分摇匀；接种时应及时更换针头，最好 1 只鹅 1 个针头；疫苗启封后，限当日用完；屠宰前 28 日内禁止使用；2 ～ 8℃保存，有效期为 12 个月
鹅瘟活疫苗	淡红色海绵状疏松团块，易与瓶壁脱离，加稀释液后迅速溶解	用于预防鹅的鹅瘟，注射后 3 ～ 4 天产生免疫力	冻干剂，每瓶 200 羽份、400 羽份、500 羽份	肌内注射。按瓶签注明的羽份，用生理盐水稀释，种鹅每年注射 2 次，20 ～ 22 日龄小鹅首次免疫，3 月龄加强免疫一次	一般无可见的不良反应。疫苗稀释后应放冷暗处，必须在 4 小时内用完；接种时，应做局部消毒处理；用过的疫苗瓶、器具和未用完的疫苗等应进行消毒处理；-15℃以下保存的有效期为 24 个月
小鹅瘟活疫苗（GD 株）	微黄或微红色海绵状疏松团块，易与瓶壁脱离，加稀释液后迅速溶解	供产蛋前母鹅注射预防鹅瘟。免疫后在 21 ～ 270 日内所产种蛋孵出的雏鹅具有抵抗小鹅瘟免疫力	冻干剂；50 羽份 / 瓶、100 羽份 / 瓶	肌内注射。在母鹅产蛋前 20 ～ 30 日接种，按瓶签注明羽份，用灭菌生理盐水稀释，每只 1 毫升	一般无可见的不良反应，本疫苗雏鹅禁用；疫苗稀释后应放冷暗处保存，4 小时内用完；应对用过的疫苗瓶、器具和稀释后剩余的疫苗进行消毒处理；-15℃以下保存，有效期为 12 个月

续表

名称	性状	适应证	制剂与规格	用法与用量	药物相互作用（不良反应）及注意事项
小鹅瘟活疫苗（SYG41-50株）	湿苗为无色或淡红色澄明液体，静置后，可能有少许沉淀物；冻干苗为淡黄色或淡红色海绵状疏松团块，易与瓶壁脱离，加稀释液后迅速溶解	用于预防雏鹅患小鹅瘟	冻干剂；500羽份/瓶、1000羽份/瓶	皮下注射，每只0.1毫升（1羽份）；适用于未经免疫的种鹅所产雏鹅，或免疫后期（100日后）的种鹅所产雏鹅；按瓶签注明羽份用灭菌生理盐水稀释，在雏鹅出壳后48小时内进行接种	一般无可见的不良反应。疫苗稀释后应冷藏，并于当日用完；在疫区使用本疫苗时，雏鹅接种后需隔离饲养9日，防止在未产生免疫力之前感染小鹅瘟强毒而造成保护率下降；针头和注射器等用具，用前需经高压或煮沸消毒；用过的疫苗瓶、器具和稀释后剩余的疫苗等污染物必须消毒处理；在-15℃以下避光保存，冻干苗有效期为2年
小鹅瘟鹅胚化活疫苗（SYG26-35株）	湿苗为无色或淡红色澄明液体，静置后，可能有少许沉淀物；冻干苗为淡黄色或淡红色海绵状疏松团块，易与瓶壁脱离，加稀释液后迅速溶解	用于接种种鹅，预防其子代的小鹅瘟	冻干剂；每瓶200羽份、300羽份、500羽份	肌内注射，每只1.0毫升（1羽份）；按瓶签注明的羽份用灭菌生理盐水稀释，在产蛋前15日左右进行接种	一般无可见的不良反应。疫苗稀释后应冷藏，并于当日用完；在疫区使用时，雏鹅接种后需隔离饲养9日，防止在未产生免疫力之前感染小鹅瘟强毒而造成保护率下降；注射疫苗用的针头和注射器等用具，用前需经高压或煮沸消毒；用过的疫苗瓶、器具和稀释后剩余的疫苗等污染物必须消毒处理；在-15℃以下避光保存，冻干苗有效期为2年
鹅副黏病毒病油乳剂灭活苗	乳白色均匀乳剂	用于预防鹅副黏病毒病	乳剂，250毫升/瓶	14～16日龄雏鹅肌内注射0.3毫升/只；青年鹅和成年鹅肌内注射0.5毫升/只	有效期6个月；放置在4～20℃温度下保存，勿冻结，保存期为1年

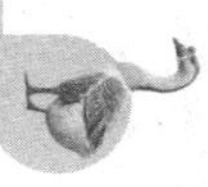

续表

名称	性状	适应证	制剂与规格	用法与用量	药物相互作用（不良反应）及注意事项
雏鹅新型病毒性肠炎－小鹅瘟二联弱毒疫苗	淡红色海绵状疏松固体，稀释后即溶解成均匀的混悬液；湿苗冻结后为淡黄色或淡红色固体	预防雏鹅新型病毒性肠炎和小鹅瘟；专供产蛋前母鹅免疫用，雏鹅一般不使用此疫苗	冻干苗	一般疫苗为每瓶5毫升，稀释成500毫升，每只肌内注射1毫升，每只母鹅每年注射2次	在母鹅产蛋前15～30天内注射该疫苗，其后210天内所产蛋孵出雏鹅的95%以上能获得抵抗小鹅瘟的能力；稀释后的疫苗放在阴暗处，限6小时内用完；雏鹅和不健康的鹅群不能注射该疫苗
禽多杀性巴氏杆菌病活疫苗（G190E40株）	乳白色海绵状疏松团块，易与瓶壁脱离	用于预防3月龄以上的鹅多杀性巴氏杆菌病	冻干剂，每瓶50羽份、100羽份、200羽份、400羽份、500羽份	肌内注射。按瓶签注明的羽份，用20%铝胶生理盐水稀释，每只接种0.5毫升（1羽份）	注射疫苗后，可能有不同程度的反应，表现为减食、精神较差，一般2～3日后恢复。产蛋鹅只注射疫苗后产蛋略有减少，几日内即可恢复。病鹅、体弱鹅和使用抗生素后未超过5天的鹅，不宜接种本疫苗；疫苗稀释后放冷暗处，应在4小时内用完；在疫区接种前，应先做小群试验，无重反应时，再扩大使用；接种时，应执行常规无菌操作；严防散毒，使用过的疫苗瓶、器具和稀释后剩余的疫苗等应消毒处理
鹅蛋子瘟灭活苗	采用免疫原性良好的鹅体内分离的大肠杆菌菌株在培养基上培养，经甲醛溶液灭活后，加适量的氢氧化铝胶制成	预防产蛋母鹅卵黄性腹膜炎，即蛋子瘟	乳剂，每瓶100毫升、200毫升、500毫升	种鹅产蛋前半个月注射本疫苗，每只胸部肌内注射1毫升	免疫有效期为4个月左右。放置在10～20℃阴冷干燥处保存，有效期为1年

（二）疫苗的使用

生产中，由于疫苗的运输、保管和使用不当引起免疫失败的情况时有发生，在使用过程中应注意如下方面。

1. 疫苗运输和保管得当

疫苗应低温保存和运输，避免高温和阳光直射，在夏季天气炎热时尤其重要；不同种类、不同血清型、不同毒株、不同有效期的疫苗应分开保存，先用有效期短的后用有效期长的；保存温度适宜，弱毒苗在冷冻状态下保存，灭活苗应在冷藏状态下保存。

2. 疫苗剂量适当

疫苗的剂量太少和不足，不足以刺激机体产生足够的免疫效应，剂量过大可能引起免疫麻痹或不良反应，所以疫苗使用剂量应严格按产品说明书进行。目前很多人为保险而将剂量加大几倍使用，是完全无必要甚至有害的（紧急免疫接种时需要4～5倍量）。大群免疫或饮水免疫接种时为预防免疫等过程中的一些浪费，可以适当增加20%～30%的用量。过期或失效的疫苗不得使用，更不得用增加剂量来弥补。

3. 疫苗稀释科学

稀释疫苗之前应对使用的疫苗逐瓶检查，尤其是名称、有效期、剂量、封口是否严密、是否破损和吸湿等；对需要特殊稀释的疫苗，应用指定的稀释液，而其他的疫苗一般可用生理盐水或蒸馏水稀释。稀释液的用量在计算和称量时均应细心和准确；稀释过程应避光、避尘和无菌操作，尤其是注射用的疫苗应严格无菌操作；稀释过程中一般应分级进行，对疫苗瓶一般应用稀释液冲洗2～3次，疫苗放入稀释器皿中要上下振摇，力求稀释均匀；稀释好的疫苗应尽快用完，尚未使用的疫苗也应放在冰箱或冰水桶中冷藏。

（三）免疫接种方法及注意事项

鹅群常用的免疫接种方法是注射法，有时也用滴眼滴鼻法，见表4-19。

表4-19 免疫接种方法及注意事项

方法	特点	注意事项
肌内或皮下注射	剂量准确、效果好，但耗费劳力较多，应激较大	①疫苗稀释液应是经消毒而无菌的，一般不要随便加入抗菌药物。②疫苗的稀释和注射量应适当，量太小时操作误差较大，量太大则操作麻烦，一般以每只0.2～1毫升为宜。③使用连续注射器注射时，应经常核对注射器刻度容量和实际容量之间的误差，以免实际注射量偏差太大。④注射器及针头用前均应消毒。⑤皮下注射的部位一般选在颈部背侧，肌内注射部位一般选在胸肌或肩关节附近的肌肉丰满处。⑥针头插入的方向和深度也应适当，在颈部皮下注射时，针头方向应向后向下，针头方向与颈部纵轴基本平行，对雏鹅的插入深度为0.5～1厘米，日龄较大的鹅可为1～2厘米；胸部肌内注射时，针头方向应与胸骨大致平行，插入深度雏鹅为0.5～1厘米，日龄较大的鹅可为1～1.5厘米。⑦在将疫苗液推入后，针头应慢慢拔出，以免疫苗液漏出。⑧在注射过程中，应边注射边摇动疫苗瓶，力求疫苗的均匀。⑨在接种过程中，应先注射健康群，再接种假定健康群，最后接种有病的鹅群。⑩关于是否一只鹅一个针头及注射部位是否消毒的问题，可根据实际情况而定。但吸取疫苗的针头和注射鹅的针头则绝对应分开，尽量注意卫生以防止经免疫注射而引起疾病的传播或引起接种部位的局部感染
滴眼滴鼻	如操作得当，效果较好，尤其是对一些预防呼吸道疾病的疫苗，但需要较多的劳动力，对鹅会造成一定的应激	①稀释液最好用蒸馏水或生理盐水，也可用凉开水，不要随便加入抗生素；②稀释液的用量应尽量准确，根据所用的滴管或针头事先滴试，确定每毫升多少滴，然后再计算实际使用疫苗稀释液的用量；③为了操作的准确无误，一只手一次只能抓一只鹅，不能一只手同时抓几只鹅；④在滴入疫苗之前，应把鹅的头颈摆成水平的位置（一侧眼鼻朝天，一侧眼鼻朝地），并用一只手指按住向地面一侧鼻孔；⑤在将疫苗液滴加到眼和鼻上以后，应稍停片刻，待疫苗液确已吸入后再将鹅轻轻放回地面；⑥应注意做好已接种和未接种鹅之间的隔离，以免走乱；⑦为减少应激，最好在晚上接种，如天气阴凉也可在白天适当关闭门窗后，在稍暗的光线下进行接种

（四）免疫程序制定

1. 免疫程序概念及考虑因素

鹅场根据本地区、本场疫病发生情况（疫病流行种类、季节、易感日龄）、疫苗性质（疫苗的种类、免疫方法、免疫期）和其他情况制定的适合本场的一个科学的免疫计划称作免疫程序。没有一个免疫程序是通用的和固定不变的，必须根据本场的实际情况，参考别人已成功的经验来制定适合本地或本场的免疫程序。

制订免疫程序时，一要考虑本地或本场的疾病疫情，对本地和本场尚未证实发生的疾病，必须证明确实已受到严重威胁时才能计划接种，对强毒型的疫苗更应非常慎重，非不得已不引进使用；二要考虑母源抗体的影响，特别是对雏鹅特别重要；三要考虑不同疫苗之间的干扰和接种时间的科学安排；四要考虑疫苗毒（菌）株的血清型、亚型或株的选择，疫苗剂型的选择，例如活苗或灭活苗、湿苗或冻干苗、细胞结合型和非细胞结合型疫苗的选择等；五要考虑疫苗的产地、疫苗剂量和稀释量的确定、不同疫苗或同一种疫苗不同接种途径的选择、某些疫苗的联合使用、同一种疫苗根据毒力先弱后强的安排及同一种疫苗先活苗后灭活油乳剂疫苗的安排；六要考虑根据免疫监测结果及突发疾病的发生所做的必要修改和补充等。

2. 免疫参考程序

鹅的免疫参考程序见表 4-20。

表 4-20　鹅的免疫参考程序

日龄	病名	疫苗	接种方法	剂量 / 毫升
1 日龄	小鹅瘟	抗小鹅瘟病毒血清或精制抗体	肌内或皮下注射	0.5
7 日龄	小鹅瘟	抗小鹅瘟病毒血清或精制抗体（或用小鹅瘟疫苗）	肌内或皮下注射	0.5（0.1）
14 日龄	鹅副黏病毒病	鹅副黏病毒蜂胶灭活疫苗	胸肌注射	0.3 ～ 0.5

续表

日龄	病名	疫苗	接种方法	剂量 / 毫升
20 日龄	禽流感	高致病性禽流感灭活疫苗	胸肌注射	0.5
25 日龄	小鹅瘟	鹅瘟弱毒疫苗	肌内或皮下注射	0.5
30 日龄	禽霍乱、大肠杆菌病	禽霍乱与大肠杆菌病多价蜂胶灭活疫苗	胸肌注射	0.5
60 ～ 70 日龄	鹅副黏病毒病 禽流感	鹅副黏病毒蜂胶灭活疫苗 高致病性禽流感灭活疫苗	胸肌注射 胸肌注射	0.5 0.5
150 ～ 160 日龄	鹅副黏病毒病 禽流感	鹅副黏病毒蜂胶灭活疫苗 高致病性禽流感灭活疫苗	胸肌注射 胸肌注射	0.5 0.5
160 日龄	小鹅瘟	种鹅用小鹅瘟疫苗	胸肌注射	1
180 日龄	大肠杆菌病	鹅蛋子瘟（大肠杆菌病）蜂胶灭活疫苗	胸肌注射	1
190 日龄	禽霍乱、大肠杆菌病	禽霍乱与大肠杆菌病多价蜂胶灭活疫苗	胸肌注射	1 ～ 2
270 ～ 280 日龄	鹅副黏病毒病 禽流感	鹅副黏病毒蜂胶灭活疫苗 高致病性禽流感灭活疫苗	胸肌注射 胸肌注射	0.5 0.5
290 日龄	小鹅瘟	种鹅用小鹅瘟疫苗	胸肌注射	1
320 日龄	禽霍乱、大肠杆菌病	禽霍乱与大肠杆菌病多价蜂胶灭活疫苗	胸肌注射	1 ～ 2
360 日龄	大肠杆菌病	鹅蛋子瘟蜂胶灭活疫苗	胸肌注射	1

注：1．对于有鹅新型病毒性肠炎的地区，1 ～ 3 日龄可以使用抗雏鹅新型病毒性肠炎病毒 - 小鹅瘟二联高免血清或高免抗体 1 ～ 1.5 毫升皮下注射；种鹅亦可于 160 日龄用雏鹅新型病毒性肠炎病毒 - 小鹅瘟二联弱毒疫苗肌内注射，280 ～ 290 日龄加强免疫一次。

2．不同品种鹅开产日龄不同，因此，免疫时间应进行适当调整。

3．商品仔鹅 90 日龄左右出栏，一般只进行 30 日龄前的免疫。

（五）提高免疫效果的措施

生产中，鹅群接种了疫苗不一定能够产生足够的抗体来避免或阻止疾病的发生，因为影响鹅免疫效果的因素很多，必须了解影响免疫

效果的因素，有的放矢，提高免疫效果，避免和减少传染病的发生。

1. 注重疫苗的选择和使用

（1）疫苗要优质

疫苗是国家专业定点生物制品厂严格按照农业农村部颁发的生物制品规程进行生产，且符合质量标准的特殊产品，其质量直接影响免疫效果。如使用非SPF动物生产、病毒或细菌的含量不足、冻干或密封不佳、油乳剂疫苗水分层、氢氧化铝佐剂颗粒过粗、生产过程污染、生产程序出现错误及随疫苗提供的稀释剂质量差等都会影响到免疫的效果。

（2）正确储运疫苗

疫苗运输、保存时应有适宜的温度，如冻干苗要求低温运输，保存期限不同时要求的温度不同，不同种类的冻干苗对温度也有不同要求；灭活苗要低温保存，不能冻结。如果疫苗在运输或保管中因温度过高或反复冻融，油佐剂疫苗被冻结、保存温度过高或已超过有效期等都可使疫苗减效或失效。从疫苗产出到接种鹅的各个过程不能严格按规定进行，就会造成疫苗效价降低，甚至失效，影响免疫效果。

（3）科学选用疫苗

疫苗种类多，免疫同一疾病的疫苗也有多种，必须根据本地区、本场的具体情况选用疫苗，盲目选用疫苗就可能造成免疫效果不好，甚至诱发疫病。如果在未发生过某种传染病的地区（或鹅场）或无进行基础免疫的地区，幼龄鹅群使用强毒活疫苗可能引起发病。许多病原微生物有多个血清型、血清亚型或基因型，选择的疫苗毒株如与本场病原微生物存在太大差异或不属于一个血清亚型时，大多不能起到免疫作用；存在强毒株或多个血清（亚）型时仍用常规疫苗，免疫效果不佳。

2. 增强鹅体的免疫能力

鹅体是产生抗体的主体，机体对接种抗原的免疫应答在一定程度上会受到遗传控制，同时其他因素会影响到抗体的生成，要提高免疫

效果，必须考虑鹅体对疫苗的反应。

（1）减少应激

应激因素不仅影响鹅的生长发育、健康和生产性能，而且对鹅的免疫机能也会产生一定影响。免疫过程中强烈应激源的出现常常导致不能达到最佳的免疫效果，使鹅群的平均抗体水平低于正常值。如果环境过冷、过热、通风不良、湿度过大、拥挤、抓提转群、震动噪声、饲料突变、营养不良、疫病或其他外部刺激等应激源作用于鹅导致鹅神经、体液和内分泌失调，肾上腺皮质激素分泌增加、胆固醇减少和淋巴器官退化等，免疫应答差。

（2）考虑母源抗体高低

母源抗体可保护雏鹅早期免受各种传染病的侵袭，但由于种种原因，如种蛋来自日龄、品种和免疫程序不同的种鹅群，种鹅群的抗体水平低或不整齐，母源抗体的水平不同等，会干扰后天免疫，影响免疫效果。母源抗体过高时免疫疫苗抗原会被母源抗体中和，不能产生免疫力；母源抗体过低时免疫，会产生一个免疫空白期，易受野毒感染而发病。

（3）注意潜在感染

由于鹅群内已感染了病原微生物，未表现明显的临床症状，接种后激发鹅群发病，鹅群接种后需要一段时间才能产生比较可靠的免疫力，这段时间是一个潜在危险期，一旦有野毒入侵，就有可能导致疾病发生。

（4）维持鹅群健康

鹅群体质健壮、健康无病时，对疫苗应答强，产生抗体水平高。如体质弱或处于疾病痊愈期进行免疫接种，疫苗应答弱，免疫效果差。鹅机体的组织屏障系统和黏膜破坏，也影响机体免疫力。

（5）避免免疫抑制

某些因素作用于鹅体，损害鹅体的免疫器官，造成免疫系统的破坏和功能低下，影响正常免疫应答和抗体产生，形成免疫抑制。免疫抑制会影响体液免疫、细胞免疫和巨噬细胞的吞噬功能这三大免疫功能，从而造成免疫效果不佳，甚至失效。免疫抑制的主要原因有：

① 传染性因素　禽白血病、禽流感、网状内皮组织增生症、鹅副黏病毒病等疾病，由于都能不同程度地侵害鹅的免疫系统，故在一定程度上可以引起免疫抑制，如被禽白血病病毒（ALV）感染，导致淋巴器官的萎缩和淋巴细胞再生障碍，抗体应答下降，同时，B 淋巴细胞成熟过程被中止，抑制性 T 淋巴细胞发育受阻；如被网状内皮组织增生症病毒（REV）感染，鹅体的体液免疫和细胞应答常常降低。

② 营养因素　日粮中的多种营养成分是维持鹅防御系统正常发育和机能健全的基础，免疫系统的建立和运行需要一部分的营养。鹅体的免疫器官和免疫组织在抗原物质刺激下，产生抗体和致敏淋巴细胞。如果日粮营养成分不全面，采食量过少或发生疾病，使鹅营养物质的摄取量不足，特别是维生素、微量元素和氨基酸供给不足，可导致免疫功能降低，如断水断料，免疫器官重量减轻，脾脏内淋巴细胞数量减少，造成鹅体免疫力下降。蛋白质缺乏可导致鹅体组织屏障萎缩，黏液分泌减少，补体、转铁蛋白和干扰素生成降低，免疫力和抗病力降低。蛋氨酸影响血液 IgG 的含量和淋巴细胞转化率，苏氨酸是 IgG 合成的第一限制性氨基酸，缬氨酸影响鹅的体液免疫。维生素 A 缺乏可减弱抗体反应，引起淋巴器官和组织中淋巴细胞耗竭，导致胸腺和法氏囊发育受阻。维生素 E 可通过视黄酸受体，增加细胞抗原特异性反应。缺锌导致胸腺、脾脏和淋巴系统皮质过早退化，对胸腺依赖性抗体应答急剧下降。缺硒时，巨噬细胞的吞噬能力和细胞免疫功能下降，并能抑制淋巴细胞的反应能力。铜、锰、镁、碘等缺乏都会导致免疫机能下降，影响抗体产生。另外，一些维生素和元素的过量也会影响免疫效果，甚至发生免疫抑制。

③ 药物因素　如饲料中长期添加氨基苷类抗生素会削弱免疫抗体的生成；大剂量的链霉素有抑制淋巴细胞转化的作用；饲料中长期使用四环素类抗生素，抑制体内抗体生成；新霉素气雾剂对鹅 ILV 的免疫有明显的抑制作用；庆大霉素和卡那霉素对 T 淋巴细胞、B 淋巴细胞的转化有明显的抑制作用；糖皮质类激素有明显的免疫抑制作用，地塞米松可激发鹅法氏囊淋巴细胞死亡，减少淋巴细胞的产生，临床上使用剂量过大或长期使用，会造成难以觉察到的免疫抑制。

④ 有毒有害物质　重金属元素，如镉、铅、汞、砷等可增加鹅体对病毒和细菌的易感性；一些微量元素的过量也可以导致免疫抑制；黄曲霉毒素可以使胸腺、法氏囊、脾脏萎缩，抑制鹅体 IgG、IgA 的合成，导致免疫抑制。

⑤ 应激因素　应激状态下，免疫器官对抗原的应答能力降低，同时，鹅体要调动一切力量来抵抗不良应激，使防御机能处于一种较弱的状态，这时接种疫苗就很难产生应有的坚强的免疫力。

3. 正确的免疫操作

（1）合理安排免疫程序

安排免疫接种时要考虑疾病的流行季节、鹅对疾病的敏感性、当地或本场疾病威胁、鹅品种或品系之间差异、母源抗体的影响、疫苗的联合或重复使用的影响及其他的人为因素、社会因素、地理环境和气候条件等，以保证免疫接种的效果。如当地流行严重的疾病没有列入免疫接种计划或没有进行确切免疫，在疾病流行季节没有加强免疫就可能导致感染发病。

（2）确定恰当的接种途径

每一种疫苗均具有其最佳的接种途径，如随便改变可能会影响免疫效果。鹅群常用的是肌内或皮下注射法，个别使用滴眼滴鼻法。

① 肌内或皮下注射　肌内或皮下注射免疫接种的剂量准确、效果好，但耗费劳力较多，应激较大，在操作中应注意：一是疫苗稀释液应是经消毒而无菌的，一般不要随便加入抗菌药物；二是疫苗的稀释和注射量应适当，量太小的操作时误差较大，量太大时则操作麻烦，一般以每只 0.2 ～ 1 毫升为宜；三是使用连续注射器注射时，应经常核对注射器刻度容量和实际容量之间的误差，以免实际注射量偏差太大；四是注射器及针头用前均应消毒；五是皮下注射的部位一般选在颈部背侧，肌内注射部位一般选在胸肌或肩关节附近的肌肉丰满处；六是针头插入的方向和深度也应适当，在颈部皮下注射时，针头方向应向后向下，针头方向与颈部纵轴基本平行，对雏鹅的插入深度为 0.5 ～ 1 厘米，日龄较大的鹅可为 1 ～ 2 厘米，胸部肌内注射时，针头

方向应与胸骨大致平行，插入深度雏鹅为0.5～1厘米，日龄较大的鹅可为1～2厘米；七是在将疫苗液推入后，针头应慢慢拔出，以免疫苗液漏出；八是在注射过程中，应边注射边摇动疫苗瓶，力求疫苗的均匀；九是在接种过程中，应先接种健康群，再接种假定健康群，最后接种有病的鹅群；十是关于是否一只鹅一个针头及注射部位是否消毒的问题，可根据实际情况而定，但吸取疫苗的针头和注射鹅的针头则应绝对分开，尽量注意卫生以防止经免疫注射而引起疾病的传播或引起接种部位的局部感染。

② 滴眼滴鼻　滴眼滴鼻的免疫接种如操作得当，往往效果比较好，尤其是对一些预防呼吸道疾病的疫苗，经滴眼滴鼻免疫效果较好。当然，这种接种方法需要较多的劳动力，对鹅也会造成一定的应激，如操作上稍有马虎，则往往达不到预期的目的，这种免疫接种应注意：一是稀释液必须用蒸馏水或生理盐水，最低限度应用冷开水，不要随便加入抗生素；二是稀释液的用量应尽量准确，最好根据所用的滴管或针头事先滴试，确定每毫升多少滴，然后再计算实际使用疫苗稀释液的用量；三是为了操作的准确无误，一只手一次只能抓一只鹅，不能一只手同时抓几只鹅；四是在滴入疫苗之前，应把鹅的头颈摆成水平的位置（一侧眼鼻朝天，一侧眼鼻朝地），并用一只手指按住向地面一侧鼻孔；五是在将疫苗液滴加到眼和鼻上以后，应稍停片刻，待疫苗液确已吸入后再将鹅轻轻放回地面；六是应注意做好已接种和未接种鹅之间的隔离，以免走乱；七是为减少应激，最好在晚上接种，如天气阴凉也可在白天适当关闭门窗后，在稍暗的光线下抓鹅接种。

（3）正确稀释疫苗和免疫操作

① 保持适宜的接种剂量　在一定限度内，抗体的产量随抗原的用量而增加，如果接种剂量（抗原量）不足，就不能有效刺激鹅体产生足够的抗体。但接种剂量（抗原量）过多，超过一定的限度，抗体的形成反而受到抑制，这种现象称为“免疫麻痹”。所以，必须严格按照疫苗说明或兽医指导接种适量的疫苗。有些养鹅场超剂量多次注射免疫，这样可能引起鹅体的免疫麻痹，往往达不到预期的效果。

② 科学安全地稀释疫苗　冻干疫苗使用前均需用稀释液进行稀释，除马立克苗使用专用稀释液和禽霍乱及其联苗（Ⅰ系霍乱、鹅瘟霍乱）用铝胶水稀释外，其他活苗均可用灭菌生理盐水、蒸馏水或冷开水稀释。稀释用水不得含有任何消毒剂及消毒离子；不得用自来水直接稀释疫苗，应通过去离子处理；不得用污染病原微生物的井水直接稀释疫苗，应煮沸后充分冷却再使用。

③ 准确的免疫操作　滴眼滴鼻时放鹅过早，药液尚未完全吸入。注射免疫时剂量没调准确或注射过程中发生故障或其他原因，疫苗注入量不足或未注入鹅体内等。

④ 保持免疫接种器具洁净　免疫器具如滴管、注射器和接种人员消毒不严，带入野毒引起鹅群在免疫空白期内发病。免疫后的废弃疫苗和剩余疫苗未及时处理，在鹅舍内外长期存放也可引起鹅群感染发病。

（4）注意疫苗之间的干扰作用

严格地说，多种疫苗同时使用或在相近时间接种时，疫苗之间可能会产生干扰作用。

（5）避免药物干扰

注意抗生素对弱毒活菌素的作用，病毒灵等抗病毒药对疫苗的影响。一些人在接种弱毒活菌苗期间，例如接种鹅霍乱弱毒菌苗时使用抗生素，就会明显影响菌苗的免疫效果，在接种病毒疫苗期间使用抗病毒药物，如病毒唑、病毒灵等，也可能影响疫苗的免疫效果。

4. 保持良好的环境条件

如果鹅场隔离条件差、卫生消毒不严格、病原污染严重等，都会影响免疫效果。如雏鹅舍在进鹅前清洁消毒不彻底，有些病毒在育雏舍内滋生繁殖，就可能导致免疫效果差。大肠杆菌严重污染的鹅场，卫生条件差，空气污浊，即使接种大肠杆菌疫苗，大肠杆菌病也还可能发生。所以，必须保持良好的环境卫生条件，以提高免疫接种的效果。

五、药物防治

（一）药物使用方法

用于鹅病防治的药物种类很多，各种药物由于性质的不同，有不同的使用方法。要根据药物的特点和疾病的特性选用适当的用药方法，以发挥最好的效果。

1. 混于饲料

即将药物均匀地拌入饲料中，让鹅采食时，同时吃进药物。这种方法方便、简单、应激小、不浪费药物。它适于长期用药、不溶于水的药物及加入饮水内适口性差的药物。但对于病重鹅或采食量过少时，不宜应用；颗粒料因不宜将药物混匀，也不主张经料给药；链条式送料时，因颗粒易被鹅啄食而造成先后采食的鹅只摄入的药量不同，也应注意。

（1）准确掌握拌料浓度

混料给药时应按照混料给药剂量，准确、认真计算出所用药物的量混入饲料内；若按体重给药时，应严格按照鹅群鹅只总体重，计算出药物用量后再拌入饲料内。

（2）药物混合均匀

拌料时为了使鹅能吃到大致相等的药物剂量，药物和饲料要混合均匀，尤其是一些安全范围较小和用量较少的药物，如喹乙醇、呋喃唑酮等，以防采食不均。混合时切忌把全部药量一次加入所需饲料中进行搅拌，这样不易搅拌均匀，造成部分鹅只药物中毒而大部分鹅只吃不到药物，达不到防治疾病的目的或贻误病情。可采用逐级稀释法，即把全部用量的药物加到少量饲料中，充分混合后，再加到一定量饲料中，再充分混匀，经过多次逐级稀释扩充，可以保证充分混匀。

（3）注意不良反应

有些药物混入饲料，可与饲料中的某些成分发生拮抗作用，如饲料中长期混入磺胺类药物，就容易引起维生素 B 和维生素 K 缺乏，这

时就应适当补充这些维生素。

2. 混水给药

混水给药就是将药物溶解于水中让鹅只自由饮用。此法适合于短期用药、紧急治疗、鹅不能采食但尚能饮水时的投药。易溶于水的药物混水给药的效果较好，饮水投药时，应根据药物的用量，事先配成一定浓度的药液，然后加入饮水器中，让鹅自由饮用。

（1）注意药物的溶解度和稳定性

对油剂（如鱼肝油）及难溶于水的药物（制霉菌素）不能采用饮水给药。对于一些微溶于水的药物（如呋喃唑酮）和水溶液稳定性较差的药物（土霉素、金霉素）可以采用适当的加热、加助溶剂或现用现配、及时搅拌等方法，促进药物溶解，以达到饮水给药的目的。饮水的酸碱度及硬度（金属离子的含量）对药物有较大的影响，多数抗生素在偏酸或偏碱的水溶液中稳定性较差，金属离子也可因络合而影响药物的疗效。

（2）据鹅可能的饮水量认真计算药液量

为保证绝大部分鹅只在一定时间内都饮到一定量的药物水，不至于由于剩水过多造成摄入鹅体内的药物剂量不够，或加水不足造成饮水不匀，某些鹅只饮入的药液量少而影响药物效果，应该掌握鹅群的饮水量，根据鹅群的饮水量，然后按照药物浓度，准确计算药物用量，操作时先用少量水溶解计算好的药物，待药物完全溶解后才能混入计算好的水的容器中。鹅的饮水量多少与品种、饲料种类、饲养方法、舍内温湿度、药物有无异味等因素密切相关，生产中应给予考虑。为准确了解鹅群的饮水量，每栋鹅舍最好安装一个水表。

（3）注意饮水时间和配伍禁忌

药物在水中时间与药效关系极大。有些药物放在水中不受时间限制，可以全天饮用，如人工合成的抗生素、磺胺类和喹诺酮类药物；有些药物放在水中必须在短时间内饮完，如天然发酵抗生素、强力霉素、氨卞青霉素及活疫苗等，一般需要断水 2 ～ 3 小时后给药，让鹅只在一定时间内充分饮到药水。多种药物混合时，一定要注意药物之间的配伍；有些药物有协同作用，可使药效增强，如氨卞青霉素和喹诺酮类药的配伍；有些药物混合使用会增强药的不良反应；有些药物混合后会发生中和、分解、沉淀，使药物失效。

3. 经口投服

适合于个别病鹅治疗，如鹅群中出现软颈病的鹅或维生素 B_2 缺乏的鹅，需个别投药治疗。群体较小的鹅群，也通常采用此法。这种方法虽费时费力，但剂量准确，疗效较好。

4. 体内注射

对于难被肠道吸收的药物，为了获得最佳的疗效，常选用注射法。注射法分皮下注射和肌内注射两种。这种方法的特点是药物吸收快而完全，剂量准确，药物不经胃肠道而进入血液中，可避免消化液的破坏，适用于不宜口服的药物和紧急治疗。

5. 体表用药

如鹅群患有虱、螨等体外寄生虫病，造成啄肛和脚垫肿等外伤，可在体表涂抹或喷洒药物。

6. 药物浸泡

浸泡种蛋用于消除蛋壳表面的病原微生物，药物可以渗透到蛋内，杀灭蛋内的病原微生物，以控制和减少某些经蛋传递的疾病。常用的方法是变温浸蛋法，把种蛋的温度在 3 ～ 6 小时内升至 37 ～ 38℃，然后趁热浸入 4 ～ 15℃的抗生素药液中，保持 15 分钟，利用种蛋与药液之间的温差造成的负压使药液被吸入蛋内。这种种蛋的药物处理方法常用来控制鹅白痢沙门氏菌、霉形体、大肠杆菌等病原菌。

7. 环境用药

在饲养环境中季节性定期喷洒杀虫剂，以控制外寄生虫及蚊蝇等。为防治传染病，必要时喷洒消毒剂，以杀灭环境中存在的病原微生物。

（二）鹅的常用药物

鹅的常用药物见表 4-21、表 4-22。

表 4-21 鹅常用的抗菌药物

药物名称	使用剂量和方法	用途
诺氟杀星（氟哌酸）	0.005% ～ 0.02% 混于饲料中	治疗大肠杆菌、沙门氏菌、巴氏杆菌、葡萄球菌、链球菌和肺炎球菌引起的感染等
呋喃唑酮（痢特灵）	0.015% 预防，0.04% 混饲治疗	用于肠道抗感染，治疗沙门氏菌、大肠杆菌、球虫等，有广谱抗菌作用
硫酸链霉素	注射 10 万单位 / 只，每天一次，连用 2 ～ 3 天，可与青霉素混合肌注	对革兰氏阴性菌（沙门氏菌、大肠杆菌等）有抑制和杀灭作用
青霉素	肌内注射，10 万～ 20 万单位 / 只，每天 2 次，连用 2 ～ 3 天	对革兰氏阴性菌和革兰氏阳性菌有抑制作用
盐酸土霉素（地霉素、氧四环素）	肌内注射，每千克体重 0.05 ～ 0.1 克；内服每只 0.1 ～ 0.2 克	对细菌、衣原体、霉形体、螺旋体、球虫有效
硫酸庆大霉素	肌内注射，每千克体重 3000 单位，每天 3 ～ 4 次	广谱抗生素，对多种革兰氏阴性菌和耐药葡萄球菌有效
红霉素	0.02% ～ 0.05% 混于饲料中；注射时每千克体重 10 ～ 40 毫克	对革兰氏阳性菌作用强，对支原体有较好作用
泰乐菌素	0.44% ～ 0.66% 混于饮水中，连用 3 ～ 5 天	治疗呼吸道支原体病
磺胺二甲基嘧啶、磺胺异噁唑	混饲：0.4% ～ 0.5%，连用 3 ～ 4 天。混饮：0.1% ～ 0.2%，连用 3 天	治疗霍乱、副伤寒、大肠杆菌病、葡萄球菌病、链球菌病、球虫病
磺胺喹噁啉	混饲：0.1% ～ 0.3%。混饮：0.05% ～ 0.15%	治疗禽霍乱、副伤寒、大肠杆菌病、球虫病等
磺胺 -5- 甲氧嘧啶	同磺胺喹噁啉	治疗霍乱、慢性呼吸道病、副伤寒、球虫病
喹乙醇	混饲治疗量：50×10^{-6} ～ 80×10^{-6}。饲料促生长添加量：25×10^{-6} ～ 31×10^{-6}	治疗霍乱、副伤寒，促进生长，提高饲料利用率

表 4-22　常用的抗寄生虫药物及参考用法

药名	有效成分和（或）作用	用法用量
氯苯胍	罗比尼丁；对各种球虫均有较好的防治效果	预防 0.05% 拌料，治疗 0.1%，连喂 10 天。屠宰前 7 天禁用
球痢灵	硝苯酰胺；对多种球虫有效，主要用于治疗球虫病	0.0125% 混入词料连用 3 ～ 5 天；治疗时 0.025% 拌入饲料用 5 天。商品鹅上市前 7 天停药
安丙啉	安普罗林；对柔嫩及堆型艾美尔球虫作用最强	预防 0.15%，治疗 0.03%，拌入饲料中，连喂 7 天
加福、杜球	马杜拉霉素；对多种球虫有抑制作用	0.0006% 饮水，连用 4 ～ 6 天
驱虫净（四咪唑）	驱鹅的裂口线虫、交合线虫等	40 ～ 50 毫克 / 千克体重，均匀混入饲料中，一次服用
驱蛔灵	哌哔嗪；驱蛔虫，对成虫效果好	250 ～ 300 毫克 / 千克体重，均匀混入饲料中，一次服用
左咪唑	左旋咪唑；对鹅蛔虫、线虫效果良好	30 毫克 / 千克体重，均匀混入饲料中，一次服用
丙硫苯咪唑	阿苯咪唑；对各种线虫、绦虫、吸虫、蛔虫均有驱除效果	25 ～ 120 毫克 / 千克体重，均匀混入饲料中，一次服用
吡喹酮	广谱高效驱绦虫药	60 毫克 / 千克体重，混入饲料中，一次服用
别丁	硫双二氯酚；可以驱除鹅的各种吸虫	150 ～ 500 毫克 / 千克体重，混入饲料中，一次服用
四氯化碳	驱吸虫	3 ～ 6 毫升 / 只，用细胶管插入食道灌服，或用注射器做嗉囊注射
灭绦灵（氯硝柳胺）	广谱高效驱绦虫药	50 ～ 100 毫克 / 千克体重，混入饲料中，一次服用
2.5% 溴氰菊酯	对于各种体外寄生虫有作用	配成 1 ∶ 8000 浓度（即 2.5% 溴氰菊酯 1 毫升加水 8 千克）喷洒或药浴
25% 戊酸氰醚酯	对于各种体外寄生虫有作用	用水稀释成 1 ∶ 4000 的浓度直接向鹅体喷洒，或稀释成 1 ∶ 8000 的浓度对鹅进行药浴
蝇毒磷（蝇毒）	广谱杀虫剂；对螨、软蜱、虱、蚤等有杀灭作用	一般是 16% 的油乳剂。配成 0.05% 的药液直接涂擦；配成 0.03% 的药液喷洒环境灭蚊、蠓等昆虫
敌百虫	广谱驱虫药；对鹅的各种体外寄生虫有较好的杀灭作用	用 0.1% ～ 0.5% 水溶液杀灭蚤、蜱、蚊、蝇、蠓、钠等

续表

药名	有效成分和（或）作用	用法用量
虱癞灵	含12.5%双甲咪乳油	在1000毫升开水中加4毫升12.5%的双甲咪充分搅拌，使之成乳白色液体，在鹅体及圈舍、场地喷雾或喷洒，杀灭虱的效果很好，但不宜药浴

六、疫病扑灭措施

1. 隔离

当鹅群发生传染病时，应尽快作出诊断，明确传染病性质，立即采取隔离措施。一旦病性确定，对假定健康鹅可进行紧急预防接种。隔离开的鹅群要专人饲养，用具要专用，人员不要互相串门。根据该种传染病潜伏期的长短，经一定时间观察不再发病后，再经过消毒后可解除隔离。

2. 封锁

在发生及流行某些危害性大的烈性传染病时，应立即报告当地政府主管部门，划定疫区范围进行封锁。封锁应根据该疫病流行情况和流行规律，按“早、快、严、小”的原则进行。封锁是针对传染源、传播途径、易感动物群三个环节采取相应措施。

3. 紧急预防和治疗

一旦发生传染病，在查清疫病性质之后，除按传染病控制原则进行诸如检疫、隔离、封锁、消毒等处理外，对疑似病鹅及假定健康鹅可采用紧急预防接种，预防接种可应用疫苗，也可应用抗血清。

4. 淘汰病畜

淘汰病畜，也是控制和扑灭疫病的重要措施之一。

第五招 尽量降低生产消耗

【核心提示】

产品的生产过程就是生产的耗费过程，企业要生产产品，就是发生各种生产耗费。生产过程的耗费包括劳动对象（如饲料）的耗费、劳动手段（如生产工具）的耗费以及劳动力的耗费等。在产品产量一定情况下，降低生产消耗就可以增加效益；在消耗一定的情况下，增加产品产量也可以增加效益；同样规模的养殖企业，生产水平和管理水平高，产品数量多，各种消耗少，就可以获得更好的效益。

一、加强生产运行过程的管理

（一）加强劳动定额和劳动组织管理

1. 劳动定额

定额是编制生产计划的基础。在编制计划的过程中，对人力、物

力、财力的配备和消耗，产供销的平衡，经营效果的考核等计划指标，都是根据定额标准进行计算和研究确定的。只有合理地定额，才能制定出先进可靠的计划。如果没有定额，就不能合理地进行劳动力的配备和调度，物资的合理储备和利用，资金的利用和核算就没有根据，生产就不合理。定额是检验的标准，在一些计划指标的检查中，要借助定额来完成。在计划检查中，检查定额的完成情况，通过分析来发现计划中的薄弱环节。同时定额也是劳动报酬分配的依据，可以在很大程度上提高劳动生产率。常见的劳动定额标准见表 5-1。

表 5-1　劳动定额标准

工种	工作内容	定额	工作条件
肉种鹅育雏育成（平养）	饲养管理，一次清粪	1000 ～ 2000 只 / 人	饲料到舍；自动饮水，人工供暖或
肉种鹅育雏育成（笼养）	饲养管理，经常清粪	1000 ～ 2000 只 / 人	集中供暖
肉种鹅网上 - 地面饲养	饲养管理，一次清粪	1000 ～ 2000 只 / 人	人工供料、检蛋，自动饮水
肉种鹅平养	饲养管理	1000 只 / 人	自动饮水，人工供料、检蛋
肉仔鹅（1 日龄至上市）	饲养管理	3000 ～ 4000 只 / 人	人工供暖、喂料，自动饮水
孵化	由种蛋到出售鉴别雏鹅	6000 枚 / 人	蛋车式全自动孵化器

2. 劳动组织

（1）生产组织精简高效

生产组织与鹅场规模大小有密切关系，规模越大，生产组织就越重要。规模化鹅场一般设置行政、生产技术、供销财务和生产班组等组织部门，部门设置和人员安排尽量精简，提高直接从事养鹅生产的人员比例，最大限度地降低生产成本。

（2）人员的合理安排

养鹅是一项脏、苦而又专业性强的工作，所以必须根据工作性质来合理安排人员，知人善用，充分调动饲养管理人员的劳动积极性和提高专业技术水平。

（3）建立健全岗位责任制

岗位责任制规定了鹅场每一个人员的工作任务、工作目标和标准。完成者奖励，完不成者惩罚，不仅可以保证鹅场各项工作顺利完成，而且能够充分调动劳动者的积极性，使生产完成得更好，生产的产品更多，各种消耗更少。

（二）制定操作规程

1. 技术操作规程

技术操作规程是鹅场生产中按照科学原理制订的日常作业的技术规范。鹅群管理中的各项技术措施和操作等均通过技术操作规程加以贯彻。同时，它也是检验生产的依据。不同饲养阶段的鹅群，按其生产周期制订不同的技术操作规程，如育雏（或育成鹅、种鹅、肉鹅）技术操作规程。

技术操作规程的主要内容包括对饲养任务提出生产指标，使饲养人员有明确的目标；指出不同饲养阶段鹅群的特点及饲养管理要点；按不同的操作内容分段列条，提出切合实际的要求等。技术操作规程的指标要切合实际，条文要简明具体，易于落实执行。

2. 工作程序

规定各类鹅舍每天从早到晚的各个时间段内的常规操作，使饲养管理人员有规律地完成各项任务，见表5-2。

表5-2 鹅舍每日工作日程

雏鹅舍每日工作程序		育成舍每日工作程序		种鹅舍每日工作程序	
时间	工作内容	时间	工作内容	时间	工作内容
8: 00	喂料，检查饲料质量，饲喂均匀，饲料中加药，避免断料	8: 00	喂料，检查饲料质量，饲喂均匀，料中加药，避免断料	6: 00	喂料，观察鹅群和设备运转情况

续表

雏鹅舍每日工作程序		育成舍每日工作程序		种鹅舍每日工作程序	
时间	工作内容	时间	工作内容	时间	工作内容
9：00	检查温、湿度，清粪，打扫卫生，巡视鹅群，检查照明、通风系统并保持卫生	9：00	检查温、湿度，清粪，打扫卫生，巡视鹅群，检查照明、通风系统并保持卫生	7：30 9：00 10：00	早餐 匀料，观察环境条件 捡死鹅 开门放鹅；清理鹅舍
10：00	喂料，检查舍内温、湿度，检查饮水系统，观察鹅群	10：00	检查舍内温、湿度和饮水系统，观察鹅群	11：30	喂料，观察鹅群和设备运转情况
11：30	午餐休息	11：30	午餐休息	15：00	喂料
13：00	喂料，观察鹅群和环境条件	13：00	喂料，观察鹅群和环境条件	16：00	洗刷饮水和饲喂系统，打扫卫生
15：00	检查笼门，调整鹅群；观察温、湿度，个别治疗	15：00	检查笼门，调整鹅群；观察温、湿度，个别治疗；清粪	17：00	记录和填写相关表格，环境消毒等
16：00	喂料，做好各项记录并填写表格，做好交班准备	16：00	喂料，做好各项记录并填写表格	18：00	鹅入舍，观察鹅群
17：00	夜班饲养人员上班工作	17：00	下班	20：00	喂料，2小时后关灯

3. 制订综合防疫制度

为了保证鹅群的健康和安全生产，场内必须制订严格的防疫措施，规定对场内人员、场外人员、车辆、场内环境、装蛋放鹅的容器进行及时或定期的消毒，鹅舍在空出后的冲洗、消毒，各类鹅群的免疫，种鹅群的检疫等。

（三）鹅场生产计划管理

计划管理就是根据鹅场情况和市场预测合理制订生产技术，并落到实处。制订计划就是对养鹅场的投入、产出及其经济效益做出科学的预见和安排，计划是决策目标的具体化，经营计划分为长期计划、年度计划、阶段计划等。

1. 鹅场的生产指标

（1）产蛋性能指标

① 开产日龄　个体记录以鹅群产第一个蛋的平均日龄计算；群体记录是以鹅群产蛋率达 50% 时的日龄计算。

② 产蛋率　有入舍母鹅产蛋率和存活母鹅产蛋率两种表示方法。

入舍母鹅产蛋率（%）＝统计期内产蛋数 ÷（入舍母鹅数 × 统计天数）×100%

存活母鹅产蛋率（%）＝统计期内产蛋数 ÷ 累计存活母鹅数 ×100%

母鹅只日产蛋率是反映存活母鹅产蛋量高低的一个良好指标，但它忽略了死亡率这一生产指标；入舍母鹅产蛋率兼顾了产蛋量和累计的死亡数，从产蛋成本看它反映了鹅群过去和现在的实际情况。

③ 产蛋量　可分为入舍母鹅产蛋量和只日母鹅产蛋量。

入舍母鹅产蛋量（枚）＝统计期内产蛋数 ÷ 入舍母鹅数

只日母鹅产蛋量（枚）＝统计期内产蛋数 ÷（累计存活母鹅数 ÷ 统计期天数）

④ 蛋重　蛋重分为平均蛋重（鹅群的平均蛋重）和总蛋重。不同鹅种，蛋重标准不同，同一鹅种、不同产蛋阶段，蛋重标准也不相同，蛋重随日龄增长而增加。

平均蛋重可用 300 ～ 304 日龄连续 5 天测定蛋重的平均值来代表，平均蛋重单位用克表示。

总蛋重（千克）= 平均蛋重（克）× 产蛋数 ÷1000

⑤ 成活率　雏鹅成活率，指育雏期末成活雏鹅数占入舍雏鹅的百分比。其中种鹅的育雏期为 0 ～ 3 周龄，肉用雏鹅为 0 ～ 4 周龄。

雏鹅成活率＝育雏期末成活雏鹅数 ÷ 入舍雏鹅数 ×100%

育成期成活率，指育成期末成活育成鹅数占育雏期末入舍雏鹅数的百分比。其中种鹅的育成期为5～30周龄，肉鹅为4～8周龄（肥育期）。

育成鹅（肥育鹅）成活率＝育成期末成活育成鹅数 ÷ 育雏期末入舍雏鹅数 ×100%

（2）产肉性能指标

① 增重：

日增重 =（末重 - 始重）÷ 饲养天数（克 / 日）

全期增重 = 末重 - 始重

② 屠宰率：

屠宰率 = 胴体重 ÷ 宰前活重 ×100%

（3）饲料转化指标

① 料肉比：

料肉比 = 饲料消耗量 / 活体增重

② 料蛋比：

料蛋比 = 饲料消耗量 / 总蛋重

（4）产肥肝性能测定

① 肥肝重　鹅填肥结束后，宰杀剖腹取出的新鲜肥肝的重量，就是肥肝重。对于鹅群来说，则用肥肝平均重表示，同时标明最大肥肝重，以反映肥肝的生产潜力。

② 料肝比　反映饲料转化为肥肝的能力，即生产单位重量的肥肝所消耗的精料重量。

料肝比 = 添肥期饲料消耗量 / 肥肝重

（5）产羽绒性能测定

① 烫煺毛产量　指鹅烫煺毛的干重量，一般测肉用仔鹅上市时或成年时烫煺毛产量。

② 活拔毛产量　即活体拔羽绒的产量，这个指标要注明是 1 次活拔毛产量，还是 1 年活拔毛产量。一般活体拔毛只拔胸部、腹部、腿部、体侧、尾侧，头颈、翅膀、尾羽不拔。

③ 含绒率　在鹅的羽绒中，绒朵是最珍贵的部分，含绒率就是羽绒中所含绒朵的重量比。

含绒率 = 绒朵的重量 ÷ 羽绒的总重 ×100%

（6）经济效果指标

① 利润指标：

销售利润 = 产品销售收入 - 生产成本 - 销售费用 - 税金

成本利润率 = 销售利润 / 销售产品成本 ×100%

② 成本分析指标　如每只雏鹅成本、单位鹅蛋成本等。

③ 劳动生产率指标：

人均生产产品数量 = 产品产量 / 职工总数

单位产品耗工时 = 消耗的劳动时间 / 产品数量

人年产值数 = 总产值 / 职工总数

人年利润 = 总利润 / 职工总数

④ 资金利用指标：

固定资金利润率 = 全年产品销售收入 / 全年平均占用固定资金总额 ×100%

流动资金利润率 = 总利润额 / 全年流动资金占用额 ×100%

2. 鹅场计划编制

（1）编制计划的方法

养鹅业计划编制的常用方法是平衡法，是通过对指导计划任务和完成计划任务所必须具备的条件进行分析、比较，以求得两者的相互平衡。养鹅企业在编制计划的过程中，重点要做好土地（草原）、劳力、机具、饲草饲料、资金、产销等方面的平衡工作。利用平衡法编制计划主要是通过一系列的平衡表来实现的，平衡表的基本内容包括需要量、供应量、余缺三项，具体运算时一般采用下列平衡公式：

期初结存数 + 本期计划增加数 - 本期需要数 - 结余数

上式三部分，即供应量（期初结存数 + 本期增加数）、需要量（本期需要量）和余缺（结余数）构成平衡关系，进行分析比较，揭露矛盾，采取措施，调整计划指标，以实现平衡。

计划是决策的具体化，计划管理是经营管理的重要职能。计划管理就是根据鹅场确定的目标，制定各种计划，用以组织协调全部的生产经营活动，达到预期的目的和效果。

（2）鹅场的计划制订

鹅场的计划主要包括鹅群周转计划、产品生产计划、饲料消耗计划、孵化计划和其他计划。鹅群周转计划是制订其他各项计划的基础，只有制订好周转计划，才能制订饲料计划、产品计划和引种计划。

① 鹅群的周转计划　鹅群周转计划表见表 5-3。

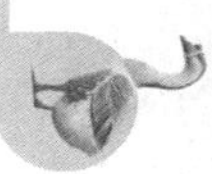

表 5-3　鹅群周转计划表

类型	年初结构	项目	月份												总计	年末结构	备注
			1月	2月	3月	4月	5月	6月	7月	8月	9月	10月	11月	12月			
种母鹅		转入															
		转出															
		出售															
		淘汰															
		死亡															
种公鹅		转入															
		转出															
		出售															
		淘汰															
		死亡															
雏鹅		转入															
		转出															
		出售															
		淘汰															
		死亡															
青年鹅		转入															
		转出															
		出售															
		淘汰															
		死亡															
肉用仔鹅		转入															
		转出															
		出售															
		淘汰															
		死亡															

② 产品生产计划　产品生产计划表见表 5-4。

表 5-4　产品生产计划表

产品名称	年内各月产品量												总计	肉鹅活重/千克	备注
	1月	2月	3月	4月	5月	6月	7月	8月	9月	10月	11月	12月			
种蛋数 / 个															
雏鹅数 / 只															
商品蛋数 / 千克															
商品肉鹅 / 千克															
鹅毛（绒）/ 千克															

③ 孵化计划　孵化计划表见表 5-5。

表 5-5　孵化计划表

项目		月份												总计	备注
		1月	2月	3月	4月	5月	6月	7月	8月	9月	10月	11月	12月		
种蛋	数量 / 个														
	合格率 /%														
入孵	数量 / 个														
	头照检出 / 个														
	二照检出 / 个														
	毛蛋检出 / 个														
出雏	雏禽数 / 只														
	孵化率 /%														

④ 饲料使用计划　饲料使用计划见表 5-6。

表 5-6　饲料使用计划

项目		只数 / 只	饲料消耗总量 / 千克	能量饲料量 / 千克	蛋白质饲料量 / 千克	矿物质饲料量 / 千克	添加剂饲料量 / 千克	饲料支出 / 元
1 月份（31 天）	种母鹅							
	种公鹅							
	育雏鹅							
	育成鹅							
	肉用仔鹅							
2 月份（28 天）	种母鹅							
	种公鹅							
	育雏鹅							
	育成鹅							
	肉用仔鹅							
3 ～ 12 月份同上								
全年各类饲料合计								

⑤ 年财务收支计划　年财务收支计划见表 5-7。

表 5-7　年财务收支计划表

收入		支出		备注
项目	金额 / 元	项目	金额 / 元	
淘汰鹅		种（苗）鹅费		
肉鹅		饲料费		
种蛋		折旧费（建筑、设备）		
商品蛋		燃料、药品费		
鹅毛（绒）		基建费		

续表

收入		支出		备注
项目	金额 / 元	项目	金额 / 元	
其他		设备购置维修费		
		水电费		
		管理费		
		其他		
合计				

(四)记录管理

记录管理就是将鹅场生产经营活动中的人、财、物等消耗情况及有关事情记录在册，并进行规范、计算和分析。鹅场缺乏记录资料，导致管理者和饲养者对生产经营情况都不清楚，不利于成本核算和提高经济效益。

1. 记录管理的作用

(1)鹅场记录反映鹅场生产经营活动的状况

完善的记录可将整个鹅场的动态与静态记录无遗。管理者和饲养者通过记录不仅可以了解现阶段鹅场的生产经营状况，而且可以了解过去鹅场的生产经营情况，有利于对比分析和进行正确的预测和决策。

(2)鹅场记录是经济核算的基础

详细的鹅场记录包括了各种消耗、鹅群的周转及死亡淘汰等变动情况、产品的产出和销售情况、财务的支出和收入情况以及饲养管理情况等，这些都是进行经济核算的基本材料。

(3)鹅场记录是提高管理水平和效益的保证

通过详细的鹅场记录，并对记录进行整理、分析和必要的计算，可以不断发现生产和管理中的问题，并采取有效的措施来解决和改善，不断提高管理水平和经济效益。

2. 鹅场记录的原则

（1）及时准确

及时是根据不同记录要求，在第一时间认真填写，不拖延、不积压，避免出现遗忘和虚假；准确是按照鹅场当时的实际情况进行记录，不夸大，也不缩小，实实在在。数据要真实，不能虚构。如果记录不精确，将失去记录的真实可靠性，这样的记录也是毫无价值的。

（2）简洁完整

记录工作烦琐，不易持之以恒地去实行。所以设置的各种记录薄册和表格力求简明扼要，通俗易懂，便于记录。完整是记录要全面系统，最好设计成不同的记录册和表格，并且填写完全、工整，易于辨认。

（3）便于分析

记录的目的是为了分析鹅场生产经营活动的情况，因此在设计表格时，要考虑记录下来的资料便于整理、归类和统计，为了与其他鹅场的横向比较和本鹅场过去的纵向比较，还应注意记录内容的可比性和稳定性。

3. 鹅场记录的内容

鹅场记录的内容因鹅场的经营方式与所需的资料而有所不同，一般应包括以下内容。

（1）生产记录

① 鹅群生产情况记录　鹅的品种、饲养数量、饲养日期、死亡淘汰、产品产量等。

② 饲料记录　将每日不同鹅群（或以每栋、栏、群为单位）所消耗的饲料按其种类、数量及单价等记录下来。

③ 劳动记录　记录每天出勤情况、工作时数、工作类别以及完成的工作量、劳动报酬等。

（2）财务记录

① 收支记录　包括出售产品的时间、数量、价格、去向及各项支

出情况。

② 资产记录　固定资产类，包括土地、建筑物、机器设备等的占用和消耗；库存物资类，包括饲料、兽药、在产品、产成品、易耗品、办公用品等的消耗数、库存数量及价值；现金及信用类，包括现金、存款、债券、股票、应付款、应收款等。

（3）饲养管理记录

① 饲养管理程序及操作记录　饲喂程序、光照程序、鹅群的周转、环境控制等记录。

② 疾病防治记录　包括隔离消毒情况、免疫情况、发病情况、诊断及治疗情况、用药情况、驱虫情况等。

4. 鹅场生产记录表格

（1）育雏育成记录表格

育雏育成鹅周报表见表5-8。

表5-8　育雏育成鹅周报表

周龄____　批次____　品种____　数量____　鹅舍栋号____　填表人____

日期	日龄	鹅数	死、淘数	喂料量	温度	湿度	通风	光照	其他
	1								
	2								
	3								
	4								
	5								
	6								
	7								

标准体重______　平均体重______　平均体重均匀度______

（2）产蛋和饲料消耗及其他记录表格

产蛋和饲料消耗及其他记录表格，见表5-9～表5-17。

表 5-9　产蛋和饲料消耗记录表

品种____　　　　鹅舍栋号____　　　　填表人____

日期	日龄	鹅数/只	死亡淘汰/只	饲料消耗/千克		种蛋				饲养管理情况	其他情况
				总耗量	只耗量	产蛋数量/枚	破蛋率/%	合格数/枚	不合格数/枚		

表 5-10　疫苗购、领记录表

填表人____

购入日期	疫苗名称	规格	生产厂家	批准文号	生产批号	来源（经销点）	购入数量	发出数量	结存数量

表 5-11　饲料添加剂、预混料、饲料的购、领记录表

填表人____

购入日期	名称	规格	生产厂家	批准文号或登记证号	生产批号或生产日期	来源（生产厂家或经销点）	购入数量	发出数量	结存数量

表 5-12　疫苗免疫记录表

填表人____

免疫日期	疫苗名称	生产厂家	免疫动物批次日龄	栋、栏号	免疫数/只	免疫次数	存栏数/只	免疫方法	免疫剂量/（毫升/只）	耳标佩带数/个	责任兽医

表 5-13　消毒记录表

填表人____

消毒日期	消毒药名称	生产厂家	消毒场所	配制浓度	消毒方式	操作者

表 5-14　诊疗记录表　　填表人____

发病日期	发病动物栋、栏号	发病群体只数	发病数	发病动物日龄	病名或病因	处理方法	用药名称	用药方法	诊疗结果	兽医签字

表 5-15　病、残、死亡动物处理记录表　　填表人____

处理日期	栋、栏号	动物日龄	淘汰数/只	死亡数/只	病、残、死亡主要原因	处理方法	处理人	兽医签字

表 5-16　生产记录表（按日或变动记录）　　填表人____

日期	栋、栏号	变动情况/只					备　注
		存栏数	出 生 数	调 入 数	调 出 数	死、淘数	

表 5-17　出场销售和检疫情况记录表　　填表人____

出场日期	品种	栋、栏号	数量/只	出售动物日龄	销往地点及货主	检疫情况			曾使用的有停药期要求的药物		经办人
						合格头数	检疫证号	检疫员	药物名称	停药时动物日龄	

5. 鹅场记录的分析

通过对鹅场的记录进行整理、归类，可以进行分析。分析是通过一系列分析指标的计算来实现的。利用成活率、母鹅存活率、产蛋数、种蛋数、饲料转化率等技术效果指标来分析生产资源的投入和产出产品数量的关系以及分析各种技术的有效性和先进性。利用经济效果指标分析生产单位的经营效果和赢利情况，为鹅场的生产提供依据。

二、加强经济核算

（一）资产核算

1. 流动资产

流动资产是指可以在一年内或者超过一年的一个营业周期内变现或者运用的资产。流动资产是企业生产经营活动的主要资产。主要包括鹅场的现金、存款、应收款、预付款、存货（原材料、在产品、产成品、低值易耗品）等。流动资产周转状况影响到产品的成本。加快流动资产周转措施：

（1）有计划地采购

加强采购物资的计划性，防止盲目采购，合理地储备物质，避免积压资金，加强物资的保管，定期对库存物资进行清查，防止鼠害和霉烂变质。

（2）缩短生产周期

科学地组织生产过程，采用先进技术，尽可能缩短生产周期，节约使用各种材料和物资，减少在产品上的资金占用量。

（3）及时销售产品

产品及时销售可以缩短产品的滞留时间，减少流动资金占用量。

（4）加快资金回收

及时清理债权债务，加速应收款限的回收，减少成品资金和结算资金的占用量。

2. 固定资产

固定资产是指使用年限在1年以上，单位价值在规定的标准以上，并且在使用中长期保持其实物形态的各项资产。鹅场的固定资产主要包括建筑物、道路、基础鹅以及其他与生产经营有关的设备、器具、工具等。

（1）固定资产的折旧

固定资产的长期使用中，在物质上要受到磨损，在价值上要发生损耗。固定资产的损耗，分为有形损耗和无形损耗两种。有形损耗是指固定资产由于使用或者由于自然力的作用，使固定资产物质上发生磨损。无形损耗是由于劳动生产率提高和科学技术进步而引起的固定资产价值的损失。固定资产在使用过程中，由于损耗而发生的价值转移，称为折旧，由于固定资产损耗而转移到产品中去的那部分价值叫折旧费或折旧额，用于固定资产的更新改造。

鹅场提取固定资产折旧，一般采用平均年限法和工作量法。

① 平均年限法　它是根据固定资产的使用年限，平均计算各个时期的折旧额，因此也称直线法。其计算公式：

固定资产年折旧额 = [原值 -（预计残值 - 清理费用）]/ 固定资产预计使用年限

固定资产年折旧率 = 固定资产年折旧额 / 固定资产原值 ×100% =（1- 净残值率）/ 折旧年限 × 100%

② 工作量法　它是按照使用某项固定资产所提供的工作量，计算出单位工作量平均应计提折旧额后，再按各期使用固定资产所实际完成的工作量，计算应计提的折旧额。这种折旧计算方法，适用于一些机械等专用设备。其计算公式为：

单位工作量（单位里程或每工作小时）折旧额 =（固定资产原值 - 预计净残值）/ 总工作量（总行驶里程或总工作小时）

（2）提高固定资产利用效果的途径

① 适时、适量购置和建设固定资产　根据轻重缓急，合理购置和建设固定资产，把资金使用在经济效果最大而且在生产上迫切需要的项目上；购置和建造固定资产要量力而行，做到与单位的生产规模和财力相适应。

② 注重固定资产的配套　注意加强设备的通用性和适用性，并注意各类固定资产务求配套完备，使固定资产能充分发挥效用。

③ 加强固定资产的管理　建立严格的使用、保养和管理制度，对不需用的固定资产应及时采取措施，以免浪费，注意提高机器设备的时间利用强度和它的生产能力的利用程度。

（二）成本核算

产品成本是一项综合性很强的经济指标，它反映了企业的技术实力和整个经营状况。鹅场的品种是否优良，饲料质量好坏，饲养技术水平高低，固定资产利用的好坏，人工耗费的多少等，都可以通过产品成本反映出来。所以，鹅场通过成本和费用核算，可发现成本升降的原因，降低成本费用耗费，提高产品的竞争能力和盈利能力。

1. 做好成本核算的基础工作

（1）建立健全各项原始记录

原始记录是计算产品成本的依据，直接影响着产品成本计算的准确性。如原始记录不实，就不能正确反映生产耗费和生产成果，就会使成本计算变为“假账真算”，成本核算就失去了意义。所以，饲料、燃料动力的消耗、原材料、低值易耗品的领退、生产工时的耗用、鹅变动、鹅群周转、鹅死亡淘汰、产出产品等原始记录都必须认真如实地登记。

（2）建立健全各项定额管理制度

鹅场要制定各项生产要素的耗费标准（定额）。不管是饲料、燃料动力，还是费用工时、资金占用等，都应制定比较先进、切实可行的定额。定额的制定应建立在先进的基础上，对经过十分努力仍然达不到的定额标准或不需努力就很容易达到定额标准的定额，要及时进行修订。

（3）加强财产物质的计量、验收、保管、收发和盘点制度

财产物资的实物核算是其价值核算的基础。做好各种物资的计量、收集和保管工作，是加强成本管理、正确计算产品成本的前提条件。

2. 鹅场成本的构成项目

（1）饲料费

指饲养过程中耗用的自产和外购的混合饲料和各种饲料原料。凡是购入的按买价加运费计算，自产饲料一般按生产成本（含种植成本和加工成本）进行计算。

（2）劳务费

从事养鹅的生产管理劳动，包括饲养、清粪、捡蛋、防疫、捉鹅、

消毒、购物运输等所支付的工资、资金、补贴和福利等。

（3）新母鹅培育费

从雏鹅出壳养到210天的所有生产费用。如是购买育成新母鹅，按买价计算。自己培育的按培育成本计算。

（4）医疗费

指用于鹅群的生物制剂，消毒剂及检疫费、化验费、专家咨询服务费等。但已包含在育成新母鹅成本中的费用和配合饲料中的药物及添加剂费用不必重复计算。

（5）固定资产折旧维修费

指鹅舍、笼具和专用机械设备等固定资产的基本折旧费及修理费。根据鹅舍结构和设备质量，使用年限来计损。如是租用土地，应加上租金；土地、鹅舍等都是租用的，只计租金，不计折旧。

（6）燃料动力费

指饲料加工、鹅舍保暖、排风、供水、供气等耗用的燃料和电力费用，这些费用按实际支出的数额计算。

（7）利息

是指对固定投资及流动资金一年中支付利息的总额。

（8）杂费

包括低值易耗品费用、保险费、通信费、交通费、搬运费等。

（9）税金

指用于养鹅生产的土地、建筑设备及生产销售等一年内应交税金。

以上九项构成了鹅场生产成本，从构成成本比重来看，饲料费、新母鹅培育费、劳务费、固定资产折旧维修费五项价额较大，是成本项目构成的主要部分，应当重点控制。

3. 成本的计算方法

成本的计算方法分为分群核算和混群核算。

（1）分群核算

分群核算的对象是每种畜禽的不同类别，如种鹅群、育雏群、育成群、肉鹅群等，按鹅群的不同类别分别设置生产成本明细账户，分

别归集生产费用和计算成本。鹅场的主产品是鲜蛋、种蛋、淘汰鹅和肉鹅，副产品是粪便的收入。鹅场的饲养费用包括育成鹅的价值、饲料费用、折旧费、人工费等。

① 鲜蛋成本：

每千克鲜蛋成本（元 / 千克）= [蛋鹅生产费用 - 蛋鹅残值 - 非鹅蛋收入（包括粪便、死淘鹅等收入）] / 入舍母鹅总产蛋量（千克）

② 种蛋成本：

每枚种蛋成本（元 / 枚）= [种鹅生产费用 - 种鹅残值 - 非种蛋收入（包括鹅粪、商品蛋、淘汰鹅等收入）] / 入舍种母鹅出售种蛋数

③ 雏鹅成本：

每只雏鹅成本 =（全部的孵化费用 - 副产品价值）/ 成活一昼夜的雏鹅只数

④ 肉鹅成本：

每千克肉鹅成本 =（基本鹅群的饲养费用 - 副产品价值）/ 鹅肉总重量

⑤ 育雏鹅成本：

每只育雏鹅成本 =（育雏期的饲养费用 - 副产品价值）/ 育雏期末存活的雏鹅数

⑥ 育成鹅成本：

每只育成鹅成本 =（育雏育成期的饲养费用 - 粪便、死淘鹅收入）/ 育成期末存活的鹅数

（2）混群核算

混群核算的对象是每类畜禽，如牛、羊、猪、鹅等，按畜禽种类设置生产成本明细账户归集生产费用和计算成本。资料不全的小规模鹅场常用。

① 种蛋成本：

每个种蛋成本（元 / 个）= [期初存栏种鹅价值 + 购入种鹅价值 + 本期种鹅饲养费－期末种鹅存栏价值－出售淘汰种鹅价值－非种蛋收入（商品蛋、鹅粪等收入）] / 本期收集种蛋数

② 鹅蛋成本：

每千克鹅蛋成本（元/千克）=［期初存栏蛋鹅价值+购入蛋鹅价值+饲养期鹅饲养费用-期末鹅存栏价值-淘汰出售鹅价值-鹅粪收入］（元）/本期产蛋总重量（千克）

③ 肉鹅成本：

每千克肉鹅成本（元/千克）=［期初存栏鹅价值+购入鹅价值+饲养期鹅饲养费用－期末鹅存栏价值－淘汰出售鹅价值－鹅粪收入］（元）/本期产蛋总重量（千克）

（三）赢利核算

赢利核算是对鹅场的赢利进行观察、记录、计量、计算、分析和比较等工作的总称。赢利也称税前利润，是企业在一定时期内货币表现的最终经营成果，是考核企业生产经营好坏的一个重要经济指标。

1. 赢利的核算公式

赢利=销售产品价值-销售成本=利润+税金

2. 衡量赢利效果的经济指标

（1）销售收入利润率

表明产品销售利润在产品销售收入中所占的比重。越高，经营效果越好。

销售收入利润率=产品销售利润/产品销售收入 ×100%

（2）销售成本利润率

它是反映生产消耗的经济指标，在畜禽产品价格、税金不变的情况下，产品成本愈低，销售利润愈多，其愈高。

销售成本利润率=产品销售利润/产品销售成本 ×100%

（3）产值利润率

它说明实现百元产值可获得多少利润，用以分析生产增长和利润增长比例关系。

产值利润率=利润总额/总产值 ×100%

（4）资金利润率

把利润和占用资金联系起来，反映资金占用效果，具有较大的综

合性。

资金利润率 = 利润总额 / 流动资金和固定资金的平均占用额 ×100%

三、降低生产成本的措施

（一）生产适销对路的产品

进行市场调查和预测，根据市场变化生产符合市场需求的、质优量多的产品，以获得更多的产品销售收入。

（二）提高产品产量

选择优良品种、创造适宜条件、合理饲喂、应用添加剂（饲料中添加沸石、松针叶、酶制剂、益生素、中草药等添加剂能改善鹅消化功能，促进饲料养分充分吸收利用，增加抵抗力，提高生产性能）、科学管理、加强隔离卫生和消毒等，控制好疾病，促进生产性能的发挥。制订好鹅场周转计划，保证生产正常进行，一年四季均衡生产。

（三）提高资金的利用效率

合理配备各种固定资产，注意适用性、通用性和配套性，减少固定资产的闲置和损毁。加强采购计划制定，及时清理回收债务等。

（四）提高劳动生产率

购置必要的设备减轻劳动强度。制订合理劳动指标和计酬考核办法，多劳多得，优劳优酬。

（五）降低饲养成本

1. 降低饲料费用

在养鹅生产中，饲料费用是鹅场的一大笔开支，占生产成本的70%左右，降低饲料成本是降低生产成本的关键。

（1）科学合理设计配方

在保证鹅的营养需要前提下，尽量降低饲料的价格。

（2）控制原料价格

最好采用当地盛产的原料，少用高价原料。在大宗原料价格最低的时候加大库存，保证高价时使用价格低的原料。

（3）加大饲料管理

周密制定饲料计划，减少积压浪费；做好灭鼠工作，减少饲料损耗；饲喂时减少饲料抛撒；充分利用青绿饲料等。

（4）提高饲料转化率

利用科学饲养技术、创造适宜的饲养环境、严格细致地观察和管理、及时淘汰老弱病残鹅等，提高饲料转化率。

（5）适时出栏

适合出售和屠宰，肉鹅一般饲养 70 天左右，体重达 3 千克以上出售或屠宰最适宜。

2. 减少燃料动力费开支

燃烧动力费在生产成本中也占有一定位置，商品鹅场的燃料动力费主要集中在育雏舍室。减少此项开支的措施有：一是育雏舍供温采用烟道加温，可大大降低鹅场的电费；二是加强全厂用电的管理，并按规定照明的时间给予光照，加强全场灯光管理，消灭“长明灯”。

3. 节省药物使用支出

在鹅场的防疫管理方面，坚持防重于治的方针，加强防疫和消毒管理工作，尽量减少药物的使用。对无饲养价值的鹅，不再用药治疗，应及时淘汰。商品肉鹅场在进雏鹅时，首先要了解种鹅场的防疫情况、是否带有某种传染病，另外，商品肉鹅的鹅苗不宜从多个种鹅场引进，最好从固定的几个种鹅场进苗，以便于传染病的控制。

第六招 增加产品价值

【核心提示】

鹅产品种类多，经济价值大。在生产同样产品量前提下，提高产品质量，充分利用副产品和废弃物，可以增加养鹅的效益。

一、生产高质量的肉鹅

（一）种草养鹅

对于规模化肉鹅养殖，实行种草养鹅是生产优质肉鹅最好的饲养方式。种草养鹅要根据饲养规模，人工种植牧草，满足肉鹅饲草供应，并适量补饲精料。一般要求肉鹅饲养场（户）的人工牧草种植面积为120～150羽/亩。

1. 选好牧草品种

选择适应性强、适口性好、产量高、无病虫害的优质牧草。根据本地区气候条件和场地条件，一般选择鲁梅克斯、黑麦草、苏丹草、苦荬菜、冬菜等品种作为鹅用牧草种植品种。

2. 搞好草鹅结合

种草与养鹅是两个相关联的环节。在实施种草养鹅时，养殖户应根据当地的实际情况及养鹅的时间、批次，选准合适的种草养鹅模式。

为保证牧草常年供应，一般选用以下牧草种植模式：10月上旬播种黑麦草，1月播种苦荬菜，5月播种苏丹草，9月播种冬菜。

3. 加强管理

一是加强种草管理。在施足基肥的前提下，精耕细作，搞好水肥管理和苗期除草等田间管理工作。二是加强养鹅管理。坚持割草养鹅，采用草架饲喂；注意水塘水的清洁，勤换鹅舍垫草，勤清扫运动场；为防消化不良，运动场必须堆放砂砾；同时因舍饲缺少运动，要特别注意合理补饲精料，在饲料中保证蛋白质营养和钙、磷比例合理。此外，种草养鹅还应根据牧草长势，适时调整鹅群数量，防止饲草不足或浪费。

4. 规范用药

鹅是强健的家禽，有较强的抗病能力，一般情况下肉鹅很少发病。在日常饲养中比较多发的是呼吸系统、消化系统和寄生虫疾病。肉鹅常见病主要有小鹅流行性感冒、鹅痢疾、球虫病、鹅矛形剑带绦虫病和鹅软脚病。小鹅流行性感冒可使用青霉素、磺胺类药物防治。鹅痢疾可用土霉素、诺氟沙星等药物防治。鹅球虫病可使用马杜拉霉素、抗球灵、复方敌菌净等药物防治。鹅矛形剑带绦虫病可使用硫双二氯酚（别丁）、吡喹酮、抗蠕敏等药物防治。鹅软脚病可使用鱼肝油、钙片、维生素D等药物防治。防治疾病应选择高效、安全、不良反应少、残留少的药物，严格执行休药期规定。

5. 注意事项

一是坚持全进全出制。饲养商品肉鹅，同一栋鹅舍不得饲养不同

日龄的商品鹅，更不能与其他畜禽混养；二是肉鹅育雏期间禁忌油腻物，否则，若吃到油腻物会自行拔毛而消耗体质；三是规模养殖肉鹅尽量减少各种应激反应，防止惊群的发生及鼠害等野生动物的侵害；四是合理安排肉鹅养殖批次，每批间应有一定的休养期，以便彻底清扫消毒。

（二）选购优质肉鹅

肉鹅及其产品通过加工得到综合利用，这对于充分利用产品资源，满足市场多种需要，提高养鹅经济效益，保障人民身体健康，减少环境污染危害，增值、增利、增税、创汇等都具有极其重要的作用。肉鹅及其产品的加工将从单纯的手工操作向机械化生产，从初级产品向系列深加工产品，从一次利用、几次利用向综合利用方向发展，加工的效率、深度和广度都将不断提高。活鹅是肉鹅及其产品的基础，活鹅的质量直接关系到鹅加工的质量。

1. 肉鹅收购等级与规格

活鹅收购等级与规格，见表 6-1。

表 6-1　活鹅收购等级与规格

等级	规格（X）/（千克 / 只）
一级	$X \geqslant 2.75$
二级	$2.25 \leqslant X < 2.75$
三级	$2 \leqslant X < 2.25$
等外	$1.5 \leqslant X < 2$

2. 肉鹅的质量要求和检查

首先，必须按照有关法规，由兽医卫生检疫人员对活鹅进行检查，确实健康无病，取得合格、有效的检疫证明后，才能收购。市场检疫，主要是区分健康鹅、病鹅及可疑鹅。对于成群的活鹅，可先大群观察，再逐只检查或抽样检查。

大群观察主要看鹅的精神状态是否正常，有没有缩颈、垂翅、羽毛松乱、闭目孤立等不正常情况；听鹅的呼吸是否急促或困难，是否发出“咯咯”“咕咕”等怪叫声或气喘声。用竹竿略赶一下鹅群，看是否有跟不上群、伏地、只鸣叫不动弹的鹅。

逐只检查时，左手提握鹅的双翅，先看头部、口腔、鼻孔，再仔细观察眼睛。用右手触摸食道膨大部，判断有无积食，挤压时是否有气体或积水的感觉，倒提时口腔内是否有液体流出。然后，拨开胸腹部绒毛，观察皮肤有无创伤，是否有发红、僵硬等现象。接着，检查肛门周围粪便沾污情况，观察肛门张缩情况及色泽。最后，将鹅接近耳边，轻拍鹅体，听其发声是否正常。

通过以上检查，可以发现病鹅和可疑的鹅。发现后应及时将这些鹅剔出，关入隔离圈，待进一步诊断后再按规定处理。同时，记录病鹅的只数，症状和检查、检验结果，了解同群鹅的产地、运输工具和运输路线，以便必要时采取应急措施。不同群的鹅，最好分别关在不同的圈内，如条件不许可，至少要将来自有疫情地区和无疫情地区的鹅分开饲养管理。

其次，必须对鹅的加工价值作出判断。对于仅以光鹅作为产品的加工企业或专业户来说，通常采取统货按斤收购，不分肥瘦、公母、新老。这种办法虽简单易行，但做不到优质优价、劣质低价，也满足不了深度加工的需要，不宜提倡，应加以改进。新老鹅的区别对于加工者来说是十分重要的，因为加工时两种鹅烫煺毛的水温和脱毛方法有所不同，商品价值也不一样。鹅的饲养年龄与个体体重有关，可作参考。从外形上也可做大体的区别。鹅达到 8 ～ 12 月龄时，头上喙的基部才会长瘤，老鹅的瘤在橘黄或橘红色中会起一层白霜状物，这些与新鹅不同。

活鹅收购的等级、规格，因各地的习惯、鹅的品种、加工用途的不同而不同。一般要求活鹅羽毛齐全，干毛平嗦，肥膘一般，无病无伤。

收购来的合格活鹅应尽快调运给加工厂。活鹅的运输要求安全，努力防止或尽量减少掉膘减重。运输活鹅最好是水上赶运，既安全又

省钱，也可以使用多种交通工具运输。用交通工具装运时，应装笼。运输前，应喂适量易消化的饲料。装笼时，再做一次健康检查，剔除病鹅。运鹅的笼底部最好垫些柔软的物品，如席片、稻草等，以防擦伤鹅胸部皮肤，影响加工后屠体的等级。运输过程中，夏季要防止日晒和雨淋，冬季要防风、防冻。运输路途较远时，途中应适当供水，保持通风良好。水上赶运时，鹅群不宜过大，一般不超过2000只，赶运的速度也不宜过快，以每天15千米为好，途中每天喂料2～3次。

二、鹅肥肝生产

（一）鹅肥肝的营养价值

鹅肥肝是一种特殊的肝脏，实际上就是脂肪肝。它是对体成熟基本完成的鹅，用人工强制肥育的方法饲以超额的高能量饲料，让多余的养分转化为脂肪，并在短时间内积储于肝脏中而形成比正常的鹅肝脏（50～100克）大几倍至十几倍的特大脂肪肝（一般重300～900克，大者可达到1000克）。鹅肥肝外形厚实，两叶发育均匀。

肥肝中的不饱和脂肪酸的含量约占全部脂肪酸含量的65%～68%，肥肝的不饱和脂肪酸中包括油酸61%～62%、亚油酸1%～2%、棕榈油酸3%～4%。不饱和脂肪酸能降低人体血液中胆固醇的含量，减少胆固醇类物质在血管壁上的沉积，减轻与延缓动脉粥样硬化的形成，对健康极为有益。鹅肥肝与正常肝相比，三酰甘油含量增加176倍，卵磷脂含量增加4倍，脱氧核糖核酸与核糖核酸增加1倍，酶的活性提高3倍，并含有多种维生素，因此营养丰富，能滋补身体，加之肥肝质地细嫩，口味鲜美，使之成为高档新型营养食品，畅销于国际市场。

（二）填肥的品种、年龄和季节选择

品种对肥肝的大小影响很明显。一般体型越大，生产的肥肝也较大，应尽可能选择大型品种填饲。我国的狮头鹅和法国的朗德鹅都是

肝用性能较好的品种，平均肥肝重可达700克左右，高的可以达到1350～1400克；应选择颈粗而短的鹅填饲，便于操作，不易使食道伤残，如朗德鹅；填鹅的体躯要长，胸腹部大而深，使肝脏增长时体内有足够的空间。在实践中，为了提高肥肝的生产能力，通常采用肥肝生产性能好的大型品种作父本，用繁殖率高的品种作母本，进行杂交，利用杂种一代生产肥肝，如以产肥肝性能优秀的狮头鹅为父本，分别与产蛋较高的太湖鹅、四川白鹅、五龙鹅杂交，其杂种的平均肥肝重明显提高。

年龄对鹅生产肥肝有较大的影响。一般情况下，用于生产肥肝的鹅应在体成熟后进行。就我国鹅品种或杂交种来看，大、中型品种在4月龄、小型品种或杂交种在3月龄时开始填饲。

鹅是季节性产蛋的，多数鹅从当年的9～10月份开始产蛋到次年的4～5月份结束，也有全年分3～4期产蛋孵化，这就导致了填鹅的季节性生产。仔鹅填饲的最适宜温度为10～15℃，20～25℃尚可进行镇饲，但不能超过25℃，因为填饲的是高能量饲料，使仔鹅皮下积储着大量脂肪，不利于体内热量的散发。相反，填饲的仔鹅对低温的适应性较强，但如果室温低于0℃时，则一定要做好防冻工作。因此，在我国部分养鹅地区，除盛夏和严寒季节外，其余季节均可填饲，生产肥肝。公鹅的绝对肝重比母鹅大，用公鹅生产肥肝较有利。

（三）填喂饲料的选择与调制方法

1. 饲料选择

生产肥肝的填喂饲料，效果以玉米最佳，大米次之，其他各种饲料效果极差。因为玉米所含能量高，容易转化为脂肪积储；如果是陈玉米则效果更好，这是因为陈玉米的水分少，胆碱含量低，磷含量也低，每千克玉米含胆碱441毫克，而燕麦为958毫克，大麦为991毫克，小麦为1205毫克，胆碱能促进脂肪的转移，保护肝脏不让脂肪大量积储，但不利于肥肝的形成。目前，各地都采用玉米一种饲料作为主料，添加肉禽微量元素和维生素添加剂，再按饲料总量加

1% ～ 1.5% 食盐和 1% ～ 2% 油脂（食用的植物油和动物油均可）。

2. 饲料调制方法

（1）水煮法

将玉米倒入开水锅内，使水面浸没玉米 5 ～ 10 厘米，煮沸 3 ～ 5 分钟，捞出沥干，趁热拌入 1% ～ 2% 的油脂（气温高时用动物油，如猪油；气温低时用植物油），再加入 0.3% ～ 1% 的食盐。为减少应激，每 100 千克饲料中加入 10 ～ 20 克多种维生素（不含胆碱）和适量的微量元素，与玉米充分拌匀填饲。

（2）干炒法

将玉米倒入铁锅内，用文火不断翻炒，切忌炒焦，一般炒至八成熟，炒完后装袋待用。填饲前用温水将玉米粒浸泡 1 ～ 1.5 小时，以玉米粒表皮泡软为度，沥干水分，加入 0.5% ～ 1% 的食盐和其他辅料，充分拌匀后填饲。

（3）浸泡法

将玉米在水中浸泡 8 ～ 12 小时，沥干水分，加入 0.5% ～ 1% 的食盐和 1% ～ 2% 的动、植物油后即可填饲。

（四）填饲

1. 填饲方法

目前都普遍采用电动填肥器填饲。一般两人为一组，其中 1 人抓鹅、保定，1 人填饲。填饲者坐在填肥器的座凳上，右手抓住鹅的头部，用拇指和食指紧压鹅的喙角，打开口腔，左手用食指压住舌根并向外拉出，同时将口腔套进填肥器的填料管中后徐徐向上拉，直至将填料管插入食道深部（膨大部），然后脚踩开关，电动机带动螺旋推进器，把饲料送入食道中。与此同时，左手在颈下部（填料管口的出料处）不断向下推抚，把饲料推向食道基部，随着饲料的填入，同时右手将鹅颈徐徐往下滑，这时，保定鹅的助手与之配合，相应地将鹅向下拉，待填到食道 4 / 5 处时（距咽喉处约 4 ～ 5 厘米），即放松开关，电动机停止转动，同时将鹅颈从填料管中拉出，填饲结束，整个过程

约需 20 ～ 30 秒。

2. 填饲次数和填饲量

填饲次数和填饲量要从少到多，逐步增加，开始时不可填饲过多、过猛，适应后要尽量多填，但要根据不同个体状况灵活掌握。开始 3 天，每天填饲两次，这叫适应性填饲，待鹅习惯后，每天增加到 3 次，填 10 天后，再增加到 4 ～ 6 次，每次间隔的时间最好相等。为照顾饲养员休息，夜间两次间隔的时间可以稍长些。如果人力允许，填饲两周以后，可以实行 3 班制，改成昼夜填饲，即每隔 4 小时填 1 次（0 时、4 时、8 时、12 时、16 时、20 时）。增加次数的目的是增加填饲量，只要填得下、能消化，就应尽量多填，这是生产大肥肝的关键技术之一。每次每只填 50 ～ 100 克，每天填 200 克左右，适应以后逐渐增加填饲量，每天每只可填 600 ～ 800 克。

3. 填饲期

因品种和方法而稍有不同，大型品种填饲期稍长些，小型品种填饲期稍短些，但个体之间也有很大差异。过去每天填 3 次，填饲期长达 4 周多，现在增加次数和加大填饲量后，一般填 3 周，就可以生产出大肥肝。同样的品种、同样的填法在个体之间也有很大的差异，早熟的个体，填 16 ～ 18 天就出大肥肝，晚熟的个体要填 30 多天。当加大填饲量后，鹅体重迅速增加，皮下和腹腔内积满脂肪，腹部下垂，行动迟缓，步态蹒跚，精神萎靡，眼睛无神、常半开半闭，呼吸急促，羽毛潮湿而零乱，行走的姿势也出现变化，体躯与地面的角度从 45°变成平行状态。食欲减退，出现积食或消化不良症状，这是肝已成熟的表现，应立即停填，及时屠宰。否则，由于进食少，消化不良，已经肥大的肝脏又会因营养消耗而变小。有的鹅体重增加不快，食欲尚好，精神亢奋，行动灵活，这说明还不到屠宰时期，应当继续填饲。

4. 填肥鹅的选择

填肥鹅必须是 80 日龄左右、体格生长已基本完成的育成鹅，尚未充分生长的鹅，经不起强制填饲，容易伤残；选择颈粗短、体型大

的健壮个体，生长不良的弱鹅绝不能填饲。肥肝鹅在育成期内，最好放牧饲养，多吃青饲料，以扩大食道容积。填饲前先进行1次体内外驱虫。

5. 填肥鹅的管理

（1）保持适宜环境

鹅舍要围成小栏，每栏养鹅5～10只，每平方米养2～3只为宜；圈舍要求冬暖夏凉，通气良好，空气新鲜，地面平坦，地上无石块等硬物，地面适当铺垫草，以保持干燥，保持清洁卫生，每次填饲完后应及时清扫。

（2）保证充足饮水

供应充足的饮水，水盆或水槽放在围栏外，让鹅伸出头来饮水。

（3）减少填肥鹅的活动

为使鹅得到充分的休息、减少能量消耗、利于肥肝生长，鹅舍光线宜暗，保持环境安静，禁止鹅下水洗浴，减少对鹅的干扰。驱赶鹅应缓慢，防止挤压和碰撞，捕捉时应格外小心，轻提轻放。

（4）注意观察

平时仔细观察鹅群的精神状况，特别是填饲10天后，根据具体情况决定是否紧急屠宰，以减少损失。

6. 填饲鹅的运输

填饲结束后的鹅要送往食品加工厂集中屠宰取肝。屠宰前12小时应停止填饲。填饲成熟后的鹅，由于较长时间超额供给营养，新陈代谢不正常，肥肝压迫，影响呼吸系统的功能，体质很弱，生活力很差，装运时必须小心谨慎，以免在装运过程中使肥肝淤血或使鹅死亡。装运的笼子垫草应铺厚些，运输要平稳，防止颠簸，装卸时应双手捧住两翅，轻提轻放。

（五）填饲鹅群的疾病控制

填饲是一种违反鹅生理需要的强制性饲喂手段，不仅对鹅造成严重应激，而且可能造成机械性损伤。同时，随着脂肪的迅速沉积、鹅体重的不断增加和肥肝的形成，鹅的抗病力显著减弱，极易发病。填饲鹅常见的疾病及控制措施见表 6-2。

表 6-2　填饲鹅常见的疾病及控制措施

疾病和特征		控制措施
喙角溃疡		避免喙角破损、发炎
咽喉炎	咽喉黏膜及其深层组织的炎症；特征是周围组织充血、肿胀和疼痛	避免机械损伤
食管炎	食管黏膜受摩擦造成局部损伤引起的炎症	避免机械损伤
食管破裂	填肥鹅的食管破裂，使玉米在填饲时由食管破口进入颈部皮下	填饲管口要圆滑；插入时动作要轻，插入方向与鹅的食管要一致
积食	包括胃积食和食管积食，是由于消化功能紊乱引起的以腹泻和排出含大量整粒的、未消化玉米为主的粪便为特征的疾病	注意填饲料的加工调制和适宜的填饲量
跛行与骨折	填饲后期，鹅活重增加近一倍，其腿足往往支撑不住体重，出现歪脚、跛行，这是正常现象	操作人员在捉鹅时必须小心细致，轻捉轻放，否则容易造成翅膀和腿部骨折
气管异物	异物从喉头落入气管所致，严重者会因窒息而死亡	填饲时避免饲料由喉头落入气管
禽霍乱	填饲期鹅的抵抗力弱，如果卫生管理不好，消毒不力，很容易诱发禽霍乱	一般在填饲前预防接种，同时加强卫生管理，适当补充多种维生素

（六）屠宰取肝

肥肝鹅一般只绝食 6 小时就宰杀，即前一天 22 时填饲后，第二天早晨就可屠宰。肥肝鹅屠宰前不能强烈驱赶，捉鹅要十分小心，一般用双手抱鹅，轻抱轻放，以免肝脏破裂变为次品或出血致死，尽量避免长途运输。

1. 屠宰

屠宰时将鹅倒悬挂在吊架上，从颈部用刀割断血管放血，放血必须干净，使屠体白净，肥肝色泽好，切不可淤血。

2. 浸烫

放血干净后立即浸烫，水温63～65℃，浸烫时间3～5分钟，根据季节气温高低酌情调整时间。浸烫水必须保持干净清洁，未死透或放血不净的鹅不能进水池烫毛。

3. 预冷

屠体拔毛完毕、洗净后，将鹅体排放平整（胸部朝上），进入冷库预冷，约经18～24小时，当鹅体中心温度达2～4℃（不结冻）即可出预冷库。

4. 开膛取肝

从龙骨末端开始，沿着腹部中线向下切割，切至泄殖腔前缘，把皮肤和皮下脂肪切开（不得损伤肥肝和肠管），使腹腔的内脏暴露，并使内脏与腹腔脱离，只有上端和胸腔连着，然后头朝上把鹅挂起，使肥肝垂落到腹部，这时取肝人一手托住肥肝，另一手伸入腹腔内把肥肝轻轻向下作钝性剥离，这时胆囊也随之剥离。取肝时万一胆囊破裂，应立即把肥肝的胆汁冲洗干净。

5. 整修、检验、称量

肝取下后，放在操作台上，去除肥肝上的结缔组织、脂肪，并把胆囊部位的绿色渗出物修除，随后整形、检验、称重，把合格的和不合格的、不同等级的肥肝分别包装。称量后的肥肝，应立即进入预冷间（0℃左右），预冷时间约8～12小时（以肥肝略有硬度、压痕能在较短时间内复原为标准）。鲜肥肝预冷后，应立即盛放在有冰块的塑料保温箱内，打包发运。冻肥肝称量后立即转入结冻间进行速冻，并标明生产日期，分级包装，然后送冷库存放。

（七）肥肝的分级

肥肝的分级主要是按重量和感官质量评定。肥肝重量在很大程度上反映了肥肝的水平，肥肝越重，利用价值越大，等级越高；感官评定应从色泽、组织结构、气味等方面评定，见表 6-3。

表 6-3　鲜鹅肝感官分级指标

<table>
<tr><th>级别</th><th>色泽</th><th>弹性</th><th>气味</th><th>特征</th></tr>
<tr><td>特级</td><td>淡黄、米黄色，肝表有光泽且色度均匀</td><td rowspan="2">指压后凹陷很快恢复</td><td rowspan="2">具鲜肝正常气味</td><td>肝体完整，无血、血肿、胆汁绿斑</td></tr>
<tr><td>一级</td><td>淡黄、米黄色</td><td>允许肝体切除一小部分，血斑直径 20 毫米者不超过两块，无血肿、胆汁绿斑</td></tr>
<tr><td>二级</td><td>淡黄、米黄、黄色或浅粉色</td><td>指压后凹陷较快恢复</td><td rowspan="2">无异味</td><td>允许肝体切除一小部分，允许有血斑，无血肿、胆汁绿斑</td></tr>
<tr><td>三级</td><td>淡黄、米黄、黄色、浅粉或浅红色</td><td>指压后凹陷恢复较慢</td><td>允许肝体切除一部分，允许有血斑、血肿，无胆汁绿斑</td></tr>
</table>

肥肝的重量分级，不同国家、不同企业、不同时期有不同的标准。例如，法国特级肝重 800 ～ 850 克。我国国内销售的鹅肥肝一般分级为：A 级肝重 600 ～ 1000 克或 1001 克以上，B 级肝重 500 ～ 599 克，C 级肝重 400 ～ 500 克，400 克以下为等外肝。

（八）包装、储藏及运输要求

1. 包装要求

包装室温度在 4℃左右，包装材料应干净、未受污染。按鲜肝等级用不同规格的复合塑料薄膜袋真空包装。复合塑料薄膜要求为 3 层以上聚酯、聚丙烯或改性聚丙烯。包装箱要求：内箱用聚乙烯泡沫塑料箱，厚度应不小于 40 毫米，盖与箱体应能严密卡合；外箱为瓦楞纸板箱。包装箱上应印有或贴有下列内容的标志：品名、等级、毛重与净重、生产日期和生产厂名。

包装方法：工作人员需戴乳胶手套装肝，装肝入袋时要防止肥肝与袋口接触，袋口理平后放入真空包装机内进行真空包装。其真空度要求在 680 ～ 760 毫米汞柱（1 毫米汞柱等于 133.322 帕，余同）。装箱要求：将内箱底层撒一层最大直径小于或等于 20 毫米的碎冰，然后将肥肝一层层平码箱内。在肝的表面层再撒上一层碎冰，其直径和厚度与底层相同。

2. 储藏要求

鲜肥肝需放于 4℃左右冷库或冷藏柜中。如果生产的肝需要长期保存或只能以冻肝的形式出售，则鲜肝需经速冻处理后冷藏。速冻处理：速冻可以在包装后带包装进行，也可以用塑料袋包装后，悬挂状态下在流水线上速冻。

速冻温度为 −35℃，相对湿度 85% ～ 95%，经 5 ～ 7 小时，肥肝中心温度降至 −16℃。速冻后的鹅肥肝，要继续作长时间储藏，应及时送入冷藏库，冷藏库温度要求 −20 ～ −18℃，相对湿度 95% 左右，一般可以保存 10 ～ 12 个月。

3. 运输要求

鲜肥肝需放于冷藏车中运输或空运。保存期限：鲜肥肝保存和运输时间最长不超过 5 天。

三、羽绒采集

（一）羽绒的类型

按羽绒的形状和结构，把鹅体上的羽绒分为 4 种主要的类型。

1. 正羽（被羽）

正羽为覆盖鹅体表绝大部分的羽毛，如翼羽、尾羽以及覆盖头、颈、躯干各部分的羽毛，正羽由羽轴和羽片两部分组成。

2. 绒羽

绒羽被正羽所覆盖，密生于鹅皮肤的表面，是整个羽毛的内层，外表见不到。绒羽特点是羽茎细而短，柔软蓬松的羽茎直接从羽根部生出，呈放射状。绒羽的羽小枝上没有小钩或者小钩不发达。羽小枝构成隔温层起保温作用，是羽毛中价值最高的部分。绒羽主要分布在鹅体的胸部、腹部和背部。绒羽中由形态、结构的不同，又可分为朵绒、伞形绒和毛形绒。

3. 纤羽（毛羽）

分布在所有羽区。羽毛纤细如毛，羽轴较硬，仅在羽轴的顶部有少数羽枝，保温性能差，利用价值低。

4. 绒型羽（半绒羽）

绒型羽是介于正羽和绒羽之间的一种羽绒，其特点是羽绒的上部是羽片，下部是绒羽，但绒羽较稀少。

（二）羽绒的采集方法

1. 一次性宰杀取毛法

（1）湿拔法

宰杀放血后，放入65～70℃的热水中浸烫2～3分钟，使鹅体表组织松弛，羽毛容易拔下。注意水温不能过高，浸烫时间不能过长，否则绒毛出现收缩卷曲，色泽暗淡，同时在拔毛时鹅体皮肤容易受到损伤。此外，绒朵往往分散到水中，要尽量捞取，因为这是鹅毛中最重要的部分。

此种取毛方法要经过65～70℃的热水浸烫和日晒干燥等过程，破坏了部分绒朵结构，导致绒羽蓬松度下降、弹性减弱，绒羽丢失严重，且容易混入泥沙等杂质，如遇阴雨天，还容易造成毛绒结块、成团、发霉变质、虫蛀等。

（2）干拔法

鹅宰杀放血后，在鹅体还保持一定的体温时，立即进行人工拔毛。

对于难拔的翅羽和尾羽，最后用热水浸烫后拔取。干拔法拔下的鹅毛保持了原有的毛形，色泽光洁，杂质较少，但花费的人工较多。

2. 活体多次拔毛法（鹅活体拔毛）

鹅活体拔毛是指利用人工技术拔取成年活体鹅的羽绒。鹅活体拔绒利用休产期的种鹅、后备种鹅和肉用仔鹅，活拔 3 ～ 4 次鹅羽绒，在不影响鹅健康和不增加鹅饲养量的情况下，能增产优质的鹅羽绒 0.3 ～ 0.4 千克。活拔鹅羽绒的弹性足，蓬松度好，柔软干净，色泽一致，含绒率高（22% 以上），其余的羽片也都可利用，而且活拔鹅的羽绒制品的使用时间较长。所以鹅活体拔毛能提高养鹅的综合经济效益，值得推广。

并不是所有的鹅都可以用来活拔，不是什么时候都可以活拔，也不是任何部位的羽绒都有必要拔，否则影响到鹅的健康和生产，所以要掌握好活体拔羽（毛）的时机。

夏秋两季青草旺盛，是活体拔毛的最佳时期。特别注意，种鹅在产蛋繁殖季节和严重缺乏青绿饲料时期以及肉用仔鹅和后备种鹅的羽绒还没有长齐的时候，不能随意进行活体拔毛。活拔鹅羽绒一定要和当地的气候、养鹅的季节、鹅的类型相结合，尽可能做到不影响产蛋、配种、健康，尽可能不影响或者少影响鹅的生长发育，这是必要的前提。

① 后备种鹅　从中鹅中选出后备种鹅养到 90 ～ 100 日龄时，即可进行第 1 次拔毛，以后每隔 42 天左右拔毛一次，到开产前 1 个月左右停止拔毛，一般可拔毛 3 ～ 4 次，后备种鹅通过活体拔毛，每只鹅可增收 16 ～ 20 元。

② 种鹅　种鹅必须在夏季停产后还没有换好毛之前，抓紧进行活体拔毛。到下一次开产之前 1 个月左右，可连续拔毛 3 ～ 4 次。种鹅体型大，羽绒多，对种鹅进行活体拔毛，是降低种鹅饲养成本、增产增收的有效途径。

③ 肥肝鹅　肉用仔鹅的羽毛刚长齐，体重较轻，不能用于填饲生产肥肝，需要再饲养一段时间，在这个阶段可适时拔毛 1 次，等新毛

长齐后再填饲。若当时天气炎热，不能填饲，还可以拔毛 1 ～ 2 次，至天气凉爽后新毛长齐，再进行填饲生产肥肝，这是增收的好办法。

④ 肉用仔鹅　肉用仔鹅饲养到 80 ～ 90 日龄，羽齐肉足，即可上市，一般不宜进行活体拔毛。因为，这时产毛量少，含绒量低，而且拔毛还会影响仔鹅屠体的外观品质；但是如果当地的饲养条件好，仔鹅上市集中，价格又不高，可养到 90 ～ 100 日龄开始拔毛，每只鹅第 1 次拔毛可获得含绒率达 20% 的羽绒 80 克左右，拔毛后再养 40 天，新毛长齐，可再进行拔毛，让仔鹅继续生长，延迟至价格较高时再出售，这样既有活拔羽绒的收入，又有价格升高的增收额，总体上可能超过延长饲养时间增加的成本。

⑤ 专用拔毛鹅　这种鹅不论公母，也不论季节，一年拔毛 6 ～ 7 次。

（三）拔毛前的准备

为了保证活拔鹅羽绒的顺利进行，提高工作效益和羽绒质量，在拔毛之前要做好有关的准备工作。

1. 人员准备

活拔鹅毛对鹅是一种较大应激，为减弱应激，操作人员要熟练掌握活体拔毛的操作要领。

2. 鹅的准备

初次拔毛的鹅在拔毛前几天，要进行抽样检查。检查时用手在鹅的胸部将羽毛翻起来，看毛根是否已经干枯，看有无未成熟的血管毛。如果羽毛根部已干枯，皮肤中的一些血管毛刚刚显露，说明此鹅羽毛成熟，并将开始换毛，正是活拔羽绒的适宜时候。如果大部分毛根已干枯，一部分血管毛已经长出皮肤，说明这只鹅正在换毛，此时虽可拔毛，但产毛量与含绒率将有所下降。如果大部分羽毛为血管毛，说明旧毛已大部分脱落，新毛尚未长齐与成熟，不能拔毛，拔毛应剔除发育不良、体弱消瘦的鹅。另外，在拔毛前一天要停止喂食，只供给

饮水。在拔毛的当天饮水也停止，以免在拔毛时鹅因受机械刺激，不时排出粪便，污染拔下的毛绒及操作者的工作服。对羽毛不洁的鹅，在拔毛的前一天要让其在水内洗澡，或人工刷洗羽毛，去掉泥沙及污物，以获得更为干净、漂亮、高质的毛绒。为了有利于拔毛，可在拔毛前 10 分钟左右，给每只鹅灌服中度白酒 10 ～ 12 毫升，能使毛囊扩张，皮肤松弛。

3. 场地和设备

选择天气晴朗、温度适中的天气拔羽绒；拔羽绒场地要避风向阳，以免鹅绒随风飘失；地面打扫干净后，可铺上一层干净的塑料薄膜，以免羽绒被污染。准备好围栏及放鹅羽绒的容器，可以用硬的纸板箱或塑料桶；再准备好一些布口袋，把箱中拔下的羽绒集中到口袋中储存；另外，还要配备一些凳子、秤，消毒用的红药水、药棉。对拔毛环境内的有关器物总的要求是光滑细腻、清洁卫生、不勾毛带毛、不污染羽绒。

（四）拔羽绒的部位

活拔的鹅羽绒主要用作羽绒服装或卧具的填充物，需要的是含“绒朵”量最高的羽绒和一部分长度在 6 厘米以下的“片绒”，所以拔羽绒的主要部位应集中在胸部、腹部、体侧和尾根等。

（五）鹅体的保定

1. 双腿保定

操作者坐在凳子上，用绳捆住鹅的双脚，将鹅头朝操作者，背置于操作者腿上，用双腿夹住鹅，然后开始拔羽绒。此法容易掌握，较为常用。

2. 半站立式保定

操作者坐在凳子上，用手抓住鹅颈上部，使鹅呈站立姿势，用双脚踩在鹅两脚的趾和蹼上面（也可踩鹅的两翅），使鹅体向操作者前

倾，然后开始拔羽绒。此法比较省力、安全。

3. 卧地式保定

操作者坐在凳子上，右手抓鹅颈，左手抓住鹅的两腿，将鹅伏着横放在操作者前的地面上，左脚踩在鹅颈肩交界处，然后活拔羽绒。此法保定牢靠，但掌握不好，易使鹅受伤。

4. 专人保定

1人专做保定，1人拔羽绒。此法操作最为方便，但需较多的人力。

（六）拔羽绒操作

1. 毛绒齐拔法

拔时先从颈的下部、胸的上部开始拔起，从左到右，从头至腹，一排排紧挨着用拇指、食指和中指捏住羽绒的根部往下拔。拔时不要贪多，特别是第一次拔羽绒的鹅，拔片羽时一次2～3根为宜，不可垂直往下拔或东拉西扯，以防撕裂皮肤；拔绒羽时，手指紧贴皮肤，捏住绒朵基部，以免拔断而成为飞丝，降低绒羽的质量。胸腹部的羽绒拔完后，再拔体侧、腿侧和尾根旁的羽绒，拔光后把鹅从人的两腿下拉到腿上面，左手抓住鹅颈下部，右手再拔颈下部的羽绒，接下来拔翅膀下的羽绒。拔下的羽绒要轻轻放在人身旁的容器中，放满后再及时装入布袋中，装满装实后用细绳子将袋口扎紧储存。

2. 毛绒分拔法

先用三指将鹅体表的毛片轻轻由上而下全部拔光，装入专用容器中，然后再用拇指和食指平放紧贴鹅的皮肤，由上而下将留在皮肤上的绒朵轻轻拔下，放在另外一只专用容器中。

在操作过程中，拔羽方向顺拔和逆拔均可，但背部和颈部最好是顺拔。因为鹅的毛绝大部位是倾斜生长的，顺毛方向拔不会损伤毛囊组织，有利于毛的再生。第一次拔毛时，鹅的毛孔较紧，比较费劲，需要的时间就多些，但以后再拔毛孔就松弛了，拔起来也容易了。如果

不慎将鹅的皮肤拔破，可用红药水（或紫药水、0.2% 高锰酸钾溶液）涂抹消毒，并注意改进手法，尽量避免损伤鹅体，鹅的抗病能力和羽毛的再生能力都比较强，在皮肤有点破损时对其正常生长无不良影响。刚刚拔完毛的鹅，应立即轻轻放下，让其自由活动、采食和饮水，但在鹅舍内应尽量多铺些干净的垫草，保持温暖干燥，以免鹅的腹部受潮受冻。另外，拔光羽绒的鹅不要急于放入未拔羽绒的鹅群中，以免"欺生"情况发生。

（七）药物脱毛方法

采用活鹅拔毛，有时鹅的皮肤被扯破，容易造成感染。采用活鹅药物脱毛，则可避免上述情况的发生，每只成年鹅每年至少可药物脱毛 3 次，肉食鹅平均饲养期 6 ～ 10 个月，在出生后 3 个月到屠宰前 1 个月，可以药物脱毛 2 ～ 4 次，产蛋鹅可利用休产期进行药物脱毛。

1. 脱毛药品名称及用药剂量

活体药物脱毛所用的药品叫复方脱毛灵，又称复方环磷酸胺，每千克体重用药剂量为 45 ～ 50 毫克。

2. 投药方法

一人固定鹅并将鹅嘴掰开，另一个人将计算好量的药物投入鹅舌部，再将 25 ～ 30 毫升清水送下，服药后让鹅多次饮水。投药时，如用胃管将药直接送到胃内更好。鹅服药后 1 ～ 2 天食欲减退，个别鹅排绿色稀便，3 天后即可恢复正常。

3. 脱毛原理

环磷酸胺是一种潜化型氮芥类药物，本身无活性，进入机体后经肝微粒体的氧化酶代谢后，生成活性代谢物，抑制细胞生长繁殖，经一定时间后毛极变细，易于脱落。据测定，服药后1小时血浆中药物浓度达到高峰，半衰期为 5 ～ 6 小时，48 小时后药物排出为99% 以上，肉中无残留，只是在肝、肾、脾、膀胱中有微量残毒，对鹅无危害。

4. 拔毛方法

服药后 13 ～ 15 天拔毛绒，拔毛前，鹅要停食 1 天，拔毛前 1 天鹅下水进行洗浴，使其身体干净，保证绒毛质量，拔毛前不必灌酒。拔毛方法是：操作者坐在小凳上，双腿夹住鹅体，用一只手抓住头将颈拉往后背，使鹅的胸腹部朝上，另一只手的拇指、食指和中指抓住毛片顺茬往下拔，先拔毛片，后拔毛绒，分别存放。拔毛的顺序为：头、胸、腹、两肋、腿、肩和背部。翎毛一般不拔，如需要时可用钳子：往翎毛根用力一次拔出，不能损坏羽面，拔毛时不慎拔破皮肤要处理，防止发炎。

注意：鹅药物脱毛的关键是掌握好药物的剂量；药品保管时要避免受潮，勿氧化失效；鹅服药后，要注意观察，不要让鹅把药片吐出来；弱、病、老鹅（5 岁以上的）以及将要出口的鹅，不宜药物脱毛。

（八）鹅活拔羽绒后的饲养管理

活体拔毛对鹅来说是一个比较大的外界刺激，鹅的精神状态、适应力和抵抗力都会受到影响，为确保鹅群的健康，使其尽早恢复羽毛生长，必须加强饲养管理。

最初 1 ～ 2 次进行鹅活拔羽绒时，大多数鹅会出现不适应，表现出精神不佳、步态不稳、食欲不振、愿站不愿睡、胆小怕人等现象，经 2 ～ 3 天就可恢复。拔羽绒后，机体新陈代谢加强，营养需要增加，在新羽生长过程中需要补充更多的蛋白质。因此，在拔羽后 1 周内的日粮中应多加入一些蛋白质饲料，以促进新羽的生长。

鹅在活拔羽绒后皮肤裸露，3 天以内，鹅不能放牧、下水，切忌暴晒和雨淋，1 周以后即可进行放牧；如皮肤裂伤，应待伤口愈合后再下水；活拔羽绒后的成年公母鹅应分开饲养，以防交配时公鹅踩伤母鹅；皮肤有伤的鹅也应分群饲养。

圈舍地面的垫料应铺厚些，夏季要预防蚊虫叮咬，冬季要注意保暖防寒，以免拔羽后的鹅感冒。

（九）鹅毛绒的质量要求

开展活拔鹅毛技术的目的，是取得高质量的羽绒，提高养鹅经济效益。羽绒市场上的毛绒是按质论价的，毛的含绒量越高，质量就越好，售价也就越高。

1. 鹅毛绒的质量要求

对鹅毛绒收购与出口的质量要求见表6-4。

表6-4 鹅毛绒收购与出口的质量要求

指标	要求
质地纯净	毛绒不掺有其他杂质和其他畜禽毛
含绒量高	采用统价收购的鹅原毛，一般含绒量要求在9%左右；若是活拔的鹅毛或是半成品的鹅毛（即经加工过），含绒量在18%以上；毛片长度不超过6厘米
“飞丝”“黑头”含量低	毛片和绒朵被拔断了的羽丝叫“飞丝”，主要是拔取时操作不当引起的。“黑头”指异色毛绒。出口羽绒规定，飞丝含量不得超过10%，黑头（在白色毛绒中）含量不得超过2%。所以，在拔鹅毛过程中要认真按操作要求进行，尽可能避免飞丝、黑头产生。对白鹅绒毛上的异色毛，可先将其拔光另行存放包装，不能与白色毛绒混装
干净、干燥，绝不能受潮	要注意包装和保管，拔取的毛绒要用干净不漏气的塑料袋包装，外面套以塑料编织袋或麻袋，并用绳子捆紧，存放在干燥地方，再用木条或砖块垫高以免受潮。在储藏过程中要经常检查，防止虫蛀变质，造成损失

2. 毛的等级划分

毛的等级划分见表6-5。

表6-5 毛的等级划分

级别	生产时间	标准
一级毛（俗称冬春毛）	南方每年农历10月份至翌年3月份，北方9月份至翌年4月份	毛片大，绒朵也大且丰富，色泽好，手感柔软，弹性强，血管毛少，含杂质少，毛品质好，产量也高，鹅毛绒含绒量在20%以上，杂质不超过8%

续表

级别	生产时间	标准
二级毛 （俗称夏秋毛）	北方 5～8 月份采集的毛为夏秋毛	毛片少，绒朵少，血管毛多，杂质多，毛的品质差，产量低。一般二级毛含绒量为 20% 以下，杂质不超过 10%，杂毛 1% 以下，水分不超过 10%～13%，飞丝不超过绒朵的 5%。刀剪毛、手撕毛按杂质处理

（十）鹅羽绒的储藏与初加工

1. 鹅羽绒的储藏

拔下的鹅羽绒不能马上售出时，要暂时储藏起来。由于鹅毛保温性能好，不易散失热量，如果储存不当，容易发生结块、虫蛀、霉烂变质，影响毛的质量，降低售价。尤其是白鹅毛，一旦受潮，更易发热，使毛色变黄。因此，必须认真做好鹅羽绒的储藏工作。

（1）防潮防霉

羽毛保温性能很强，受潮后不易散潮和散热，在储藏或运输过程中，易受潮结块霉变，轻者有霉味，失去光泽，发乌、发黄；严重者羽枝脱落，羽轴糟朽，用手一捻就成粉末。特别是烫煺的湿毛，未经晾干或与干湿程度不同的羽毛混装在一起，有的晾晒不均或冰冻后未及时烘干，或存毛场潮湿，遮雨不严，遭受雨淋漏湿等，均易造成霉变。一定要及时晾晒，干透以后再装包存放。存放毛的库房，地面要用木杆垫起来，地面经常撒新鲜石灰，有助于吸水。通风要良好，排出潮气。

（2）防热防虫

羽毛散热能力差，加上羽轴（毛梗）中含有血质、脂肪以及皮屑等，容易遭受虫蛀。常见的害虫有丝肉黑褐鲤节虫、麦标本虫、飞蛾虫等。它们在羽毛中繁殖快，危害大。可在包装袋上撒上杀虫药水。每到夏季，库房内要用敌敌畏蒸气杀灭害虫和飞蛾，每月熏 1 次。

（3）注明标识，分类堆放

包装袋上要注明品种、批号、等级及毛色，按规定分类进行堆放，

防止标签脱掉或丢失，并定期检查，发现问题及时处理。

2. 鹅羽绒的初加工

对拔下的羽毛进行简单加工，有利于储存安全，保证毛的质量，提高售价。为此，可将拔下的鹅毛先用温水洗涤 1 ～ 2 次，洗去尘土和其他杂质，然后在草席、薄膜上或筛子里摊薄晒干，有风天时要用纱布罩上，防止羽毛被风吹散、飘失。晒干后用细布袋装好扎好，放置在通风干燥的地方，以备出售或进一步加工。

（1）洗涤

用 60 ～ 70℃的温热肥皂水或洗衣粉水洗涤，除脂去污，然后用清水冲洗干净。洗涤冲洗时，不能过分搓拧，洗后用细布袋包装扎口，可放入甩干机内甩干，然后放在通风处或挂在通风处晾干。

（2）消毒

将晾干的羽绒，用细布袋包装扎口，放入蒸锅或高压锅内蒸 30 分钟，以达到灭菌目的，或在洗涤时，用无味灭菌消毒剂，如新洁尔灭、百毒杀等浸泡消毒 5 ～ 10 分钟，晾干即可用。

（3）包装储存

活拔的鹅羽绒是一种高档的轻工原料，特别是羽绒中的“绒朵”含量的多少更是决定质量和价格的主要依据。由于平均每 1000 朵绒朵重仅 1.9 克左右，遇到微风就会飘扬散失，所以在包装时要尽量轻拿轻放。羽绒的包装大多采用双层包装，即内衬厚塑料袋，外套塑料编织袋，包装后分层用绳子扎紧。

鹅羽绒要放在干燥、通风的室内储存。鹅羽绒是一种蛋白质，保温性能好，原羽绒未经消毒处理时，如果储存不当，容易发生结块、虫蛀、霉变等。因此，在储存期间必须防潮、防霉、防蛀、防热。储存羽绒的库房，要地势高燥，通风良好，地面要用木杆垫起来，地面经常撒新鲜石灰，有助于吸水，通风要良好，排出潮气，平时要经常检查，保持环境清洁，一旦发生上述危害，要及时采取措施，受潮的要及时晾晒或烘干，受热的要通风，发霉的要烘干，虫蛀的要杀虫。羽绒包装与储存时要注意分类，分别标志，分区放置，以免混淆。

四、提高粪便的利用价值

粪便既是污染物质，又是很好的资源，通过合理利用，可提高鹅粪的经济价值。

1. 生产肥料

鹅粪用作肥料时，应先进行无害化处理，其方法有混合封存及堆肥法等。经过堆积腐熟或高温、发酵、干燥处理后，体积变小、松软、无臭味，不带病原微生物，作为有机肥用于农田。混合封存法即将粪尿、垃圾、垫草等储存在储粪池内加盖封存，在厌氧环境下，使其有机物氧化分解、发酵腐熟，促使病原体死亡。堆肥法是将粪尿与垃圾、垫草等有机废弃物混合堆积起来，通过产生高温及微生物相互的拮抗作用，致使病原微生物及寄生虫卵死亡，从而达到无害化的目的。注意堆粪场距离鹅舍要有 100 ～ 200 米，并达到一定时间。

2. 生产沼气

制取沼气是将鹅粪、垫草等有机物与水混合，在一定条件下，经过多种微生物的发酵产生沼气。经过发酵，粪便、垫草中的寄生虫卵、病原微生物大部分被杀死，但沼气沉渣中还有少数虫卵等没有被杀灭，因此，清除出来的沉渣还需经堆肥或药物处理。

3. 生产饲料

网养或笼养的雏鹅粪用作饲料时，可采用干燥法和青储法。干燥法就是采用自然或人工干燥的方法，在尽量保存鹅粪中养分的前提下，使水分降低，减小体积，便于运输、储存。还可将干粪压制成颗粒饲料喂给反刍家畜。青储法就是将鹅粪与其他饲料，如糠麸、碎玉米、青饲料等混合装入缸、池或其他容器内，然后分层压紧，再用塑料薄膜封严，发酵一定时间后开封饲喂家畜。在饲料制作过程中需要使用混合搅拌机、运输机、加压混炼机、粉碎机等饲料制作设备。

五、产品销售管理

（一）销售预测

规模鹅场的销售预测是在市场调查的基础上，对产品的趋势做出正确的估计。产品市场是销售预测的基础，市场调查的对象是已经存在的市场情况，而销售预测的对象是尚未形成的市场情况。产品销售预测分为长期预测、中期预测和短期预测。长期预测一般为 5 ～ 10 年的预测；中期预测一般为 2 ～ 3 年的预测；短期预测一般为每年内各季度、月份的预测，主要用于指导短期生产活动。进行预测时可采用定性预测和定量预测两种方法，定性预测是指对对象未来发展的性质方向进行判断性、经验性的预测，定量预测是通过定量分析，对预测对象及其影响因素之间的密切程度进行预测。两种方法各有所长，应从当前实际情况出发，结合使用。鹅场的产品虽然只有肉鹅和淘汰鹅，但其产品可以有多种定位，要根据市场需要和销售价格，结合本场情况有目的地进行生产，以获得更好效益。

（二）销售决策

影响企业销售规模的因素有两个，一是市场需求，二是鹅场的销售能力。市场需求是外因，是鹅场外部环境对企业产品销售提供的机会；销售能力是内因，是鹅场内部自身可控制的因素。对具有较高市场开发潜力，但目前在市场上占有率低的产品，应加强产品的销售推广宣传工作，尽力扩大市场占有率；对具有较高的市场开发潜力，且在市场上有较高占有率的产品应有足够的投资维持市场占有率。但由于其成长期潜力有限，过多投资则无益；对那些市场开发潜力小、市场占有率低的产品，应考虑调整企业产品组合。

（三）销售计划

鹅产品的销售计划是鹅场经营计划的重要组成部分，科学地制定产品销售计划，是做好销售工作的必要条件，也是科学地制定鹅场生产经营计划的前提，主要内容包括销售量、销售额、销售费用、销售利润等。制定销售计划的中心问题是要完成企业的销售管理任务，能够在最短的时间内销售产品，争取到理想的价格，及时收回货款，取得较好的经济效益。

（四）销售形式

销售形式指产品从生产领域进入消费领域，由生产单位传送到消费者手中所经过的途径和采取的购销形式。依据不同服务领域和收购部门经销范围的不同而各有不同，主要包括国家预购、国家订购、外贸流通、鹅场自行销售、联合销售、合同销售6种形式。合理的销售形式可以加速产品的传送过程，节约流通费用，减少流通过程的消耗，更好地提高产品的价值。目前，鹅场自行销售已经成为主要的渠道，自行销售可直销，销售价格高，但销量有限；也可以选择一些大型的商场或大的消费单位进行销售。

（五）销售管理

鹅场销售管理包括销售市场调查、营销策略及计划的制定、促销措施的落实、市场的开拓、产品售后服务等。市场营销需要研究消费者的需求状况及其变化趋势。在保证产品质量并不断提高的前提下，利用各种机会、各种渠道刺激消费、推销产品，做好以下三个方面工作。

1. 加强宣传、树立品牌

有了优质产品，还需要加强宣传，将产品推销出去。广告是被市场经济所证实的一种良好的促销手段，应很好利用。一个好企业，首先必须对企业形象及其产品包装（含有形和无形）进行策划设计，并借助广播电视、报刊等各种媒体做广告宣传，以提高企业及产品的知名度，在社会上树立起良好的形象，创造产品品牌，从而促进产品的销售。

2. 加强营销队伍建设

一是要根据销售服务和劳动定额，合理增加促销人员，加强促销力量，不断扩大促销辐射面，使促销人员无所不及；二是要努力提高促销人员业务素质。促销人员的素质高低，直接影响着产品的销售。因此，要经常对促销人员进行业务知识的培训和职业道德、敬业精神的教育，使他们以良好素质和精神面貌出现在用户面前，为用户提供满意的服务。

3. 积极做好售后服务

售后服务是企业争取用户信任，巩固老市场，开拓新市场的关键。因此，种鹅场要高度重视，扎实认真地做好此项工作。在服务上，一是要建立售后服务组织，经常深入用户做好技术咨询服务；二是对出售的种鹅等提供防疫、驱虫程序及饲养管理等相关技术资料和服务跟踪卡，规范售后服务，并及时通过用户反馈的信息，改进鹅场的工作，加快鹅场的发展。

第七招 注意细节管理

【核心提示】

细节决定成败。只有注意鹅场建设、饲料选择、饲养管理、防疫消毒以及经营管理等生产中的细节，才能保证鹅的生产性能发挥，获得量多、质优的产品，提高养殖效益。

一、鹅场设计建设中的细节

1. 做好前期调研和论证

建设鹅场前要进行前期调研，了解养鹅业生产状况、销售情况和市场行情，做到有的放矢，心中有数，然后对鹅场的性质、规模、占地面积、饲养方式、鹅舍形式、设备以及投入等进行论证，避免盲目上马。

2. 做好鹅场场址选择和规划

首先考虑电、水、路等是否顺畅、符合要求，增开网络，进出鹅场的道路要平坦，着重考虑雨雪天气等影响因素；鹅场要求远离交通要道1000米以上，远离工矿企业、村镇、学校，尤其要远离养殖场、屠宰场、垃圾场和污水沟2～3千米以上；鹅场要有充足的饲草基地，这样有利于降低生产成本；鹅场最好有宽阔的水面，水活浪小，水深为1～2米（种鹅场尤其重要）；按照国家的法律规定，办理有关手续，条件具备时最好签订10年以上有效的土地租赁或承包合同。

3. 鹅场地势要高燥、排水良好

如果鹅场建在一个地势较为低洼的地方，生产过程中的污水就难以顺利排放，雨后的积水时间会很长，而且周围水流向鹅场。长期积水存在，造成鹅场场地污染，鹅舍地基松软，导致舍内湿度过高。舍饲的鹅舍，一定要将鹅场建在地势高燥、排水良好的地方；传统鹅舍，地势要稍高，略向水面倾斜，最好有5°～10°的坡度，以利排水。

4. 鹅场要避开西北方向的谷底或山口

西北方向的谷底或山口容易聚风引起冬季风力过大，不利于鹅场或鹅舍温热环境的维持。特别是育雏舍或育雏场，一定要注意，否则冬季育雏时，场区风力很大，影响育雏温度的上升和维持，导致育雏效果差，甚至会由于温度的不稳定而诱发疾病。

5. 鹅场与村庄、主干道和其他养殖场保持一定距离

村庄、主干道和集市的人员和车辆来往比较多，而人员和车辆都是病原的携带者，靠近这些地方太近，人员和车辆携带的病原容易侵入鹅场，危害鹅群健康。其他养殖场也是污染严重的场所，而且养殖过程中会产生传染病，如果相距太近，病原容易通过空气、飞鸟、啮齿动物、落叶和粉尘等进入本场，威胁鹅群安全。

6. 注意鹅舍布局

传统鹅舍，需要设置陆上和水上运动场，这使得鹅舍与鹅舍必须有足够的间距；而完全舍饲的鹅舍，间距必须认真考虑。鹅舍间距的大小主要考虑日照、通风、防疫、防火，必须根据当地地理位置、气候、场地的地形地势等来确定适宜的间距。如果按日照要求，当南排鹅舍高为 H 时，要满足北排鹅舍的冬季日照要求，如在北京地区，鹅舍间距约需 2.5H，黑龙江的齐齐哈尔地区需 3.7H，江苏地区约需 1.5 ～ 2H。若按防疫要求，间距为 3 ～ 5H 即可。鹅舍的通风应根据不同的通风方式来确定适宜间距，以满足通风要求。若鹅舍采用自然通风，间距取 3 ～ 5H 既可满足下风向鹅舍的通风需要，又可满足卫生防疫的要求。如果采用横向机械通风，其间距也不能低于 3H；若采用纵向机械通风，鹅舍间距可以适当缩小至 1.1 ～ 1.5H 即可。鹅舍的防火间距取决于建筑物的材料、结构和使用特点，可参照我国建筑防火规范。若鹅舍建筑为砖墙、混凝土屋顶或木质屋顶并做吊顶，耐火等级为 2 级或 3 级，防火间距为 8 ～ 10 米（3H）。

按照国家质检局要求进行设计，如兽医工作室、焚烧炉、沉淀池、粪场等；生产、生活区分开，中间设置隔离区、二道门（场内二次消毒）。对于冲刷鹅舍的污水要统一流入沉淀池消毒后再排放或重复利用。

7. 注重鹅舍的设计建设

要加强保温隔热设计，鹅舍保温隔热如要设计符合标准，可能会增加一次性投资，但由于冬季保温和夏季隔热，要避免舍内温度过低或过高而对生产性能产生影响；节省的燃料费和电费，增加的产品产量和减少的死亡淘汰等效益要远远大于投入，可以说是“一劳永逸”；注意鹅舍的清洁卫生，鹅舍地面要硬化，墙壁和顶棚要光滑，这样有利于卫生管理。

8. 鹅舍环境控制设备要配套，科学安装，并注意设备选型

鹅舍的设备配备直接影响舍内环境和鹅的生产性能。配套安装环

境控制设备，以保证舍内适宜的温度、湿度、光照、气流和新鲜的空气，特别是极端寒冷的冬季和炎热的夏季，环境控制设备更加重要。如果环境控制设备不配套，或者虽有各种设备，但安装不科学，都会影响其控制效果，则鹅舍内的环境条件就不能满足鹅的要求，就会影响鹅的生长和生产。设备选型时，应注意选择效率高和噪声低的设备。

二、种鹅的选择和雏鹅引进的细节

（一）加强鹅的选种

种鹅直接关系到鹅群的繁殖性能和后代生长性能，选种非常重要。选种的时期：雏鹅出壳后 1 周内选择，选择体重达标、健康良好的雏鹅，淘汰体重小、不健康的雏鹅；在鹅育成期 70 ～ 81 日龄进行选择，根据羽毛、生长速度、品种特征进行选择；种鹅开产期根据体重体尺、体型外貌、生殖器官发育情况等进行选择。

1. 雏鹅的选种

雏鹅体重、绒毛颜色等应符合品种的特征。适合种用的雏鹅苗需体质健壮，体重头大，行动活泼，眼睛灵活有神，躯体长而宽，腹部柔软、有弹性，绒毛要粗、干燥、有光泽，叫声有力。凡是绒毛太细、太稀、潮湿乃至相互黏着、无光泽的，表明发育不佳、体质差，不宜选用。应剔除瞎眼、歪头、跛腿、大肚脐的鹅，眼睛无神、走路不稳的雏鹅不宜留种。

2. 育成鹅的选种

育成鹅的外貌、羽色应符合本品种特征，体重应符合本品种标准，选择发育良好而匀称、体质健壮、骨骼结实、反应灵敏、活泼好动的鹅，及时淘汰羽色异常、偏头、垂翅、翻翅、歪尾、瘤腿和体重弱小等不合格的个体。注意：公鹅体型大、体质强，发育均匀，肥度适中；头中等大小，眼灵活有神，颈粗而稍长，叫声洪亮；胸深而广，背部

宽长，腹部平整，胫粗壮有力，两胫间距宽。母鹅体型适中、身长而圆，前躯较浅窄，后躯深而宽；头大小适中，眼睛灵活，颈细长；羽毛紧凑，有光泽，胫结实、强壮，两胫间距宽。

3. 开产前选种

主要依据本品种特征，对开产前鹅的外貌特征、生长发育速度进行选择，有条件的鹅场还应该对鹅的体尺性状进行测定，并依此与本品种特点进行比较而选种。除此之外，还应该注意：一是母鹅体躯各部位发育匀称，体型不粗大，头大小适中，眼睛明亮有神，颈细、中等长，体躯长而圆、前躯较浅窄、后躯宽而深，两脚健壮且间距较宽，羽毛光洁、紧密贴身，尾腹宽阔，尾平直。二是公鹅体质健壮，身躯各部位发育匀称，肥瘦适中，头大脸宽，眼睛灵敏有神，喙长、钝且闭合有力，叫声洪亮，颈长且较粗，前躯宽阔、背宽而长、腹部平整，腿长短适中、强壮有力，两脚间距较宽。若是有肉瘤的品种，肉瘤必须发育良好而突出，呈现雄性特征。对公鹅的生殖器官发育效果进行检查，生殖器官发育不健全的公鹅不能留作种用。

（二）了解鹅品种的概况和市场需求

选择品种时，要了解本地区消费特点、消费习惯、市场需求、发展趋势以及本场饲养条件等，选择适销对路的品种。

（三）掌握供种单位情况

同样的品种，供种单位不同，其品质、价格等可能都有较大差异。所以，在引进鹅种时，要全面了解掌握供种单位的情况，如供种单位的设施条件、饲料质量、管理水平、隔离卫生和防疫情况以及引种渠道等，选择饲养条件好、隔离卫生好、引种渠道正规、信誉高、服务质量好的供种单位引种。

（四）按照生产计划订购雏鹅

鹅的种蛋从入孵到出雏需要 31 天的时间，所有要按照生产计划提前

订购雏鹅。鹅场自己孵化可以按照饲养时间提前 31 天上蛋孵化；外购雏鹅应按照饲养时间提前 1 ～ 2 个月订购，如果是在雏鹅供应紧张的情况下，应更早订购，否则可能订购不到或供雏时间推迟而影响生产计划。

到有种禽种蛋经营许可证，信誉度高的种鹅场或孵化厂订购雏鹅，并要签订购雏合同（合同形式见表 7-1）。

表 7-1　禽产品购销合同范本

甲方（购买方）：______________________

乙方（销售方）：______________________

为保证购销双方利益，经甲乙双方充分协商，特订立本合同，以便双方共同遵守。

1．产品的名称和品种______________________；数量__________________（必须明确规定产品的计量单位和计量方法）。

2．产品的等级和质量：__________________（产品的等级和质量，国家有关部门有明确规定的，按规定标准确定产品的等级和质量；国家有关部门无明文规定的，由双方当事人协商确定）。产品的检疫办法：__________________（国家或地方主管部门有卫生检疫规定的，按国家或地方主管部门规定进行检疫；国家或地方主管部门无检疫规定的，由双方当事人协商检疫办法）。

3．产品的价格（单价）：__________。总货款：__________。货款结算办法：____________________。

4．交货期限、地点和方式：______________。

5．甲方的违约责任

（1）甲方未按合同收购或在合同期中退货的，应按未收或退货部分货款总值的____%（5% ～ 25% 的幅度），向乙方偿付违约金。

（2）甲方如需提前收购，商得乙方同意变更合同的，甲方应给乙方提前收购货款总值的____% 的补偿，甲方因特殊原因必须逾期收购的，除按逾期收购部分货款总值计算向乙方偿付违约金外，还应承担供方在此期间所支付的保管费或饲养费，并承担因此而造成的其他实际损失。

（3）对通过银行结算而未按期付款的，应按中国人民银行有关延期付款的规定，向乙方偿付延期付款的违约金。

（4）乙方按合同规定交货，甲方无正当理由拒收的，除按拒收部分货款总值的____%（5% ～ 25% 的幅度）向乙方偿付违约金外，还应承担乙方因此而造成的实际损失和费用。

6. 乙方的违约责任

（1）乙方逾期交货或交货少于合同规定的，如甲方仍然需要的，乙方应如数补交，并应向甲方偿付逾期不交或少交部分货物总值的______%（由甲、乙方商定）的违约金；如甲方不需要的，乙方应按逾期或应交部分货款总值的______%(1% ～ 20% 的幅度）付违约金。

（2）乙方交货时间比合同规定提前，经有关部门证明理由正当的，甲方可考虑同意接收，并按合同规定付款；乙方无正当理由提前交货的，甲方有权拒收。

续表

<table>
<tr><td>（3）乙方交售的产品规格、卫生质量标准与合同规定不符时，甲方可以拒收。乙方如经有关部门证明确有正当理由，甲方仍然需要乙方交货的，乙方可以迟延交货，不按违约处理。
7．不可抗力　合同执行期内，如发生自然灾害或其他不可抗力的原因，致使当事人一方不能履行、不能完全履行或不能适当履行合同的，应向对方当事人通报理由，经有关主管部门证实后，不负违约责任，并允许变更或解除合同。
8．解决合同纠纷的方式　执行本合同发生争议时，由当事人双方协商解决。协商不成，双方同意由______仲裁委员会仲裁（当事人双方不在本合同中约定仲裁机构，事后又没有达成书面仲裁协议的，可向人民法院起诉）。
9．其他______________________
当事人一方要求变更或解除合同，应提前通知对方，并采用书面形式由当事人双方达成协议。接到要求变更或解除合同通知的一方，应在七天之内作出答复（当事人另有约定的，从约定），逾期不答复的，视为默认。
违约金、赔偿金应在有关部门确定责任后十天内（当事人有约定的，从约定）偿付，否则按逾期付款处理，任何一方不得自行用扣付货款来充抵。
本合同如有未尽事宜，需经甲乙双方共同协商，作出补充规定，补充规定与本合同具有同等效力。
本合同正本一式三份，甲乙双方各执一份，主管部门保存一份。
甲方：___________（公章）；　代表人：______（盖章）
乙方：___________（公章）；　代表人：______（盖章）
______年_____月_____日订</td></tr>
</table>

（五）加强雏鹅选择

雏鹅选择直接关系到雏鹅的成活率和生长发育。雏鹅出壳后总会有一部分属于弱雏，这些弱雏无论是由于病原体感染造成的或是孵化不良、种蛋质量不好造成的，都属于先天性缺陷，这些弱雏都应该淘汰处理，坚决不能购买和饲养。

选择雏鹅时：一要注意品种，具有生长速度快或产蛋多的潜力；二要注意雏鹅来源，来源于信誉高、质量好的种鹅场或孵化场，批次的孵化率和健雏率要高；三是雏鹅的品质优良，雏鹅应由经过净化的相同日龄和品系的种鹅所产的且大小一致的种蛋孵化出来，并且健康无病，群体均匀整齐。

三、鹅的饲料选择和饲养中的细节

（一）注意饲料选择和加工

1. 不使用发霉变质的饲料

霉变的饲料饲喂鹅，可以引起曲霉菌病或霉菌毒素中毒，轻者影响鹅的生长和生产，严重时危害健康而引起死亡。鹅饲料配制过程中使用的饲料原料容易发霉变质的是玉米、花生饼等，要严格注意其质量变化。被霉菌污染、发霉变质后不要使用，如使用，要进行彻底的除霉脱毒处理。

2. 选择优质全价饲料和预混料

饲料要选购优质的全价饲料和预混料，饲料质量要有保证，选名牌厂家的饲料，不能贪图便宜，购买三无产品。饲料质量有保证，鹅的生长速度快，抗病力强。一定要注意饲料的饲用方法，应根据不同日龄和生长发育需要使用不同营养标准的饲料。根据鹅在不同阶段需要，提供全价饲料，充分满足其营养物质的需求，特别是维生素和微量元素，不可忽视，禁止喂发霉变质饲料。

3. 注意非常规饲料原料的用量

目前，饲料原料价格较高，特别是豆粕、鱼粉等优质蛋白质饲料原料价格，许多养殖场户和饲料厂家为降低饲料成本，大量使用非常规饲料原料，如棉籽粕、菜籽粕、蓖麻粕、芝麻粕、羽毛粉、制革粉等，严重影响饲料质量和饲养效果。在配制饲料时，要注意非常规饲料原料的用量，可以适当使用，但不能过量使用。

（二）饮水卫生

在养鹅生产中，饮水是一个非常重要的环节。俗话说“病从口入”，经过调查，有一半以上的疫病都是饮水不洁而引起的，鹅场饲养员对水槽一般都擦得很干净，但是水槽的上边缘和水槽开头处却是易被遗忘的角落，成了细菌附着的好场所。因此，对水槽的各个角落都要擦净，并且要进行定期消毒。封闭的饮水系统更要注意定期进行消毒。

（三）雏鹅的细节管理

1. 做好育雏准备

育雏前要对育雏室、育雏设备进行准备和检修。育雏室要防止“贼风”（过堂风）进入，彻底灭鼠，防止兽害。接雏前 2 ～ 3 天，对育雏室内外进行彻底清扫和消毒，墙壁要用 20% 石灰水粉刷，排水沟用 20% 的漂白粉溶液消毒，地面、天棚用 1 ∶ 200 的农福、0.25% 抗菌威或 0.1% ～ 0.3% 过氧乙酸溶液自上而下喷洒消毒，以地面见湿为宜，喷后关闭门窗 2 ～ 3 小时，然后敞开，晾干室内。最好进行熏蒸消毒，凡进入育雏室的垫料、饲槽、水槽、围栏、装雏筐等用具要与育雏室同步熏蒸消毒，每立方米空间用 14 毫升福尔马林、7 克高锰酸钾，消毒容器容量至少是消毒液的 5 ～ 10 倍。容器周围不要有垫料，严防火灾。事先要关好门窗，堵塞缝隙，室内保温 25 ～ 27℃，湿度 75% ～ 80%，温湿度低时消毒效果差。封闭 48 小时后打开门窗通风，然后关闭待用。育雏室门前设消毒池，喷洒 5% 来苏儿、2% ～ 3% 火碱液或撒生石灰消毒。进雏前要备好饲料、兽药、疫苗、照明用具等，最后进行预温，在进雏前，将育雏室温度调至 28 ～ 30℃，相对湿度 65% ～ 75%，并做好各项安全检查。

2. 科学地给雏鹅开水和开食

雏鹅出壳后啄食垫草或互相啄咬时，即可给予饮水（饮水过迟，会出现鹅体失水，出现干爪鹅），用饮水器或饮水槽提供饮水。如果雏鹅不会饮水，可将雏鹅的喙按入饮水器中 2 ～ 3 次。为预防雏鹅腹泻，前 3 天饮用水中可添加氟喹诺酮类或抗生素等药物，另加 5% 的多维葡萄糖溶液（每天上、下午各饮 1 次）。

开食宜用配合颗粒饲料，并加入适量切细的鲜嫩青绿饲料，撒在饲料盘中或雏鹅的身上，引诱雏鹅啄食，开食后即转入正常的饲养。

开食2～3天后便逐渐改喂全价配合饲料加青绿饲料。每次饲喂时要求少给勤添，一般白天喂6～8次，夜间加喂2～3次。

经过3天饲喂，需要将雏鹅逐只检查，精神状态比较差、弱小的个体挑出来单独饲养，适当增加饲喂次数，比其他雏鹅的环境温度提高1～2℃。

3. 雏鹅的分群管理

为保证雏鹅均匀、健康生长发育，要注意分群管理。按照出壳日龄、个体大小和体质强弱分成不同群体，小群以每群50～60只为宜，大群以每群100～150只为宜。分群一般在7日龄、15日龄、20日龄进行。对生长慢、体质弱的雏鹅，应多给精料和优质草料，细心护理，促进其生长发育，以保证雏鹅生长整齐。饲养过程中注意随时将体质弱小的个体及时分开，加强饲养管理。经常进行逐群检查，防止雏鹅堆叠，造成压死压伤事故。发现病雏鹅要及时挑出隔离治疗，提高育雏率。

4. 注意检验雏鹅的生长发育是否正常

育雏情况好的，育雏存活率应在85%以上，且力争超过90%。雏鹅的生长发育，一是看体重，要达到种质的一般水平，如太湖鹅在30日龄时的体重应达1.25千克，皖西白鹅应达1.5千克，狮头鹅应达2千克以上；二是看羽毛更换情况，太湖鹅30日龄时应达“大翻白”（即所有的胎毛全部由黄翻白），新东白鹅应达“三点白”（两肩和尾部脱掉胎毛），雁鹅应达“长大毛”（尾羽开始生长）。这些指标在实际生产中有重要指导意义和经济意义，运用时还应注意品种的差异和生产条件的差异。

5. 关注育雏中的低温高湿和高温高湿

低温高湿和高温高湿两大环境是育雏的大忌，必须高度关注。低温高湿环境下，雏鹅体热大量散发而感到寒冷、扎堆，易引起感冒和下痢，增加僵鹅、残次鹅和死亡鹅数，导致育雏成活率下降；高温高湿环境下，雏鹅体热的散发受到限制，体热的积累造成物质代谢和食欲下降，抵抗力减弱，易引起病原微生物大量繁殖，是发病率增高的主要原因。适宜的温度：1～5日龄为27～28℃，6～10日龄为25～26℃，11～15日龄为22～24℃，16～20日龄为20～22℃，20日龄以后为18℃。适宜的湿度：0～10日龄为60%～65%，11～21日龄为65%～70%。

6．注意育雏室的通风控制

雏鹅虽小，但其生长发育很快、体温较高、呼吸快、新陈代谢旺盛，需要大量的氧气，此外，雏鹅呼吸及粪便、垫料产生的二氧化碳、氨气和硫化氢等有害气体使空气污浊，刺激眼鼻和呼吸道，影响雏鹅正常生长、发育，严重时造成中毒。

育雏舍内必须有通风设备，经常对雏鹅舍进行通风换气，保持舍内空气新鲜。冬、春季节，通风换气会导致室内温度下降，因此在通风前，首先要使舍内温度升高2～3℃，然后逐渐打开门窗或换气扇，要避免冷空气直接吹到鹅体。通风时间多安排在中午前后。不能有“贼风”直接吹及雏鹅，更不应在雏鹅睡觉时突然打开门窗，否则易招致感冒。

7．注意温度计位置和湿度控制

温度直接影响育雏成活率和健康水平，是育雏的首要条件。平面（火炕、地上水平烟道、网上）育雏，温度是指平面上方8～10厘米处的适合温度，切忌将温度计吊得过高或平放在垫草上。但掌握温度要灵活，只要雏鹅不远离热源或集堆于热源附近，而是“满天星”式地分布在火炕或网上，食欲旺盛，休息时很舒适，说明温度恰到好处。力求温度平稳，严防忽高忽低，更不能过高过低。相对湿度控制在60%～65%，经常更换潮湿、板结的垫草。为了方便清理和节省垫草，可用稻草编织几个草帘，用后晒干消毒，循环使用。15日龄以前的雏鹅切忌直接接触地面，否则潮湿受凉，易引起感冒、下痢、腿脚麻木等。

8. 雏鹅弱光照明

雏鹅采取弱光照明，只要能看到吃食饮水便可以。3 日龄内可不定时关灯 1 ～ 2 小时，使其熟悉黑暗环境，以免以后突然停电时发生惊恐、集堆、挤压。

9. 雏鹅的放牧管理

雏鹅初次放牧时间可根据气候和健康状况而定，一般约在出壳后 15 天左右。第 1 次放牧必须选择晴好天气，在喂后驱赶到附近平坦的草地上活动、采食青草，前几次时间不宜过长、距离不宜过远，以后逐渐延长时间与距离。

10. 雏鹅的放水管理

放水不仅可增加鹅的活动，促进新陈代谢，增强体质，还可洗净羽毛上的污物，有益于卫生保健等。传统养鹅时，雏鹅可训练下水活动，但雏鹅全身的绒毛容易被水浸湿下沉，体弱者还会被溺死，所以初次放水可将雏鹅赶至水浴池或浅水边任其自由下水，切不可强迫赶入水中，应让鹅逐只慢下，避免一团一团地下水，否则会引起先下水的鹅被后下水的鹅压在水下抬不起头而窒息死亡。下水时必须人为加以调教，让鹅嬉水片刻再慢慢上岸来休息。一般一天 1 次，每天 10 ～ 15 分钟。

洗浴水以流动的活水为佳。如果是非流动水，就应经常更换水浴池的水，或每月 1 次用生石灰、漂白粉进行水质消毒，杀死水中寄生虫和病菌。夏季室外活动时，严防中暑。

11. 育雏阶段每天必须注意的工作

按日龄控制适宜的温度、湿度；搞好舍内外的环境卫生，每天清洗饮水器和料槽，清除粪便，勤换垫草，切忌垫草发霉；弱、病雏要做好隔离工作；定期进行全面消毒，带鹅消毒；观察雏鹅采食和饮水、精神状态和粪便情况，及时调整、完善饲养管理。

（四）育成鹅的管理细节

1. 育成鹅放牧饲养中应注意的问题

（1）放牧鹅群的大小

根据放牧场地大小、青绿饲料生长情况、草质、水源情况、放牧人员的技术水平及经验和鹅群的体质状况来确定放牧鹅群的大小。

（2）放牧场地的选择和合理利用

放牧场地要求选择有丰富的牧草、草质优良，并靠近水源的地方。放牧场地应划分成若干小区，按小区有计划轮放，保持每天都有适于采食的牧草，农作物收割后的茬地也是极好的放牧场地。放牧时把最好的草地和茬地留在傍晚放牧时采食。

（3）放牧鹅群的调教

在放牧初期，应根据鹅的行为习性，调教鹅的出牧、归牧、下水、休息等行为，放牧人员加以相应的信号，使鹅群建立起相应的条件反射，便于管理。

（4）合理补料

傍晚收牧后根据牧草质量、鹅群采食情况和增重速度酌情补料，补饲料以青绿饲料为主，拌入少量糠麸类粗饲料和精饲料，于晚上供鹅群自由采食。

（5）保持卫生

切忌让鹅群暴晒雨淋，炎热天气放牧宜早出晚归。每天要清洗饲槽和饮水盆，更换垫草，搞好环境卫生，保持鹅舍干爽清洁。

2. 鹅限制饲养中需要注意的问题

育成鹅限制饲养中需要注意：一是限制饲养阶段，种鹅育成期喂料量应以鹅的体重为基础；二是无论给食次数多少，应在放牧前 2 小时或在放牧后 2 小时补料，防止鹅因放牧前过饱，或收牧后急于回巢而养成不采食青草的坏习惯；三是随时观察鹅群的精神状态、采食情况等，发现弱鹅、伤残鹅等要及时剔除，进行单独的饲喂和护理；四是育成期种鹅往往处于 5 ～ 8 月份，要注意防暑，供鹅休息的场地最

好有水源，以便于饮水、戏水和洗浴；五是搞好鹅舍的清洁卫生，保持垫草和舍内干燥。

3. 抓住育成鹅饲养管理要点

合理组群，放牧时一般 250 ～ 300 只鹅组成一群，如放牧条件好，可适当增加数量；搭建临时性棚舍，防暑、防雨、防兽害；放牧路程不可过远，防止出现吃肥走瘦的现象；避免惊扰；在放牧采食不足的情况下，回舍应补饲。

4. 注意检查育成鹅的采食与生长状况

（1）采食行为

凡健康、食欲旺盛的鹅，动作敏捷，抢吃，不挑食，摆脖子下咽，食管迅速膨大增粗，并往右移，嘴角不停地往下点，养殖户称“压食”。相反，东张西望，吃料后不愿下咽，动作迟钝，此情可疑似有病，需挑出检查、隔离饲养。

（2）生长发育状况

一看成活率高低；二看均匀度；三看体重大小，一般 10 周龄时大型品种体重可达 5 ～ 6 千克，中型品种为 3 ～ 4 千克，小型品种为 2.5 千克以上；四看羽毛生长状况，对照生长发育标准，及时调整饲养管理。

（五）种鹅的饲养管理细节

1. 控制好开产时间

鹅 1 年一般只有 1 个繁殖季节，南方为 10 月份至翌年的 5 月份，北方一般在 3 ～ 7 月份；开产时间与育成期的光照，开产前饲料量的增加有关。开产前一般用 4 周的时间补饲，并逐步过渡到自由采食。育成期光照过量、开产前饲料量增加过度，均会导致鹅过早产蛋和少产蛋。

2. 适宜光照

产蛋期每天需要 16 ～ 17 小时光照，每平方米达到 25 勒克斯的光

照强度。开产前1个月补充光照，注意逐渐增加光照时间。注意不同品种、不同季节所需光照不同。

3. 产蛋前期饲养应该注意的问题

此时鹅已机体成熟和性成熟，鹅群已陆续开产并且产蛋率迅速增加，此阶段饲养管理的重点是关注产蛋率及蛋重的上升趋势，随之增加饲喂量和提高营养水平，尽快达到产蛋高峰。产蛋前期建议用产蛋期的饲养标准，特别要注意能量、蛋白质、钙、磷的水平，要求饲料中含蛋白质18%、钙3.5%、磷0.5%，不喂青饲料的鹅群需适量增加维生素。

4. 种鹅产蛋初期母鹅脱肛问题

母鹅脱肛原因：一是母鹅过肥或密度过大；二是母鹅开产后喂料量骤增；三是日粮中蛋白质含量过高，维生素A和维生素E相对缺乏；四是光照不当；五是母鹅产蛋时突然应激和一些疾病方面的因素，如输卵管炎、泄殖腔炎症等。在实际生产中，脱肛母鹅一般无治疗价值。因此，要根据实际饲养情况预防母鹅脱肛，保持鹅舍环境的安静，控制母鹅体重，控制日粮中蛋白质含量及饲喂量，采用合理的光照程序等。

5. 种鹅产蛋前期管理细节

此期间平均光照14小时，并应从短到长逐渐增加，每周增加0.5小时。此期间鹅蛋越大、增产势头愈快，说明饲养管理愈好。每月抽样称重（在早晨鹅空腹时）一次，如果平均体重接近标准体重时，说明饲养管理得当；超过标准体重，说明营养过剩，应减料或增加粗料比例；如果低于标准体重，说明营养不足，应提高饲料质量。

6. 种鹅产蛋期管理细节

母鹅开产后，放牧时不要急赶、惊吓，不能走陡坡，以防母鹅受伤造成难产。产蛋期种鹅通过前期的调教饲养，形成的放牧、采食、休息等生活规律，要保持相对稳定，不能经常更改。饲料原料的种类

和光照、作息时间也应保持相对稳定，如突然改变会引起产蛋率下降。产蛋鹅一般在凌晨1～5时大量产蛋，此时夜深人静，没有吵扰，可安静地产蛋。如此时周围环境有响动、人的进出、老鼠及鸟兽窜出窜进，则会引起母鹅骚乱、惊群，影响产蛋。

7. 产蛋鹅的合理补料

（1）看膘情补料

喂得过肥的母鹅，卵巢和输卵管周围沉积了大量脂肪，产蛋量大大降低，甚至停产；过瘦也导致母鹅减产或停产。因此，对过肥鹅要适当减少或停喂精饲料，圈养的母鹅适当增加运动或放牧；过瘦母鹅要适时增喂精饲料，注意增加日粮中蛋白质的含量。

（2）看粪便状态补料

如果鹅排出的粪便粗大、松软、呈条状、表面有光泽、轻轻拨动能使粪便分成几段，说明营养适合、消化正常；若排出的粪便细小结实、颜色发黑，轻轻拨动粪便后，断面呈颗粒状，表明精饲料喂量过多，应增加青饲料的比重；要是排出的粪便颜色浅、不成形、一排出就散开，说明精饲料喂量不足、青饲料喂量过多，应补喂精饲料。

（3）看蛋的形状和重量补料

产蛋鹅对蛋白质、糖类、矿物质及维生素的需要较多。如果产蛋鹅摄入的饲料营养物质不足，蛋壳会变薄，蛋也较小，这时需饲喂豆饼、花生、麸、鱼粉等含蛋白质丰富的饲料，同时适当注意添加矿物质饲料。

8. 防止窝外产蛋

母鹅有定窝产蛋的习惯，防止窝外产蛋应注意：大部分鹅产完蛋前最好不放牧，有寻窝表现的鹅推迟放牧；上午放牧的场地应尽量靠近鹅舍，以便部分母鹅回窝产蛋；产蛋初期，训练母鹅在窝内产蛋。

9. 就巢性控制

鹅就巢会严重影响产蛋，应及时隔离就巢的鹅，将其关在光线充

足、通风、凉爽的地方，不让其回到产蛋窝内，加强饲喂，使其体重不至于过分下降；对有抱性的鹅进行标记，留种前淘汰有抱性的鹅，避免种用。

10. 种鹅产蛋后期饲养管理细节

母鹅经过半年多的连续产蛋，体质下降，在夏至前后易发生停产换毛，此时在饲喂上应少喂玉米、稻谷，多喂配合饲料，尽快恢复体力，争取在下一个产蛋期多产蛋。

产蛋后期的饲养管理重点是根据产蛋后期鹅体重和产蛋率来确定饲料的质量及喂料量。若鹅群的产蛋率仍在80%以上，而鹅的体重略有下降，应在饲料中适当添加动物性饲料；若体重增加，应将饲料中的代谢能适当降低或控制采食量；若体重正常，饲料中的粗蛋白质应比前一阶段略有增加，光照每天保持在16小时，每天在舍内赶鹅转圈运动3次，每次5～10分钟。蛋壳质量和蛋重下降时，补充鱼肝油和矿物质。

11. 注意公母比例适当

一般来说，我国小型鹅品种的公、母比例宜为1∶（6～7），中型品种为1∶（5～6），大型品种为1∶（4～5）。老龄的公鹅或者饲养条件差的鹅群，公、母比例要相应缩小。如果采用人工授精技术，公、母比例可以提高到1∶（15～20）。此外，引进国外鹅种的比例要相应缩小。这些因素都要充分考虑到，以免实际生产中出现公、母鹅比例失调，影响种蛋生产。

12. 种鹅要不要“年年清”

所谓“年年清”就是不论公、母种鹅，一到次年产蛋季节接近尾声和少数鹅开始换羽之际，即行全部淘汰，而重新选留当年的清明鹅或夏鹅作为后备种鹅的鹅群更新制度，以求得较高的受精率和孵化率。这是一种淘汰制的做法，对于节省饲料、保持经济效益、充分利用棚舍设备和劳动力无疑是有利的，迄今仍为广大养鹅地区所沿用。

但也有少数地区有留养老鹅2～3年的习惯。从育种工作看，老鹅的产蛋量并不低于第一年，且蛋形大，孵出的雏鹅亦大，容易饲养且品质优良，对提高种鹅的生活力与产肉力有一定的价值。为了提高鹅群的产蛋量，从一年鹅中挑选那些体型好、换羽迟的母鹅，合理组织鹅群的年龄组分，无疑具有很大的促进作用。

（六）商品仔鹅中雏和育肥的管理细节

1. 中雏阶段适宜的环境条件

最适宜的环境条件：温度10～25℃；湿度50%～60%，保持地面干燥；做好通风换气，使鹅舍每立方米空间氨气浓度20克以下；光照强度要小，一般在1～2勒克斯，使管理者能够看到操作即可；密度为地面平养5～10只/米^2、网上平养6只/米^2、笼养8～12只/米^2。

2. 中雏鹅饲养管理重点

一是分群管理，一般放牧鹅250～300只、舍饲鹅50～80只为一群，并做好大小、强弱仔鹅的分群；二是保证一定的运动量，每天进行适度的运动与光照；三是饲养人员、饲料和牧草、喂料和清洁卫生时间等保持基本恒定的饲养管理制度；四是保持环境卫生，舍内及运动场地也要保持清洁卫生，并定期进行消毒处理，垫草要勤换。

四、消毒的细节

（一）建立严格的消毒制度

消毒的目的就是杀死病原微生物，防止疾病的传播。鹅场要根据各自的实际情况，制定严格规范的消毒制度，并认真执行。消毒剂的选择、配比要科学，喷雾方法要有效，消毒记录要准确。同时，室内消毒和室外环境的卫生消毒都十分重要，如果只重视室内消毒而忽视室外消毒，往往起不到防病治病和保障鹅健康的作用。

（二）消毒注意事项

1. 消毒需要时间

一般情况下，高温消毒时，60℃就可以将多数病原体杀灭，但汽油喷灯温度即使达几百摄氏度，喷灯火焰一扫而过，也不会杀灭病原体，因时间太短。蒸煮消毒时在水开后30分钟可以将病原杀死。紫外线照射必须达到五分钟以上。

注意：这里说的时间，不单纯是消毒所用的时间，更重要的是病原体与消毒药接触的有效时间；因为病原体往往附着于其他物质上面或中间，消毒药与病原体接触需要先渗透，而渗透则需要时间，有时时间会很长。

2. 消毒需要药物与病原体接触

消毒药喷不到的地方的病原体不会被杀死，如消毒地面时，如果地面有很厚的一层粪和污染物，消毒药只能将最上面的病原体杀死，而在粪便深层的病原体却不会被杀死，因为消毒药还没有与病原体接触。要求鹅舍消毒前先将鹅舍清理、冲洗干净，就是为了减轻其他因素的影响。

3. 消毒需要足够的剂量

消毒药在杀灭病原体的同时往往自身也被破坏，一个消毒药分子可能只能杀死一个病原体，如果一个消毒药分子遇到五个病原体，再好的消毒药也不会效果好。关于消毒药的用量，一般是每平方米面积用1升药液；生产上常见到的则是不经计算，只是用消毒药将舍内全部喷湿，人走后地面马上干燥，这样的消毒效果是很差的，因为消毒药无法与掩盖在深层的病原体接触。

4. 消毒需要没有干扰

许多消毒药遇到有机物会失效，如果使用这些消毒药放在消毒池中，池中再放一些锯末，作为鞋底消毒的手段，效果就不会好了。

5. 消毒需要药物对病原体敏感

不是每一种消毒药对所有病原体都有效，而是有针对性的，所以使用消毒药时也是有目标的，如预防禽流感时，碘制剂效果较好，而预防感冒时，过氧乙酸可能是首选，而预防传染性胃肠炎时，采用高温和紫外线可能更实用。

注意：没有任何一种消毒药可以杀灭所有的病原体，即使我们认为最可靠的高温消毒，也还有耐高温细菌不被破坏。这就要求我们消毒时，应经常更换消毒药或方式，这样才能起到最理想的效果。

6. 消毒需要条件

火碱是好的消毒药，但如果把病原体放在干燥的火碱上面，病原也不会死亡，只有火碱溶于水后变成火碱水才有消毒作用，生石灰也是同样道理。福尔马林熏蒸消毒必须符合三个条件：一是足够的时间（24 小时以上）需要严密封闭；二是需要温度，必须达到 15℃以上；三是必须有足够的湿度，最好在 85% 以上。如果脱离了消毒所需的条件，效果就不会理想，例如一个鹅场对进场人员的衣物进行熏蒸消毒时，专门制作了一个消毒柜，但由于开始设计不理想，消毒柜太大，无法进入舍内，就放在了舍外，夏秋季节消毒没什么问题，但到了冬天，他们仍然在舍外熏蒸消毒，这样的效果是很差的。还有的在入舍消毒池中，只是例行把水和火碱放进去，也不搅拌，火碱靠自身溶解需要较长时间，那刚放好的消毒水的作用就不确实了。

（三）消毒存在的问题

1. 光照消毒

紫外线的穿透力是很弱的，一张纸就可以将其挡住，布也可以挡住紫外线，所以，光照消毒只能作用于人和物体的表面，深层的部位则无法消毒。另一个问题是，紫外线照射到的地方才能消毒，如果消毒室只在头顶安一个灯管，那么只有头和肩部消毒彻底，其他部位的消毒效果也就变差了，所以不要认为有了紫外线灯消毒就可以放松警惕。

2. 高温消毒

时间不足是常见的现象，特别是使用火焰喷灯消毒时，仅一扫而过，病原体或病原体附着的物体尚没有达到足够的温度，病原体是不会很快死亡的；这也就是蒸煮消毒要 20 ～ 30 分钟以上的原因。

3. 喷雾消毒

剂量不足，当看到喷雾过后地面和墙壁已经变干时，意味着消毒剂量一定不够。如有一个鹅场规定，喷雾消毒后一分钟之内地面不能干，墙壁要流下水来，以表明消毒效果确实。

4. 熏蒸消毒，封闭不严

甲醛是无色的气体，如果鹅舍有漏气时无法看出来，这就使鹅舍熏蒸时出现漏气而不能发现；尽管甲醛比空气密度大，但假如鹅舍有漏气的地方，甲醛气体难免从漏气的地方跑出来，消毒需要的浓度也就不足了；如果消毒时间过后，进入鹅舍没有呛鼻的气味，眼睛没有涩的感觉，就说明一定有漏气的地方。

（四）怎样做好消毒

1. 必须清扫、清洗后再消毒

如果圈舍内存在大量粪便、饲料、鹅毛、灰尘、杂物和污水等，会阻碍消毒药与病原微生物的接触，而且这些病原微生物可以在有机物中存活较长时间，有些有机物和消毒液结合后形成化合物，使消毒液的作用消失或减弱。这些因素常造成消毒液大量损耗，消毒效果减弱。鹅舍在消毒前应先彻底清扫、清洗，水槽、料槽清除污物后用清水洗刷干净，再将地面彻底清洗，等地面干净后再消毒鹅舍。

2. 选用合适的消毒液

在选用消毒液时要根据消毒的对象、目的和预防疾病的种类选择合适的消毒液。消毒液要定期更换，选择几种消毒液交替使用。鹅场可选用的消毒液有很多种，常用的有生石灰、硫酸铜、新洁尔灭、甲

醛、高锰酸钾、过氧乙酸、氢氧化钠、碘制剂、季铵盐等消毒液。消毒时针对鹅舍的情况选择，空鹅舍可以选择效果好、价格低廉的消毒液，如生石灰、甲醛、高锰酸钾、过氧乙酸等，带鹅消毒选择增强消毒效果的复合制剂，如复合碘制剂、复合季铵盐制剂、复合酚制剂类等消毒液，消毒效果好还不损伤鹅群。

3. 饮水消毒持续时间不宜过长，消毒剂剂量不宜过大

消毒液使用说明中推荐的饮水消毒是对鹅饮水的消毒，是指消毒液将饮水中的微生物杀灭，从而达到净化饮水中微生物的目的。而有些养殖户则认为饮水消毒是通过饮用消毒液杀灭和控制鹅体内的微生物，起到控制和预防病情的作用，从而形成饮水消毒的误区。有的养殖户甚至盲目加大消毒液的浓度，给鹅饮用，从而造成不必要的麻烦。如果长时间饮用加消毒液的水或饮水中消毒液的含量过大，除了可以引起急性中毒，还可以杀灭肠道内的正常细菌，造成肠道菌群平衡失调，对鹅机体健康造成危害，从而造成鹅的消化道黏膜损伤，使菌群平衡失调，引起腹泻、消化不良等症状。饮水消毒时一般选用氯制剂、季铵盐等刺激性较小的消毒药，使用低浓度的说明推荐用量，不要长时间使用或加大剂量使用，以免造成不必要的麻烦。

4. 做好进场前的消毒工作

在鹅场的入口处常设紫外线灯对进出人员照射，有杀菌效果，同时在鹅舍周围、入口、产蛋箱、运动场等处撒生石灰或氢氧化钠，还可以喷过氧乙酸或次氯酸钠溶液，用一定浓度新洁尔灭、碘伏等的水溶液洗手、洗工作服。消毒管道时，应用热碱水或酸水将管道清洗后，再用次氯酸水溶液消毒。

5. 消毒制度

为了有效防控传染病的发生，规模化鹅场必须建立严格的消毒制度。一是做好人员消毒工作。工作人员进入生产区必须更衣并进行紫外线消毒，工作服不得带出场外；外来人员不允许进入生产区，如必

须进入的，要更换工作服和鞋，消毒进入后，要遵守场内检疫、环境消毒制度。二是做好环境消毒工作。鹅舍周围环境每周用2%氢氧化钠溶液或生石灰消毒一次；场周围及场内污水池、下水道出口，每月用次氯酸盐、酚类消毒一次；在大门口和鹅舍入口设消毒池，池内消毒液可用2%氢氧化钠溶液和硫酸铜溶液。三是做好鹅舍消毒工作。鹅舍在每批鹅转出后，应清扫干净并消毒。四是做好用具消毒工作。定期对饲喂用具、料槽消毒，用0.1%新洁尔灭或0.2%的过氧乙酸消毒。

（五）消毒常见的漏洞

1. 进场人员的消毒

进场人员的消毒是防止疾病入场的重要手段，特别是从其他场返回的人员、与其他鹅场人员接触过的人员、外来的参观学习人员、新招来的职工等，这些人因可能与其他鹅场人员接触，难免身上带有其他场的病原体。平时的消毒措施，不管是紫外线灯照射，还是身上喷雾，都不可能把衣服里边的病原体杀死，所以针对进场人员，最好的办法是更换衣服，并洗澡；需要在场里工作的人员，则要将衣物进行熏蒸消毒，这样的消毒才是最彻底的。

2. 玉米的消毒

鹅场收购的玉米往往不去杂，现购现用，可能里面会含有病原体，不进行消毒，病原体直接让鹅食入而会引发疫病。所以，要对玉米进行消毒。玉米消毒处理的方法：一是将购进的玉米进行过风或过筛去杂，因即使有病原体一般也是在杂质里面；二是把玉米存放一段时间后使用，病原体脱离了生存条件后，也会很快死亡。这两种措施并不复杂，大多鹅场都可以采用。

3. 笼具的消毒

笼具由于结构复杂，缝隙较多，容易隐藏污染物和病菌，如果消毒不严格，很可能有大量病原体存在。笼具消毒时首先要将笼具拆开，冲洗干净后再进行消毒。

五、疫苗使用的细节

疫苗使用中存在一些混乱现象，如疫苗需求量统计不准确，进货过多，超过有效期；保存温度高，虽在有效期内，但已失效，仍不丢弃；供电不正常，无应急措施，疫苗反复冻融；管理混乱，疫苗保存不归类，活苗与灭活苗放一块，该保鲜的却冰冻；运输过程中无冰块保温，在高温下时间过长，有的运输时未包好，受紫外线照射；用河水、开水或凉开水稀释疫苗，殊不知这些都直接影响疫苗的活性，最好用稀释液或蒸馏水、生理盐水等稀释疫苗；疫苗稀释后放置的时间过长，导致疫苗滴度低；使用剂量不准确，剂量不足或剂量过大造成免疫麻痹；使用活苗的同时，又在饲料中添加抗菌药。这些细节直接影响到免疫效果。

六、用药的细节

药物使用关系到疾病控制和产品安全，使用药物必须慎重。生产中用药方面存在一些细节问题而影响用药效果，如对抗生素过分依赖。很多养殖户误以为抗生素“包治百病”，还能作为预防性用药，在饲养过程中经常使用抗生素，以达到增强鹅抗病能力、提高增重率的目的。主要存在如下现象：一是盲目认为抗生素越新越好、越贵越好、越高级越好。殊不知各种抗生素都有各自的特点，优势也各不相同。其实抗生素并无高级与低级、新和旧之分，要做到正确诊断鹅病，对症下药，就要从思想上彻底否定“以价格判断药物的好坏、高级与低级”的错误想法。二是未用够疗程就换药。不管用什么药物，不论见效或不见效，通通用两天就停药，这对治疗鹅病极为不利。三是不适时更换新药。许多饲养户用某种药物治愈了疾病后，就对这种药物反复使用，而忽略了病原体对药物的敏感性。此外一种药物的预防量和治疗量是有区别的，不能某种用量一用到底。四是用药量不足或加大用量。现在许多兽药厂生产的兽药，其说明书上的用量用法大部分是每袋拌多少千克料或兑多少水。有些饲养户忽视了鹅发病后采食量、饮水量要下降，如果不按下降后的日采食量计算药量，就人为造成用药量不足，不仅达不到治疗效果，而且容易导致病原体的耐药性增强。另一种错误做法是无论什么药物，按照厂家产品说明书，通通加倍用药。五是盲目搭配用药。不论什么疾病，不清楚药理药效，多种药物胡乱搭配使用。六是盲目使用原粉。每一种成品药都经过了科学加工，大部分由主药、增效剂、助溶剂、稳定剂组成，使用效果较好。而现在五花八门的原粉摆上了商家的柜台，并误导饲养户说“原粉纯度高，效果好”。原粉多无使用说明，饲养户对其用途不很明确，这样会造成原粉滥用现象。另外现在一些兽药厂家为了赶潮流，其产品主要成分的说明中不用中文而仅用英文，饲养户懂英文者甚少，常常造成同类药物重复使用，这样不仅用药浪费，而且常出现药物中毒。七是益生素和抗生素一同使用。益生素是活菌，会被抗生素杀死，造成两种药效果都不好。

七、兽医操作技术规范的细节

1. 避免针头交叉感染

鹅场在防疫治疗时要求1只鹅1个针头，以避免交叉感染，但在实践中，往往不容易做到。许多鹅场一群鹅无论多少，一个针头用到底，这样很容易交叉感染。在当前规模养鹅场，因注射器使用不当，导致鹅群中存在着带毒、带菌鹅以及鹅之间的交叉感染，为鹅群的整体健康埋下很大的隐患。因此，规模养鹅场应建立完善的兽医操作规程，确实做到病鹅使用的针头与健康鹅使用的针头区别开来，尽量做到1鹅1针头，切断人为的传播途径。

2. 建立严格的消毒制度

消毒的目的就是杀死病原微生物，防止疾病的传播。鹅场要根据自身的实际情况，制定严格规范的消毒制度，并认真执行。消毒剂的选择、配比要科学，喷雾方法要有效，消毒记录要准确。同时，室内消毒和室外环境的卫生消毒也十分重要，如果只重视室内消毒而忽视

室外消毒，往往起不到防病治病和保障鹅健康的作用。

3. 严把投入品质量关，避免假冒伪劣产品

不合格的药品、生物制品、动物保健品和饲料添加剂等投入品的进场使用，会使鹅重大的传染病和常见病得不到有效控制，鹅群持续感染病原体而使传染病在场内蔓延。规模鹅场应到有资质的正规单位购药，通过有效途径投药，并观察药品效价，达到安全治病的目的。

4. 坚持全进全出

一旦发生传染病，很快就会殃及全群鹅。科学的养鹅方法是把成鹅和育成鹅、雏鹅分开饲养，绝对禁止把不同日龄的鹅放在同一鹅舍内饲养，最好做到全进全出。

八、经营管理的细节

1. 树立科学的观念

树立科学的观念至关重要，只有树立科学观念，才能注重自身的学习和提高，才能乐于接受新事物、新知识和新技术。传统庭院小规模生产对知识和技术要求较低，而规模化生产对知识和技术要求较高（如场址选择、规划布局、隔离卫生、环境控制、废弃物处理以及经营管理等知识和技术）；传统庭院小规模生产和规模化生产的疾病防治策略不同（传统疾病防治方法是免疫、药物防治，现代疾病防治方法是生物安全措施）。所以，规模化鹅场如固守传统的观念，不能树立科学观念，必然会严重影响鹅场的发展和效益提高。

2. 正确决策

鹅场需要决策的事情很多，大的方面如鹅场性质、规模大小、类型用途、产品档次以及品种选择，小的方面如饲料选择、人员安排、制度执行、工作程序等，如果关键的事情能够进行正确的决策，就可能带来较大效益。否则，就可能带来巨大损失，甚至造成鹅场倒闭，

但正确决策需要对市场进行大量调查。

3. 周密制订和落实全场生产计划

制订鹅苗采购计划和宰杀合同计划，相应的大宗物资如煤炭、垫料等也要有明确的采购计划；根据鹅场需要，制订详细的人员岗位职责和管理方面培训计划；制订全年的养鹅计划，一般每年4～5批。鹅场计划的制订、修订、落实都要非常准确，否则计划就会落空或拖延，甚至影响到以后其他计划的进行。

4. 保证鹅场人员的稳定性

随着养鹅业集约化程度越来越高，鹅场现有管理技术人员及饲养员的能力与现代化鹅养殖需求之间的差距逐步暴露出来，因此鹅场人员的地位、工资福利待遇及技术培训也受到越来越多的关注。由于鹅场存在封闭式管理环境、高养殖技术等特殊需求，因此要建立和完善一整套合理的薪酬激励机制，实施人性化管理措施，稳定鹅场人员，保持良好的爱岗敬业精神和工作热情。

5. 增强饲养管理人员的责任心

责任心是干好任何事的前提，有了责任心才会想到该想到的，做到该做到的。责任心的增强来源于爱。有了责任心才能用心，才能想到各个细节。饲养员的责任心体现应是爱护鹅，应是保质保量完成各项任务，尽到自己应尽的责任。领导和管理人员责任心的体现：一是爱护饲养员，给职工提供舒心的工作空间，并注意加强人文关怀；二是给鹅提供舒适的生存场所。

6. 员工的培训为成功插上翅膀

员工的素质和技能水平直接关系到养殖场的生产水平。职工中能力差的人是弱者，鹅场职工并不是清一色的优秀员工，体力不足的有，智力不足的有，责任心不足的也有，技术不足更是鹅场职工的通病，这些人都可以称为弱者，他们的生产成绩将整个鹅场拉了下来，我们就要培训这一部分员工或按其所能放到合适的岗位。鹅场不注重培训

的原因：一是有些鹅场认识不到提高素质和技能的重要性，不注重培训；二是有的鹅场怕为别的场“做嫁衣裳”，培训好的员工被其他鹅场挖走；三是有的鹅场舍不得增加培训投入。

7. 关注生产指标对利润的影响

鹅场的盈利途径之一是降低成本，鹅场的成本控制除平常所说的饲料、兽药、人工、工具等直观成本之外，对于鹅场的管理还应该注意到影响鹅养殖成本的另一个重要因素——生产指标。例如要降低每只出栏鹅承担的固定资产折旧费用，需要通过提高鹅成活率、增加日增重以及减少饲料消耗来解决。影响鹅群单位增重饲料成本的指标有：料肉比、饲料单价、成活率等，需要优化饲料配方和科学饲养管理来实现。鹅场管理者要从经营的角度来看待、研究生产指标，对鹅场进行数字化、精细化管理，才能取得长期的、稳定的、丰厚的利润。

8. 舍得淘汰

生产过程中，鹅群体内总会出现一些没有生产价值的个体或一些病弱个体，这些个体不能创造效益，要及时淘汰，减少饲料、人力和设备等消耗，降低生产成本，提高养鹅效益。生产中有的鹅场舍不得淘汰或管理不到位而忽视淘汰，虽然存栏数量不少，但养鹅效益不仅不高，反而降低。

第八招 注重常见问题处理

【核心提示】

养鹅生产过程中，在鹅种引进、饲料配制、鹅舍建设、饲养管理、防疫消毒和疾病防治等方面都存在一些问题，影响到鹅的生产潜力发挥和生产性能提高，必须注重这些问题的解决。

一、鹅种引进的常见问题处理

1. 盲目引进品种

对不同鹅种的特征特性和利用方向等缺乏了解，不了解市场需求，盲目引进饲养，结果影响饲养效益。

处理措施：要根据市场需求，选择适合饲养的品种。由于鹅肉的消费习惯差异，形成了两大不同消费需求的市场，一部分是我国广东、广西、云南、江西、香港、澳门及东南亚地区，市场对鹅品种要求为

灰羽、黑头、黑脚，饲养的品种主要以灰鹅品种为主；另一部分，在我国绝大部分省市消费市场，主要要求饲养的鹅品种是白羽鹅种，近年来广泛使用品种间杂交或白羽肉鹅配套系，利用杂种优势来提高生产性能；从上市体重来讲，大部分市场要求商品鹅的上市体重为3千克以上至3.5千克左右，而我国的中型鹅种70～75日龄基本上都能达到此体重，只是在海南、安徽部分地区、四川的西昌等地要求鹅的上市体重为4～5千克为宜。因此，商品鹅饲养时也应根据这些市场需求差异选择适合的品种。

2．没有制定合理的引种计划

许多鹅场没有制定引种计划随意引种，引种质量差或引种成本高，生产效益差。

处理措施：一是养鹅场（户）应该结合自身的实际情况，根据种鹅群更新计划，确定所需种鹅的品种和数量，有选择性地购进能提高本场鹅种某种性能，满足自身要求，并只购买与自己的鹅群健康状况相同的优质个体。如果是加入核心群进行育种的，则应购买经过生产性能测定的种鹅。新建养鹅场应从所建鹅场的生产规模、产品市场和鹅场未来发展的方向等方面进行计划，确定所引进种鹅的数量、品种和级别，然后根据引种计划，初步确定选择到哪家引种。二是引种要选择合适的时机。合适的时机引种能更好地发挥引种优势，降低引种成本，这就需要我们对养鹅市场有敏锐的洞察力和用前瞻性的眼光来分析预测养鹅产业。如我国目前大部分养殖场（户）愿意在春天进鹅雏秋天出售，这样也形成了一个价格的波动，在集中出售的时候鹅的价格低，而很多时间价格高却没有多少鹅出售，有的养殖场（户）就根据这个规律饲养四季鹅或者反季节饲养，实现全年均衡上市，取得较好收益。

3．不了解供种企业情况

国内鹅的生产主要以农户为主，对鹅的选育工作做得比较少，很多地方引种要到大型鹅场去引进种鹅。有的养鹅场（户）不了解供种企业情况，选择的供种场饲养条件差、管理混乱、疫病不断，或者自身没有养多少种鹅，而是从其他小散养鹅户中收集鹅蛋孵化，这样无法保证鹅种质量，引入的鹅种质量差。同时，供种场技术力量薄弱，或不重视售后服务，生产中出现的技术问题不能帮助解决，都会影响养殖效益。

处理措施：一是要了解供种企业的生产情况，到供种时间长、鹅的生产性能稳定、养殖户反映好的供种场引进种鹅，同时还要看供种者本身饲养的种鹅质量如何，要求供种场本身饲养管理好，种鹅的质量高；二是还要了解拟引进养鹅场的售后服务情况，是否能提供全面系统的服务，尤其是对于新建场或者从未饲养过的新品种来说，技术力量相对薄弱，饲养管理经验缺乏，完善的售后服务是引种能否成功的有力保障；三是要求有翔实的被引进品种的资料，如系谱资料、生产性能鉴定结果、饲养管理条件等，一旦出现质量或技术问题，可以得到及时解决。

4. 引种时忽视疫病监测

很多鹅场引种时不考虑本地鹅病流行情况，没有进行确切的检疫，导致引种引入疫病或病原，危害本场的生产。

处理措施：一要调查各地疫病流行情况和各品种种鹅的质量情况，必须从没有危害严重的疫病流行地区或经过详细了解的健康种鹅场引进种鹅，同时了解该种鹅场的免疫程序及其具体措施；二要在引种时加强检疫，应将检疫结果作为引种的决定条件，做到没有经过检疫的不引进、检疫不合格的不引进、没有检疫证明的不引进和疫区的不引进，以免引起传染病的流行和蔓延，引进后，要隔离饲养一段时间。

二、鹅场建设中的问题处理

1. 鹅场场址选择不当

场地状况直接关系到鹅场隔离、卫生、安全和周边关系。生产中有的鹅场场址不当，如有的场地距离居民点过近，有的场地低洼，有的种鹅场远离水源和牧地，有的场地隔离条件差等，导致一些问题，

严重影响生产。

处理措施：一是提高认识，必须充分认识到场址对安全高效养鹅的重大影响；二是科学选择场址，地势要高燥，背风向阳，朝南或朝东南，最好有一定的坡度，以利光照、通风和排水。鹅场用水要考虑水量和水质，饮用水源最好是地下水，水质清洁，符合饮水卫生要求。与居民点、村庄保持500～1000米距离，远离兽医站、医院、屠宰场、其他养殖场等污染源和交通干道、工矿企业等。种鹅舍最好建在河边或湖滨处，水面尽量宽阔，水深在1～2米，水面波浪小，周边环境安静。鹅舍附近能有较丰富的牧草生产地，使鹅有青绿饲料供应的保障。如在鹅场周边有果园、荒滩、草地等条件，则更有利于鹅的放牧，可节省饲料，降低成本，还能做到农牧结合。

2. 规划布局不合理，场内各类区域或建筑物混杂一起

规划布局合理与否直接影响场区的隔离和疫病控制。有的养鹅场（户）不重视或不知道规划布局，不分生产区、管理区、隔离区，或生产区、管理区、隔离区没有隔离设施，人员相互乱串，设备不经处理随意共用，鹅舍间距过小，影响通风、采光和卫生，没有隔离卫生设施等；有的养鹅小区缺乏科学规划，区内不同建筑物摆布不合理，养鹅户各自为政等，使养鹅场或小区不能进行有效隔离，病原相互传播，疫病频繁发生。

处理措施：了解掌握有关知识，进行科学规划布局。规划布局时注意：一是鹅场、饲料厂等要严格分区设立；二是要实行“全进全出制”的饲养方式；三是生产区的布置必须严格按照卫生防疫要求进行；四是生产区应在隔离区的上风处或地势较高地段；五是生产区内净道与污道不应交叉或共用；六是生产区内鹅舍间的距离应是鹅舍高度的3倍以上；七是生产区应远离畜禽屠宰加工厂、畜禽产品加工厂、化工厂等易造成环境污染的企业。

3. 鹅舍过于简陋，不能有效保温和隔热，舍内环境不易控制

鹅舍内环境直接影响鹅的生长发育和健康，舍内环境优劣与鹅舍

有密切关系。由于观念、资金等条件的制约，人们没有充分认识到鹅舍的作用，忽视鹅舍建设，不舍得在鹅舍建设中多投入，鹅舍过于简陋，保温隔热性能差，舍内温度不易维持，鹅遭受的应激多。冬天舍内热量容易散失，舍内温度低，鹅采食量多，饲料报酬差。要维持较高的温度，采暖的成本极大增加。夏天外界太阳辐射热容易通过屋顶进入舍内，舍内温度高，鹅采食量少，生长慢。要降低温度，需要较多的能源消耗，也增加了生产成本。

处理措施：一是科学设计鹅舍，根据不同地区的气候特点选择不同材料和不同结构，设计符合保温隔热要求的鹅舍；二是严格施工，设计良好的鹅舍如果施工不好也会严重影响其设计目标，严格选用设计所选的材料，按照设计的结构进行建设，不偷工减料，鹅舍的各部分或各结构之间不留缝隙，屋顶要严密，墙体的灰缝要饱满。

4. 舍内湿度过高

鹅虽然是水禽，但湿度不宜过高，特别是舍内饲养，高湿度也会对鹅产生不良影响。如低温高湿加剧鹅的冷应激，高温高湿加剧鹅的热应激。生产中人们较多关注温度，而忽视舍内的湿度对鹅的影响。不注重鹅舍的防潮设计和防潮管理，舍内排水系统不畅通，特别是冬季鹅舍封闭严密，导致舍内湿度过高，影响仔鹅的健康和生长。

处理措施：一是充分认识湿度，特别是高湿度对鹅的影响；二是加强鹅舍的防潮设计，如选择高燥的地方建设鹅舍，基础设置防潮层以及其他部位的防潮处理等，舍内排水系统畅通等；三是加强防潮管理；四是保持适量通风等。

5. 鹅舍内表面粗糙不光滑

鹅生长速度快，饲养密度高，疫病容易发生，鹅舍的卫生管理就显得尤为重要。鹅饲养中，要不断对鹅舍进行清洁消毒，鹅出售后的间歇时间，更要对鹅舍进行清扫、冲洗和消毒，所以，建设鹅舍时，舍内表面结构要简单，平整光滑，具有一定耐水性，这样容易冲洗和清洁消毒。生产中，有的鹅场的鹅舍，为了降低建设投入，对鹅舍不

进行必要处理，如内墙面不抹面，裸露的砖墙粗糙、凸凹不平，屋顶内层使用苇笆或秸秆，地面不进行硬化等，一方面影响到舍内的清洁消毒，另一方面也影响到鹅舍的防潮和保温隔热。

处理措施：一是屋顶处理，根据屋顶形式和材料结构进行处理，如混凝土、砖结构平顶、拱形屋顶或人字形屋顶，使用水泥砂浆将内表面抹光滑即可；如果屋顶是苇笆、秸秆、泡沫塑料等不耐水的材料，可以使用石膏板、彩条布等作为内衬，既光滑平整，又有利于冲洗和清洁消毒。二是墙体处理，墙体的内表面要用防水材料（如混凝土）抹面。三是地面处理，地面要硬化。

6. 鹅舍面积过小，饲养密度过高

鹅舍建筑费用在鹅场建设中占有很高的比例，由于资金受到限制而又想增加养殖数量，获得更多收入，建筑的鹅舍面积过小，饲养的鹅数量多，饲养密度高，采食空间严重不足，舍内环境质量差，鹅生长发育不良。虽然养殖数量增加了，结果养殖效益降低了，适得其反。

处理措施：一是科学计算鹅舍面积。鹅日龄不同、饲养方式不同、饲养密度不同，占用鹅舍的面积也不同。养殖数量确定后，根据选定的饲养方式确定适宜的饲养密度（出栏时的密度要求），然后可以确定鹅舍面积。二是合理安排鹅的数量。如果鹅舍面积确定，应根据不同饲养方式要求的饲养密度安排鹅的数量。三是保证充足的采食和饮水位置。不要随意扩大饲养数量和缩小鹅舍面积，同时，要保证充足的采食和饮水位置，否则，饲养密度过大或采食、饮水位置不足，必然会影响鹅的生长发育和群体均匀。

三、废弃物问题的处理

1. 废弃物随处堆放和不进行无害化处理

鹅场的废弃物主要有粪便和死鹅。废弃物内含有大量的病原微生物，是最大的污染源，但生产中许多养鹅场不重视废弃物的储放和处理，如没有合理地规划和设置粪污存放区和处理区，随便堆放，也不

进行无害化处理，结果是场区空气质量差，有害气体含量高，尘埃飞扬，污水横流，蛆爬蝇叮，臭不可闻，土壤、水源严重污染，细菌、病毒、寄生虫卵和媒介虫类大量滋生传播，鹅场和周边相互污染。还有就是病死鹅随处乱扔，有的在鹅舍内，有的在鹅舍外，有的在道路旁，没有集中的堆放区。病死鹅不进行无害化处理，有的卖给鹅贩子，有的甚至鹅场人员自己食用等，导致病死鹅的病原到处散播。

处理措施：一是树立正确的观念，高度重视废弃物的处理。有的人认为废弃物处理需要投入，是增加自己的负担，病死鹅直接出售还有部分收入等，这是极其错误的。粪便和病死鹅是最大污染源，处理不善不仅会严重污染周边环境和危害公共安全，更关系到自己鹅场的兴衰，同时病死鹅不进行无害化处理而出售也是违法的；必须进行有效的处理利用，科学规划废弃物存放和处理区，设置处理设施并进行处理。

2. 污水随处排放

有的鹅场认为污水不处理无关紧要或污水处理投入大，建场时，不考虑污水的处理问题，有的场只是随便在排水沟的下游挖个大坑，谈不上几级过滤沉淀，有时遇到连续雨天，沟满坑溢，污水四处流淌，或直接排放到鹅场周围的小渠、河流或湖泊内，严重污染水源和场区及周边环境，也影响到本场鹅的健康。

处理措施：一是建立两套排水系统。鹅场要建立各自独立的雨水和污水排水系统，雨水可以直接排放，污水要进入污水处理系统。二是采用干清粪工艺。干清粪工艺可以减少污水的排放量。三是加强污水的处理。要建立污水处理系统，污水处理设施要远离鹅场的水源，进入污水池中的污水经处理达标后才能排放。按污水收集沉淀池→多级化粪池或沼气池→处理后的污水或沼液→外排或排入鱼塘的途径设计，以达到既利用变废为宝的资源——沼气、沼液（渣），又能实现立体养鹅增效的目的。

四、饲料选择和配制的常见问题处理

1. 选择饲料原料时的问题处理

饲料原料质量直接关系到配制的全价饲料质量，同样一种饲料，原料的质量可能有很大差异，配制出的全价饲料的饲养效果就很不同。有的养鹅户在选择饲料原料时存在注重饲料原料的数量而忽视质量，甚至有的为图便宜或害怕浪费，将发霉变质、污染严重或掺杂使假的饲料原料配制成全价饲料，结果是严重影响到全价饲料的质量和饲养效果，甚至危害鹅的健康。

处理措施：在配制全价饲料选择饲料原料时，一要注意饲料原料的质量，要选择优质的、不掺杂使假、没有发霉变质的饲料原料，以各种饲料原料的质量指标及等级作为选择的参考；二要注意各种饲料原料在饲料中的适宜比重，各种饲料在鹅日粮中的用量见表 8-1。

表 8-1　各种饲料在鹅日粮中的用量

饲料种类	比例 /%
谷物饲料（玉米、小麦、大麦、高粱）	40 ～ 60
糠麸类	10 ～ 30
植物性蛋白饲料（豆粕、菜籽粕）	15 ～ 25
动物性蛋白饲料（鱼粉、肉骨粉等）	3 ～ 10
矿物质饲料（食盐、石粉、骨粉）	3 ～ 7
干草粉	2 ～ 5
微量元素及维生素添加剂	0.05 ～ 0.5
青饲料（按精料总量添加，用维生素添加剂时可不用）	30 ～ 35

2. 维生素的使用问题及处理

维生素是一类化学结构不同，营养作用、生理功能各异的低分子有机化合物，是维持机体生命活动过程不可缺少的一类有机物质，包括脂溶性维生素（如维生素 A、维生素 D、维生素 E 及维生素 K 等）和水溶性维生素（如 B 族维生素和维生素 C 等），其主要生理功能是调节机体的物质和能量代谢，参与氧化还原反应。另外，许多维生素

是酶和辅酶的主要成分。规模化舍内饲养，青饲料供应成为问题，人们多以添加人工合成的多种维生素来满足鹅的需要。但在添加使用中存在一些问题：一是选购不当。市场上维生素品种繁多，质量参差不齐，价格也有高有低。饲养者缺乏相关知识，不了解生产厂家状况和产品质量，选择了质量差或含量低的多种维生素制品，影响了饲养的效果。二是使用不当：①添加剂量不适宜。有的过量添加，增加饲养成本，有的添加剂量不足，影响饲养效果，有的不了解使用对象或不按照维生素生产厂家的添加要求盲目添加等。②饲料混合不均匀。维生素添加量很少，都是粒度比较小的物质，有的饲养者不能按照逐渐混合的混合方法混合饲料，结果混合不均匀。③不注意配伍禁忌。在鹅发病时经常会使用几种药物和维生素混合饮水使用。添加维生素时不注意维生素之间及在其他药物或矿物质间的拮抗作用，如维生素 B 与氨丙啉不能混用，链霉素与维生素 C 不能混用等，影响使用效果。④不能按照不同阶段鹅特点和不同维生素特性正确合理地添加。

处理措施：一是选择适当的维生素制剂。不同的维生素制剂产品，其剂型、质量、效价、价格等均有差异，在选择产品的时候要特别注意和区分。对于维生素单体要选择较稳定的制剂和剂型；对于复合多维产品，由于检测成本的关系，很难在使用前对每种单体维生素含量进行检测，因此在选择时应选择有质量保证和信誉好的产品；同时还应注意产品的出厂日期，以近期内出厂的产品为佳。二是正确把握鹅对维生素的需要量。鹅的种类、性质、品种以及饲养阶段不同，对各类维生素的需要量就不同。饲料中多种维生素的添加量可按生产厂家要求的添加量的基础上增加 10% ～ 15% 的安全裕量（在使用和生产维生素添加剂时，考虑到加工、储藏过程中所造成的损失以及其他各种影响维生素效价的因素，应当在鹅需要量的基础上，适当超量应用维生素，以确保鹅生产的最佳效果）。另外，鹅的健康状况及各种环境因素的刺激也会影响鹅对维生素的需要量。一般在应激情况下，鹅对某些维生素的需要量将会提高。如在接种疫苗、感染球虫病以及发生呼吸道疾病时，各种维生素的补充显得十分重要。在高温季节，要适当增加脂溶性维生素和 B 族维生素的用量，尤其要注意对维生素 C 的

补充。如开食到一周龄期间的雏鹅胆小，抵抗力弱，外界环境任何微小的变化都可能使其产生应激反应，同时也极容易受到外界各种有害微生物的侵袭而感染疾病，所以在育雏前期添加维生素C对雏鹅而言是极为有益的。雏鹅在3～8周龄期间生长发育快，代谢旺盛，需要大量的酶参与，因此，作为酶的重要组成部分的B族维生素的需要量应同时增大，此时需根据实际情况额外补充一些B族维生素。当鹅群发生疾病时，添加维生素作为治疗的辅助措施具有十分重要的作用，特别是添加维生素A、维生素C、维生素K。有研究表明，维生素E、维生素C能增强机体的免疫功能，提高鹅体对各种应激的耐受力，促进病后恢复和生长发育；维生素K能缩短凝血时间，减少失血，因此对一些有出血症状的疾病能起到减轻症状、减少死亡的作用。三是注意维生素的理化特性，防止配伍禁忌。使用维生素添加剂时，应注意了解各种维生素的理化特性，重视饲料原料的搭配，防止各饲料成分间的相互拮抗，如抗球虫药物与维生素B_1，有机酸防霉剂与多种维生素，氯化胆碱与其他维生素等之间均应避免配伍禁忌。氯化胆碱有极强的吸湿性，特别是与微量元素铁、铜、锰共存时，会大大影响维生素的生理效价，所以在生产维生素预混料时，加氯化胆碱则需单独分装。四是正确使用与储藏。维生素添加剂要与饲料充分混匀，浓缩制剂不宜直接加入配合饲料中，而是先扩大预混再添加。市售的一些维生素添加剂一般都已经加有载体而进行了预配稀释。选用复合维生素制剂时，要十分注意其含有的维生素种类，千万不要盲目使用。购进的维生素制剂应尽快用完，不宜储藏太久，一般添加剂预混料要求在1～2个月内用完，最长不得超过6个月。储藏维生素添加剂应在干燥、密闭、避光、低温的环境中。五是采用适当的措施防止霉菌污染。在高温高湿地区，霉菌及其毒素的侵害是普遍问题。饲料中的霉菌及其毒素不仅危害鹅健康，而且破坏饲料中的维生素。但如果为了控制霉菌而在饲料中使用一些有机酸类饲料防霉剂，将导致天然维生素含量的大幅度降低。

3. 选用饲料添加剂时的问题处理

饲料添加剂可以完善日粮的全价性，提高饲料利用率，促进鹅生

长发育，防治某些疾病，减少饲料储藏期间营养物质的损失或改进产品品质等。添加剂可以分为营养性添加剂和非营养性添加剂。营养性添加剂除维生素、微量元素添加剂外，还有氨基酸添加剂；非营养性添加剂有抗生素和草药添加剂、酶制剂、微生态制剂、酸制剂、低聚糖、驱虫剂、防霉剂、保鲜剂以及调味剂等。但在使用饲料添加剂时，也存在一些问题：一是不了解饲料添加剂的性质特点盲目选择和使用；二是不按照使用规范使用；三是搅拌不均匀；四是不注意配伍禁忌，影响使用效果。

处理措施：一是正确选择。目前饲料添加剂的种类很多，每种添加剂都有自己的用途和特点。因此，使用前应充分了解它们的性能，然后结合饲养目的、饲养条件、鹅的种类、品种及健康状况等选择使用，选择国家允许使用的添加剂。二是用量适当。用量少，达不到目的，用量过多会引起中毒，增加饲养成本。用量多少应严格遵照生产厂家在包装上所注的说明或由实际情况确定。三是搅拌均匀。搅拌均匀程度与饲喂效果直接相关。具体做法是先确定用量，将所需添加剂加入少量的饲料中，拌和均匀，即为第一层次预混料；然后再把第一层次预混料掺到一定量（饲料总量的1/5～1/3）饲料中，再充分搅拌均匀，即为第二层次预混料；最后再把第二层次预混料掺到剩余的饲料中，拌匀即可，这种方法称为饲料三层次分级拌合法。由于添加剂的用量很少，只有多层分级搅拌才能混匀。如果搅拌不均匀，即使是按规定的量饲用，也往往起不到作用，甚至会出现中毒现象。四是混于干饲料中。饲料添加剂只能混于干饲料（粉料）中，短时间储存待用才能发挥它的作用，不能混于加水的饲料和发酵的饲料中，更不能与饲料一起加工或煮沸使用。五是注意配伍禁忌。多种维生素最好不要直接接触微量元素和氯化胆碱，以免降低药效。在同时饲用两种以上的添加剂时，应考虑有无拮抗、抑制作用，是否会产生化学反应等。六是储存时间不宜过长。大部分添加剂不宜久放，特别是营养添加剂、特效添加剂，久放后易受潮发霉变质或氧化还原反应而失去作用，如维生素添加剂、抗生素添加剂等。

4. 预混料选用的问题处理

预混料是由一种或多种营养物质补充料（如氨基酸、维生素、微量元素）和添加剂（如促生长剂、驱虫保剂、抗氧化剂、防腐剂、着色剂等）与某种载体或稀释剂，按配方要求比例均匀配制的混合料。预混料是一种半成品，可供配档饲料工厂生产全价配合饲料或浓缩料，也可供有条件的养鹅户配料使用，在配合饲料中添加量为0.5%～3%。养鹅户可根据预混料厂家提供的参考配方，利用自家的能量饲料、蛋白质补充料与预混料配合成全价饲料，饲料成本比使用全价成品料和浓缩料都稍低一些。预混料是鹅饲料的核心，用量小，作用大，直接影响到饲料的全价性和饲养效果。但在选择和使用预混料时存在一些误区：一是缺乏相关知识，盲目选择。目前市场上的预混料生产厂家多，品牌多，品种繁多，质量参差不齐，由于缺乏相关知识，盲目选择，结果选择的预混料质量差，影响饲养效果。二是过分贪图便宜购买质量不符合要求的产品。俗话说“一分价钱一分货”，这是有一定道理的，产品质量好的饲料，由于货真价实，往往价钱高，价钱低的产品也往往质量低。三是过分注重外在质量而忽视内在品质。产品质量是产品内在质量和外在质量的综合反映。产品的内在质量是指产品的营养指标及产品的可靠性、经济性等；产品的外在质量是指产品的外形、颜色、气味等。有部分养鹅户在选择饲料产品时，往往首先看饲料的外观、包装如何，其次是看色、香、味。由于饲料市场竞争激烈，部分商家想方设法在外包装和产品的色、香、味上下功夫，但产品内在质量却未能提高，养鹅户不了解，往往上当。四是不能按照预混料的配方要求来配制饲料，随意改变配方。各类预混料都有各自经过测算的推荐配方，这些配方一般都是科学合理的，不能随意改变。例如，豆粕不能换成菜籽粕或者棉粕，玉米也不能换成小麦，更不能随意增减豆粕的用量，造成蛋白质含量过高或不足，影响生长发育，降低经济效益。五是混合均匀度差。目前，农村大部分养鹅户在配制饲料时都是采用人工搅拌。人工搅拌，均匀度达不到要求，严重影响了预混料的使用效果。六是使用方式和方法欠妥。如不按照生产厂家的要求添加，要么添加多，要么添加少，有的不看适用对象，随意使用，或其他饲料原料粒度过大等，影响使用效果。

处理措施：一是正确选择。根据不同的使用对象，如不同类型的鹅或不同阶段的鹅正确选用不同的预混料品种。选择质量合格的产品，根据国家对饲料产品质量监督管理的要求，凡质量合格的产品应符合如下条件：①要有产品标签，标签内容包括产品名称、饲用对象、批准文号、营养成分保证值、用法、用量、净重、生产日期、厂名、厂址；②要有产品说明书；③要有产品合格证；④要有注册商标。二是选择规模大、信誉度高的厂家生产的质量合格、价格适中的产品。不要一味考虑价格，而要注重品质。长期饲喂营养含量不足或质量低劣的预混料，鹅会出现拉稀、腹泻现象，这样既阻碍鹅的正常生长，又要增加医药费，反而增加了养鹅成本（捡了芝麻，丢了西瓜），得不偿失。三是正确使用。按照要求的比例准确添加，按照预混料生产厂家提供的配方配制饲料，不要有过大的改变，用量小时不能起到应有的作用，用量大时饲料成本提高，甚至可能引起中毒，饲料粒度要粉碎合适。四是搅拌均匀。添加剂用量微小，在没有高效搅拌机的情况下，应采取多次稀释的方法，使之与其他饲料充分混匀。如 1 千克添加剂加 100 千克配合饲料时，应将 1 千克添加剂先与 1 ～ 2 千克饲料充分拌匀后，再加 2 ～ 4 千克饲料拌匀，这样少量多次混合，直到全部拌匀为止。五是妥善保管。添加剂预混料应存放于低温、干燥和避光处，与耐酸、碱性物质放在一起；包装要密封，启封后要尽快用完，注意有效期，以免失效，储放时间不宜过长，时间一长，预混料就会分解变质，色味全变，一般有效期为夏季最多 3 天，其他季节不得超过 6 天。

5. 鹅饲料加工的问题处理

鹅饲料要进行加工调制，如进行粉碎、切碎、浸泡、蒸煮等，可以提高适口性和消化利用率，但由于加工调制不科学，如粉碎太细、浸泡过久以及青饲料堆积久放等，严重影响饲养效果，甚至引起中毒。

处理措施：一是粉碎不宜过碎，太碎的饲料鹅不易采食和吞咽，

一般粉碎成小碎粒即可；二是较坚硬的谷粒，如玉米、小麦等，经浸泡后可增大体积，增加柔软度，鹅易于喜食也易于消化，但不宜浸泡过久，发酵变质会降低适口性；三是饲料蒸煮后可增加适口性和提高消化率，但在蒸煮过程中也会破坏一些营养成分，要注意蒸煮时间和饲料种类；四是切碎后的青绿饲料不宜堆积久放，以免腐败变质，鹅食后容易生病或中毒。

6．酒糟喂鹅的问题

酒糟是米、麦、高梁等酿酒后的残渣，它不仅含有一定比例的粮食可以节省精料，还含有丰富的粗蛋白，约高出玉米中含量的 2～3 倍，同时还含有多种微量元素、维生素、酵母菌等，赖氨酸、蛋氨酸和色氨酸的含量也很高，可以作为鹅的饲料原料。但由于处理和饲喂不当，易引起鹅中毒。

处理措施：用酒糟喂鹅要注意，一是喂前应将酒糟进行高温处理或晾晒，使酒精充分挥发。二是喂量要适宜，不要超过日粮的 5%。新鲜酒糟易发生酸变，可在酒糟中加入适量的石灰粉或小苏打，搅拌均匀，以中和酒糟中的酸。三是酒糟喂鹅要配合其他饲料，切忌单一饲喂。酒糟中的能量、粗蛋白质含量低，且维生素 A、维生素 D 和钙等营养物质缺乏，因此，必须搭配一定比例的玉米、豆粕、糠麸等，同时还要搭配足量的青饲料，补充适量的骨粉。四是酒糟不可大量喂种鹅，否则会导致种公鹅精子畸形。

7．鹅的粗饲料利用问题处理

粗饲料是指干物质中粗纤维含量超过 18% 的一大类饲料，种类很多，主要分为野干草、栽培牧草干草和农作物秸秆等。这类饲料粗纤维含量高、体积大，消化能、蛋白质和维生素含量一般都较低，适口性较差。鹅在传统上属于食草性禽类，具有耐粗饲、抗逆性强的特点，能利用大量的粗纤维饲料，降低生产成本，生产优质产品，提高养殖效益。但生产中存在鹅粗饲料利用不够或不科学的问题，严重影响到鹅养殖的成本。

处理措施：一是农作物秸秆的利用。秸秆主要包括稻秸、麦秸、玉米秸、瓜藤、花生秧等，我国产量巨大。将含水量低的稻秸、麦秸以及半黄或黄干的玉米秸秆等通过微储，可以作为育肥鹅的饲料。有人对肉鹅试验，在 2 ～ 4 周龄时，分别添加 4% 玉米秸秆粉和 3.5% 花生秧粉，鹅的日增重最大；在 5 ～ 8 周龄时，分别添加 8% 和 23.5% 时，料重比最低。在饲料中添加 20% ～ 30% 的玉米秸秆粉是可行的，对鹅的体增重影响较小。二是牧草的利用。青绿牧草柔软多汁、适口性好，是鹅喜食的饲料，其中黑麦草、齿缘苦荬菜、菊苣、籽粒苋、白三叶等都是养鹅较好的牧草品种。研究发现，黑麦草加配合饲料饲喂皖西白鹅的经济效益好且生长速度快，群养仔鹅 70 日龄平均体重达到 4 千克以上。羊草作为鹅饲料，消化利用效果及料重比都要优于玉米秸秆，但采食量和体增重低于玉米秸秆。牧草混合精料饲养肉鹅可以节约精料，降低了生产成本，同时还能改善肉鹅的屠体品质。为了保证鹅的青饲料均衡、供应充足，必须搭配种植多种牧草。饲养种鹅更需要注意牧草的周年均衡供应，以利于鹅的健康成长和生产。三是秕壳及麸糠糟渣的利用。秕壳主要是指收获庄稼后剩下的各种粮食的外壳，包括种子的外壳和颖片等，如砻糠（即稻谷壳）、麦壳等。麸糠糟渣类主要有麦麸、玉米糠、统糠、酒糟、啤酒糟、豆腐渣、甜菜渣、蔗渣等，此类饲料的原料和加工工艺不同，其营养物质的含量也有差异，在鹅饲料中一般不超过 20% 为宜。糟渣类适口性较差，而且营养不均衡，一般需要配合其他饲料共同饲喂。

五、卫生管理中问题的处理

（一）饲养密度高使鹅处于亚健康状态

为减少投入，增加饲养数量，不按照环境卫生学参数要求，盲目增大单位面积的饲养数量，在较小的鹅舍内养较多的鹅，饲养密度过高，导致鹅生长发育不良、均匀度低、体质弱、死亡淘汰率升高。高密度饲养，单只鹅占有的面积和空间小，拥挤，活动范围受到严重限

制，没有自由，其各种行为不能正常表现，严重影响鹅的正常行为表达，产生许多恶习，极大增多了鹅群的不良刺激，降低了机体的抵抗力，使鹅群经常处于亚健康状态，较易发生应激反应，提高了疾病的发生率，严重影响了生产性能的发挥等。

处理措施：根据不同阶段鹅对饲养空间的要求，保证适宜的饲养密度，保证充足的料线、水线长度。

（二）不注重休整期的清洁

现在的鹅场是谈疫色变，而且多发生在后期。可能许多人都能说出许多原因来，但有一个原因是不容忽视的，上批鹅淘汰后清理不够彻底，间隔期不够长，空舍期清洁不彻底。

现在人们最担心的疫病是禽流感，都知道它的病原毒株极易变异，在清理过程中稍有不彻底之处，就会给下批鹅饲养带来灭顶之灾。目前在鹅场清理消毒过程中，很多场只重视了舍内的清理工作，往往忽视舍外的清理，舍外清理是绝对不能忽视的。

整理工作要求做到冲洗全面干净、消毒彻底完全；淘汰鹅后的消毒与隔离要从清理、冲洗和消毒三方面去下工夫整理才能达到要求。清理起到决定性的作用，做到以下几点才能保证鹅生长生产安全：一是淘汰完鹅到进鹅要间隔 15 天以上。二是 5 天内舍内完全冲洗干净，舍内干燥期不低于 7 天。任何病原体在干燥情况下都很难存活，最差也能明显减少病原体存活时间。三是舍内墙壁地面冲洗干净，空舍 7 天以后，再用 20% 生石灰水刷地面与墙壁，重点是生石灰水刷得均匀一致。四是对刷过生石灰水的鹅舍，所有消毒（包括甲醛熏蒸消毒在内）重点都放在屋顶，这样效果会更加明显。五是舍外也要如新场一样，污染区地面清理干净露出新土后，最好铺撒生石灰，所有人员不进入活动以确保生石灰所形成的保护膜不被破坏。六是舍外水泥路面冲洗干净后，水泥路面洒 20% 生石灰水和 5% 火碱水各 1 次。若是土地面，应铺 1 米宽砖路供育雏舍内人员行走。把育雏期间的路垫煤渣并撒上生石灰碾平（不用上批煤渣），以杜绝上批鹅饲养过程中对地面的污染传给本批鹅。七是通风开始到接雏鹅后 20 天注意进风口每天定时消

毒，确保接雏鹅 20 天内进入舍内人的鞋底不接触到土地面。八是育雏期间水泥路面洒 20% 生石灰水，每天早上吃饭前进行，可以和火碱水交替进行。这样做既可以起到很好的消毒作用，又可以保持路面洁白美观，万一污染要立即清理干净。

（三）卫生管理不善导致疾病不断发生

鹅无胸隔膜，有九个气囊分布于胸腹腔内并与气管相通，这一独特的生理结构，为病原的侵入提供了一定的条件，加之鹅体小质弱、高密度集中饲养及固定在较小的范围内，如果卫生管理不善，必然增加疾病的发生机会。生产中由于卫生管理不善而导致疾病发生的事例屡见不鲜。

处理措施：改善环境卫生条件是减少鹅场疾病最重要的手段，改善环境卫生条件需要采取综合措施。一是做好鹅场的隔离工作。鹅场要选在地势高燥处，远离居民点、村庄、化工厂、畜产品加工厂和其他畜牧场；场地要分区规划，生产区、管理区和病鹅隔离区严格分开；场地周围建设隔离墙，布局建筑物时切勿拥挤，要保持 15 ～ 20 米的卫生间距，以利于通风、采光和鹅场空气质量良好；注重绿化和粪便处理、利用设计，避免环境污染。二是采用全进全出的饲养制度，保持一定间歇时间，对鹅场进行彻底的清洁消毒。三是强消毒。隔离可以避免或减少病原进入鹅场和鹅体，减少传染病的流行，消毒可以杀死病原微生物，减少环境和鹅体中的病原微生物，减少疾病的发生。目前在我国的饲养条件下，消毒工作显得更加重要，注意做好进入鹅场人员和设备用具的消毒、鹅舍消毒、带鹅消毒、环境消毒、饮水消毒等。四是加强卫生管理。保持舍内空气清洁，进行适量通风，过滤和消毒空气，及时清除舍内的粪尿和污染的垫草并进行无害化处理，保持适宜的湿度。五是建立健全各种防疫制度。如制定严格的隔离、消毒、引入鹅隔离检疫、病死鹅无害化处理、免疫等制度。

（四）消毒不科学

一些鹅场消毒方面存在诸多误区，如消毒前不清理污物，消毒效

果差；消毒不严格，留有死角；消毒液选择和使用不科学以及忽视日常消毒工作。

处理措施如下：

1. 消毒前彻底清洁

彻底的机械清除是有效消毒的前提，消毒表面不清洁会阻止消毒剂与细菌的接触，使杀菌效力降低。在许多情况下，表面的清洁甚至比消毒更重要。进行各种表面的清洗时，除了刷、刮、擦、扫外，还应用高压水冲洗，效果会更好，有利于有机物溶解与脱落。消毒前应先将可拆除的用具运至舍外清扫、浸泡、冲洗、刷刮，并反复消毒，舍内从屋顶、墙壁、门窗，直至地面和粪池、水沟等按顺序认真清理和冲刷干净，然后再进行消毒。

2. 消毒要严格

消毒是非常细致的工作，要全方位地进行消毒，如果留有“死角”或空白，就起不到良好的消毒效果。对进入生产区的人员必须严格按程序和要求进行消毒，禁止工作人员不按要求消毒而随意进入生产区或“串舍”，要制定科学合理的消毒程序并严格执行。

3. 消毒剂选择和使用要科学

长期使用同一种消毒药，细菌、病毒对消毒剂会产生耐药性，因此最好是几种不同类型的消毒剂交叉使用。在养鹅场或鹅舍入口池中，堆放厚厚的干石灰，这起不到有效的消毒作用。使用石灰消毒最好的方法是加水配成 10% ～ 20% 的石灰乳，用于涂刷鹅舍墙壁 1 ～ 2 次，既可消毒灭菌，又起到涂白美观的作用。消毒池中的消毒剂要经常更换，保持相应的浓度，才能达到预期的消毒效果；消毒剂要现配现用，否则可能会发生化学变化，造成“失效”；用强酸、强碱等刺激性强的消毒剂进行带鹅消毒，会造成鹅眼、呼吸道的刺激，严重时甚至会造成鹅皮肤的腐蚀；空栏消毒后一定要冲洗，否则残留的消毒剂会造成鹅脚爪和皮肤的灼伤。

4. 注意日常消毒

即使没有发生传染病，但外界环境可能已存在传染源，传染源会排出病原体。如果此时没有采取严密的消毒措施，病原体就会通过空气、饲料、饮水等传播途径感染鹅，引起疫病发生，所以要加强日常消毒，杀灭或减少病原体，避免疫病发生。

（五）废弃物随处堆放和不进行无害化处理

鹅场的废弃物主要有粪便和死鹅。废弃物内含有大量的病原微生物，是最大的污染源，但生产中许多养鹅场不重视废弃物的储放和处理，没有合理地规划和设置粪污存放区和处理区，随便堆放，也不进行无害化处理，结果是场区空气质量差，有害气体含量高，尘埃飞扬，污水横流，蛆爬蝇叮，臭不可闻，土壤、水源严重污染，细菌、病毒、寄生虫卵和媒介虫类大量滋生传播，鹅场和周边环境相互污染。病死鹅随处乱扔，有的在鹅舍内，有的在鹅舍外，有的在道路旁，没有集中的堆放区。病死鹅不进行无害化处理，有的在市场销售，导致病死鹅的病原体到处散播。

处理措施：一是树立正确的观念，高度重视废弃物的处理。有的人认为废弃物处理需要投入，是增加自己的负担，病死鹅直接出售还有部分收入等，这是极其错误的。粪便和病死鹅是最大污染源，处理不善不仅会严重污染周边环境和危害公共安全，更关系到鹅场的兴衰，同时病死鹅不进行无害化处理而出售也是违法的。二是科学规划废弃物存放和处理区。三是设置处理设施并进行处理。

（六）病死鹅方面问题的处理

病死鹅带有大量的病原微生物，是最大的污染源，处理不当很容易引起疾病的传播。当前存在问题：①病死鹅随意乱放，造成污染。很多养鹅场（户）发现死亡的鹅只不能做到及时处理，随意放在鹅舍内、舍门口、鹅场内和过道等处，特别是到了冬季更是随意乱放，还经常是放置很长时间，没有固定的病死鹅焚烧掩埋场所，也没有形成

固定的消毒和处理程序。这样一来，就人为造成了病原体的大量繁殖和扩散，随着饲养人员的进出和活动，大大增加了鹅群重复感染发病的概率，给鹅群保健造成很大麻烦，经常是病死鹅不断出现，形成了恶性循环。②随意出售病死鹅或食用，造成病原体的广泛传播。许多养殖场（户）不能按照国家《畜牧法》处置，为了一点个人利益，对病死鹅不进行无害化处理，随意出售或者食用，结果导致病原体的广泛传播，造成疫病的流行。③不注意解剖诊断地点选择，造成污染。怀疑鹅群有病时，尽快查找原因本无可厚非，可是不管是养鹅场（户）还是个别兽医，在做剖检时往往不注意地点的选择，随意性很大，在距离养鹅场很近的地方，更有甚者，在饲养员住所、饲料加工储藏间和鹅舍门口等处就进行剖检。剖检完毕将尸体和周围环境只做简单清理，根本不做彻底地消毒，这就更增加了疫病的传播和扩散的危险性。

处理措施：一是病死鹅无害化处理，严禁出售或自己食用，发现病死鹅最好用塑料袋封闭，放在指定地点。经过兽医人员诊断后进行无害化处理，处理方法有焚烧法、高温处理法和土埋法。二是病死鹅解剖诊断等要在隔离区或远离养鹅场、水源等的地方，解剖诊断后尸体要无害化处理，诊断场所进行严格消毒。兽医人员在解剖诊断前后都要消毒。

（七）认为污水不处理无关紧要，随处排放

有的鹅场认为污水处理无关紧要或污水处理投入大，建场时，不考虑污水的处理问题，有的场只是随便在排水沟的下游挖个大坑，谈不上几级过滤沉淀，有时遇到连续雨天，沟满坑溢，污水四处流淌，或直接排放到鹅场周围的小渠、河流或湖泊内，严重污染水源和场区及周边环境，也影响到本场鹅的健康。

处理措施：一是鹅场要建立各自独立的雨水和污水排水系统。雨水可以直接排放，污水要进入污水处理系统。二是采用干清粪工艺。干清粪工艺可以减少污水的排放量。三是加强污水的处理。要建立污水处理系统，污水处理设施要远离鹅场的水源，进入污水池中的污水经处理达标后才能排放。按污水收集沉淀池→多级化粪池或沼气池→

处理后的污水或沼液→外排或排入鱼塘的途径设计，以达到既利用变废为宝的资源——沼气、沼液（渣），又能实现立体养殖增效的目的。

六、饲养管理中的问题处理

（一）雏鹅饲养管理中的问题处理

1. 育雏温度不适宜

育雏时，出现雏鹅扎堆，叫声不断，主要是育雏温度过低，雏鹅寒冷。雏鹅老是张口喘气，并且饮水量增加，这是温度过高。

处理措施：育雏舍内要有适宜的育雏温度，第一天一般要保证28～30℃，2～7日龄保持在23～28℃，8～14日龄为18～23℃，以后每周降低3～5℃。降温要结合雏鹅的行为表现进行。

2. 雏鹅饲料单一

育雏时饲料单一，或饲喂单一饲料时间过久，会影响鹅的生长发育。

处理措施：雏鹅在育雏期，1～2日龄可喂些小米等，以后必须喂给全价配合饲料，这样才能保证雏鹅的营养均衡，使其抵抗力强，减少患病。雏鹅在开食后1～2天，就可将嫩草（菜）去老根、杂质，洗净切成丝喂给，先少给后逐渐增加（鹅是草食水禽，以食草为主，但绝不是能吃百样草。鹅的消化道长，是身体长度的10倍，但消化粗纤维的能力有限，只能吃嫩草或菜等，雏鹅饲料中粗纤维含量不能超过6%。常用的青绿饲料有苦荬菜、鹅头稗、细绿萍、白菜、甘蓝、莴苣叶等，莎草科、蓼科等含粗纤维量高的不能饲喂）。

（二）育成鹅饲养管理的问题处理

育成阶段如不能根据不同阶段进行合理饲喂，会影响种鹅的开产日龄、产蛋高峰维持时间、产蛋量和种蛋的受精率。

处理措施：育成鹅是指育雏结束到产蛋之前生长阶段的鹅。饲养

管理的重点是对种鹅进行限制饲养，以达到适时的性成熟为目的。饲养管理分为生长阶段、限饲阶段和恢复阶段。

1. 生长阶段

指 80 ～ 120 日龄这一时期，鹅处于生长发育时期，需要较多的营养物质，不宜过早进行控制饲养，应逐渐减少饲喂的次数，并逐步降低日粮的营养水平，逐步过渡到控制饲养（限饲）阶段。

2. 限饲阶段

从 120 日龄开始至开产前 50 ～ 60 天结束。限饲方法有：一是实行定量饲喂，日平均饲料用量一般比生长阶段减少 50% ～ 60%；二是降低日粮的营养水平，饲料中可添加较多的填充粗料（如米糠、酒糟、啤酒糟等），但要根据鹅的体质，灵活掌握饲料配比和喂料量，维持鹅的正常体质。控料要有过渡期，逐步减少喂量，或逐渐降低饲料营养水平；要注意观察鹅群动态，对弱小鹅要单独饲喂和护理；搞好鹅场的清洁卫生，及时更换垫草，保持舍内干燥。

3. 恢复阶段

种鹅在开产前 50 ～ 60 天进入恢复阶段（种鹅开产一般是 220 日龄左右），应逐步提高补饲日粮的营养水平，并增加喂料量和饲喂次数，日粮蛋白质水平控制在 15% ～ 17% 为宜。经 20 天左右的饲养，种鹅的体重可恢复到限饲阶段前的水平。该阶段种鹅开始陆续换羽，为了使种鹅换羽整齐和缩短换羽的时间，可在种鹅体重恢复后进行人工强制换羽，即人工拔除主翼羽和副主翼羽。拔羽后应加强饲养管理、适当增加喂料量。公鹅的拔羽期可比母鹅早 2 周左右进行，使鹅能整齐一致地进入产蛋期。

（三）鹅绒毛采集中的问题处理

1. 屠体取毛方法不当问题处理

屠体取毛就是屠宰后一次性将鹅羽绒全部收取，如果取毛方法不当，既影响羽绒质量，又造成羽绒浪费。

处理措施：屠体取毛分为水烫、蒸拔和干拔三种采集方法。水烫法也称浸烫法、烫煺法。鹅宰杀后收取鹅血并尽量将鹅血放尽，以保证鹅胴体和内脏的品质，胴体无淤血，体表白净美观，肉品质好。最好在烫毛前将双翅上的大翎（尖翎、刀翎、窝翎）拔下，单独存放和出售（否则混入羽毛中，既影响羽绒质量，又将以废弃物对待而浪费）。屠宰后用68℃左右热水烫毛，将全部毛拔掉，收集全部羽绒。蒸拔法即将宰杀沥血后的鹅体放在蒸笼上，蒸1～2分钟后进行拔毛，是近几年来人们为提高羽绒的利用价值而采取的一种方法。按羽绒结构分类和用途采集羽绒，可先拔双翅大翎羽，再拔全身片毛，最后拔取绒羽，然后再用水烫法清除全身的毛茬及余羽。蒸时鹅体在蒸笼里单摆平放、不能贴在锅边上，还要掌握好蒸汽火候和时间，蒸1分钟左右时打开笼屉盖，将鹅体翻个儿并试拔翅上大翎，如顺利拔下，可拔取，否则再蒸一会。干拔法是提高羽绒价值的一种方法，是利用宰杀后鹅体还有余温时，采用活拔羽毛的操作方法，按羽绒结构分类和用途分别拔取存放，然后用水烫法去掉全身剩余羽毛。

2. 鹅体活拔毛时问题处理

利用鹅生长阶段和停产换羽期进行活拔毛，不影响鹅的生长发育和产蛋性能，还可防止因自然换羽造成羽绒乱飞，影响环境卫生。该法增加了羽绒产量，降低了种鹅的饲养费用，提高了养鹅的经济效益，但鹅体活拔毛时也会出现一些问题，应该注意。

（1）活体拔毛时间过晚

活体拔毛是近几年兴起的一种新的拔毛方法，其优点是获得高质量的羽绒，并增加羽绒的产量。因为鹅的开产月龄大都较晚，或习惯推迟鹅的产蛋月龄到7月龄，有的甚至推迟到9～10月龄，影响羽绒产量。

处理措施：75日龄时开始活拔毛，到开产前40天，至少每只可以活拔毛3次（75日龄、117日龄、160日龄左右）。鹅6周龄就可体成熟，如果鹅体成熟后就开始活拔毛，则每只鹅开产前可拔4次毛（约

45日龄、87日龄、120日龄、162日龄左右）。如每次活拔毛平均120克，3次拔毛可得360克羽绒。

（2）毛片大、难拔

拔毛时，遇到有较大的毛片不好拔。

处理措施：对能避开的毛片，可避开不拔，只拔绒朵；当毛片不好避开时，可先将其剪断，然后再拔，剪毛片时一次只能剪去一根，用剪刀从毛片根部皮肤处剪断，注意不要剪破皮肤和剪断绒朵。在拔取毛根部带有肉质时，拔取的动作应尽量放慢一些，耐心细致地拔。

（3）毛绒根部带肉

健康的鹅拔毛时羽绒根部是不会带肉质的，但有的出现带肉问题。

处理措施：如遇到少许毛绒根部带肉质时，拔取动作可以稍慢一些，每次抓拔的根数要少些，耐心细致地拔。如果大部分毛绒都带肉质，表明这只鹅营养不良，此时应该暂停拔毛，待喂养育肥后再拔。

（4）脱肛

由于受到拔毛操作的强烈应激，有的鹅会出现脱肛现象。

处理措施：一般不需任何处理，过1～2天就能自然收缩恢复正常，也可采用0.2%的高锰酸钾溶液冲洗肛门，以防肛门溃烂。

（5）精神不振

拔毛后鹅有不食不饮，走路提腿，摇摇晃晃，喜站不伏等情况。

处理措施：均属正常，一般经1～2天自然消失。至于有个别鹅打蔫不喜食，是因拔毛时受刺激较重，体温升高，过2～3天就能恢复正常。只要舍外温度不低于-15℃，就可以进行鹅活拔毛，但拔毛后鹅应在舍内饲养2～3天。

（6）受伤和出血

在拔毛过程中，如不小心把鹅皮肤拔破，甚至出现出血现象。

处理措施：用紫药水涂抹一下即可，流一点血不要紧，等拔完所有的毛绒后，在伤口上涂少许紫药水可照常饲养。如果皮肤拔破严重，为防止感染，涂紫药水后先在室内饲养一段时间再放牧。由于鹅抗病能力和再生能力都比较强，一般破点皮对其正常生长没有不良影响。如果伤口大，则要缝合，做抗菌处理，并在室内养一段时间才可放牧。鹅体温较高，通常在 41 ～ 42℃，所以拔毛后体表一般不易被细菌感染。

（四）种鹅反季节生产管理中常见问题处理

1. 种鹅脱毛问题

种鹅脱毛的原因主要有：一是天气炎热导致鹅采食量下降，能量跟不上种鹅产蛋需求，导致脱毛，一旦脱毛，将全面停止产蛋；二是黄曲霉菌中毒，由于种鹅食用稻谷多数是陈年旧稻，稻谷中含有大量的黄曲霉菌，黄曲霉菌破坏饲料中的维生素或引起鹅黄曲霉毒素中毒，使种鹅脱毛；三是种鹅圈舍常年不消毒，导致细菌和寄生虫蔓延，鹅虱、螨虫等体外寄生虫导致种鹅脱毛；四是鱼塘水质不好导致脱毛。

处理措施：天气炎热时要调整日粮的营养水平，增加豆粕和鱼粉用量，提高维生素水平，可以添加 3% ～ 4% 的脂肪增加能量供给；高温高湿季节或饲喂陈旧饲料时，要在饲料中添加霉可脱等防霉剂，抑制黄曲霉菌繁殖；保持圈舍清洁卫生，定期清理、消毒圈舍，定期使用伊维菌素喷洒鹅舍驱虫，保持水塘清洁卫生。

2. 产蛋率低的问题

产蛋率低的问题原因：一是种鹅品种质量差或使用年限过长；二是天气炎热，种鹅采食量低，导致营养不良，产蛋率降低。

处理措施：一是选择优良品种，保持种鹅群适宜的年龄结构；二是调整日粮的营养水平，增加豆粕和鱼粉用量，提高维生素水平，可以添加 3% ～ 4% 的脂肪增加能量供给。

3. 受精率低的问题

受精率低的主要原因：一是天气温度高，种鹅采食量低，导致营养不良，致使种鹅性欲低下，水热，公鹅不愿意交配，加之温度高时精子成活率低，母鹅受精困难等；二是种鹅比例和年龄不当；三是水质污染和鹅体感染病菌。

处理措施：一是调整种鹅营养，提高日粮营养水平，增加多种维生素用量，可以使用一些雄性激素类饲料（动物内脏等含锌、钙、维生素、精氨酸多的饲料）等。二是保持适宜的种鹅比例和年龄结构。公母比例因品种不同外［小型鹅1∶（6～7），中型鹅1∶（4～5），大型鹅1∶（3～4）］，还要考虑气候条件。如天气相对寒冷或炎热时，公鹅的性活动较弱，需要增加公鹅数量20%。使用1岁的公鹅，性欲旺盛，公鹅的数量可以适当减少。另外，公母鹅有固定配偶交配的习惯，克服这种固定配偶的方法是在公母鹅合群初期，每天都让不同的公鹅与不同的母鹅轮流进行交配，以防止公母鹅形成固定配偶，一旦发现公鹅对固定的母鹅发生偏爱，马上将母鹅挑出，拆散其配偶，有利于提高受精率。三是保持良好水质，维持鹅体的健康，避免种鹅被大肠杆菌和沙门氏菌感染。

（五）种蛋孵化过程中的问题处理

1. 忽视种蛋选择

种蛋是影响孵化的内因，种蛋质量直接关系到孵化效果。种鹅产的蛋也不全都是符合要求的合格种蛋，应该加强种蛋选择。但有的孵化场（户）忽视种蛋选择，如不管种蛋的大小、不管种蛋的洁净与否、不管蛋壳质量好坏以及种蛋的来源等，结果入孵后影响孵化成绩。

处理措施：一是注意种蛋的来源。种蛋应来源于管理良好、高产且经过净化的种鹅群，同一台孵化器内最好入孵同一批次种鹅群产的种蛋。二是加强选择。选择蛋重大小适宜、蛋壳结构良好且表面洁净光滑、蛋形为卵圆形的种蛋。蛋重过大过小、蛋壳过薄过厚、表面污浊且有沙壳的种蛋不能入孵。三是种蛋要新鲜。如气室不能过大，蛋内无异物等。

2. 忽视“看胎施温”

温度是种蛋孵化的首要条件，直接影响到孵化成绩。种蛋孵化有参考的适宜温度，但影响孵化温度的因素较多，如季节、孵化器类型、种蛋大小、室内温度等，有时候进行微小的调整就可能进一步提高孵化率。但生产中，有些孵化场（户）只是按照一般参考的适宜温度标准来控制温度，结果孵化成绩不能达到最好。

处理措施：不同季节、不同孵化器类型、不同孵化室温度以及来源于不同批次和蛋重大小不同的种蛋，其胚胎发育要求的最适温度都有差异。孵化过程中，必须看胎施温，即根据胚胎发育情况合理确定和调整温度以达到最适的孵化温度，获得最好的孵化效果。

3. 忽视通风换气

温度是种蛋孵化的首要条件，人们较为重视，但胚胎发育不仅需要温度，也需要新鲜的空气。生产中由于主观因素，如不注意通风换气或有客观原因，如孵化条件差、孵化室温度不易控制等，导致通风换气不良而使胚胎死亡，影响孵化率。如一孵化户采用上面孵化下面出雏的孵化器，由于孵化器紧靠孵化室的一侧墙，且墙也没有窗户，结果出雏时靠墙一侧出雏率很低，而另一侧由于靠近门，出雏率高，差异极大。

处理措施：一是注意孵化后期的通风。孵化前 15 天，胚胎代谢率低，需氧量少，排出的二氧化碳也少，不需要太多的通风量，如果通风量过大，不利于温度控制。但后期在保证温度的前提下一定要加强通风，保证孵化器内空气新鲜。二是孵化室空气要新鲜。只有孵化室内空气新鲜，才能保证孵化器通风时获得新鲜空气。三是保证孵化室内温度适宜。孵化室温度过低，通风换气可能影响孵化器内的孵化温度，为保温可减少换气量。

4. 忽视孵化过程中的卫生管理

孵化场的卫生现在也列为孵化的条件之一，特别是规模化孵化场，卫生管理尤为重要。生产中有这样的奇怪现象，开始孵化技术不行但孵化成绩也不太差，但随着孵化时间延长，孵化技术水平不断提高反而孵化成绩变差，其原因就是卫生条件越来越差。一些孵化场（户）不重视卫生管理，隔离不好，消毒不严格，污染严重等，使孵化的雏鹅质量差。

处理措施：一要加强孵化场的隔离，合理规划孵化场的各个区间，避免闲杂人员和其他动物的进入等。二是保持孵化场和孵化器的清洁。三是严格消毒。孵化开始前对孵化器、孵化室和孵化场区进行彻底消毒；加强出雏间隔对孵化器、出雏器以及孵化室、出雏室的彻底消毒；注意孵化过程中的消毒；雏鹅出售或运入育雏舍后对出雏区域进行全面消毒。

七、用药失误处理

如果给鹅投药的方法不当（如剂量过大或用药时间过长），则会引起药物中毒，严重影响鹅的健康和生产性能，甚至造成大批死亡，给养鹅业造成不应有的损失。

1. 喹乙醇中毒

喹乙醇使用不当可引起喹乙醇中毒，表现为强壮鹅突然抽搐或角弓反张，倒地死亡；有时可见冠髯发绀，扭颈转圈，口流黏液，脚软甚至瘫痪；鹅群时有腹泻，重者下痢，偶有发呆；死亡时间不集中，常呈散发形式，几乎每天死亡、由少数几羽到多羽，可维持短则半日、长达 2 个月的时间；死亡率视其用药量的大小、次数、间隔时间不同而差异很大，达 3% ～ 60%，鹅全身出血严重。

处理措施：发现中毒后，应立即停药；多维加倍量，尤其是维生素 C、维生素 E；用绿豆熬水配合 5% 葡萄糖水饮用；中毒较重的，可酌情配合口服补液盐饮用，以促其排泄，减少吸收。为避免中毒，喹乙醇应按说明慎重使用，连用数次应停药一段时间，使其充分排泄之后再用；禁止饮水使用；在使用喹己醇过程中，避免使用其他抗菌类药物。

2. 土霉素中毒

土霉素使用不当可引起土霉素中毒，表现为鹅采食下降，产蛋量明显下降；大部分鹅腹泻，腿瘫软，鹅冠萎缩且发白，羽毛蓬乱、无光泽；雏鹅生长缓慢，精神沉郁不安；腺胃壁、十二指肠壁水肿，黏膜脱落，黏膜下层有弥漫性、大小不等的出血点；肌胃角质层龟裂或溃疡；肝呈土黄色且浑浊、肿胀、脆弱；肾肿大、充血，输尿管扩张；有的鹅心脏、肝脏、肺脏、气囊表面呈石灰样。

处理措施：发现中毒后，立即停喂土霉素，并给鹅饮服绿豆汤、甘草水或5%葡萄糖溶液，控制用药剂量和连续用药时间。用土霉素应按规定投药，一般每千克体重每次用量25～50毫克、2次/天，连续用药时间不超过7天，再用药时应间隔2～3天。

3. 马杜拉霉素中毒

马杜拉霉素使用不当可引起马杜拉霉素中毒，表现为轻症食欲减少，沉郁，互相啄羽，饮水量与采食量均减少，排绿色稀粪，消瘦，脚爪皮肤干燥、呈暗红色，两腿无力，行走困难，若停药及时一般无死亡；急性重症中毒病例，饮食明显减少或废绝，两腿无力或瘫痪，严重时呈神经症状，行走摇摆，脚软，伏地或侧卧，两腿后伸，少数鹅转圈，排出黄色或绿色水样粪便，消瘦脱水至死亡；慢性中毒病例为胸肌、腿肌出血，肝、肾稍肿，呈暗红色，小肠出血。

处理措施：立即停用含有马杜拉霉素及其他抗球虫或抗菌药物的饲料。目前此类药物中毒机制尚未明确，临诊中毒无特效解毒药。饮水中添加3%葡萄糖和0.02%维生素C，以提高抗病力和解毒能力；及时补充复合维生素和亚硒酸钠、维生素E，可使病情得到一定控制。症状较重的鹅可人工灌服，每天2次，一般停药后5天左右鹅群便可恢复正常。

4. 磺胺类药物中毒

磺胺类药物使用不当可引起磺胺类药物中毒，雏鹅多表现为急性中毒，食欲废绝、腹泻、倒地抽搐、角弓反张、头颈后仰，迅速死亡；成年鹅、育成鹅主要表现为食欲减退，饮水增加，行走无力，羽毛松乱，呼吸急促，下痢，粪便呈暗红色或酱油色。产蛋期鹅可引起产蛋减少，最常见的病变是皮肤、肌肉和内脏器官出血。慢性病例还见肾

脏肿大可达 3 ～ 4 倍，呈土黄色，出血斑；输尿管变粗并充满白色尿酸盐；有时可见关节囊腔中有少量尿酸盐沉积。

处理措施：一旦出现中毒现象，立即停止用药，饮以充足的洁净清水，并加入 1% ～ 2% 的碳酸氢钠溶液，同时在每千克饲料中加入维生素 C 200 毫克、维生素 K 5 毫克，连用数天，至症状基本消失为止。

八、疾病防治中问题处理

（一）鹅惊群的处理

由于鹅群密度过大，突然改变饲养环境，更换饲养员，光照、温湿度骤变，噪声、运输或进行免疫接种等引起鹅惊群。惊群后，鹅群惊叫、兴奋、不规则跑动，相互啄羽，影响鹅生长发育。产蛋鹅若经常惊群，则产软壳蛋增多，容易出现卵黄性腹膜炎，产蛋量迅速下降。数日后鹅群出现怕光、怕声、见饲养人员惊叫冲撞等惊恐症状，1/3 鹅排白色稀粪，死亡率不高，偶有死亡，剖检死亡鹅可见鹅冠撕裂，头、颈部外伤，泄殖腔轻度小点状出血，少数鹅可见输卵管破裂、内有成熟蛋，其他器官未可见病变。

处理措施：一是降低光照。挂深色门、窗帘，降低光照强度（降为正常 1/2），晚间补光时间也缩短一半。饮水中添加补液盐，连用 1 ～ 2 周。二是镇静。用盐酸氯丙嗪，按每千克饲料 0.2 克拌料，改每天喂料 4 次为 3 次，每次喂给充足的量；饮服电解多维、维生素，按 50 克加 250 千克水，连饮 3 ～ 5 天，同时每千克饲料中拌入盐酸氯丙嗪 4 ～ 6 片（每片 0.25 克），喂鹅。三是加强平时饲养管理。若对一些预先能够知道但又不可避免的应激因素，如喜事、丧事、节日的鞭炮声和鼓乐声、汽车声等，应提前关闭门窗，投服镇静剂或抗应激药品。

（二）传染病发生前后的处理

1. 传染病发生前处理

当周围鹅场已经发生某种传染性疾病且正在扩散，而本场尚未发生时，应采取应急措施：一是加强隔离。全场饲养人员和管理人员不准出入鹅场，如要进入鹅场，必须经过洗浴消毒后方可进入；外界人员不可进入鹅场，特别是那些收购鹅、销售饲料和兽药的商贩，更不准靠近鹅场乃至进入鹅场，直到传染病的警报解除。二是严格消毒。加强对管理区和生产区的消毒，管理区每周消毒 1 ～ 2 次，生产区每天消毒 1 次，对鹅场的门口、鹅舍、笼具等进行彻底消毒。针对流行性传染病的性质，选用不同的消毒药物或几种药物交替使用，物理、化学和生物学方法联合使用。三是减少生物性传播。许多病原菌可由苍蝇、蚊子、老鼠、鸟类等生物传播。在此期间，加强防范，消灭蚊蝇，彻底灭鼠，驱除鸟类，防止狗、猫等家养动物的闯入等。四是紧急免疫接种。针对流行病的种类，结合抗体检测结果进行免疫接种，以确保鹅群的安全。五是紧急药物预防。在有些流行的疾病没有疫苗预防或疫苗效果不理想的情况下，选用适当的药物进行紧急预防。六是提高鹅免疫力。此期间，在鹅饲料中添加维生素 C 和维生素 E、速溶多维以及草药制剂等减少应激，在水中添加多糖类、核酸类等，提高群体的免疫力。

2. 传染病发生时处理

当鹅场不可避免地发生了传染性疾病时，为了减少损失，避免对外传播，应采取如下措施：一是隔离封锁。隔离病鹅及可疑鹅，将病鹅隔离到大鹅群接触不到的地方，封锁鹅舍，在小范围内采取扑灭措施。二是尽快做出诊断，确定病因。迅速通过临床诊断、病理学诊断、微生物学检查、血清学试验等，尽快确诊疾病。如果无法立即确诊，可进行药物诊断。在饲料或饮水中添加一种广谱抗生素，如有效则为细菌病，反之则可能为病毒病，再做进一步诊断。三是严格消毒。在隔离和诊断的同时，对鹅场的里里外外进行彻底消毒。尤其是被病鹅污染的环境、与病鹅接触的工具及饲养人员，也应作为消毒的重点。鹅场的道路、鹅舍周围用 5% 的氢氧化钠溶液，或 10% 的石灰乳溶液喷洒消毒，每天一次；鹅舍地面、鹅栏用 15% 漂白粉溶液、5% 的氢氧化钠溶液等喷洒，每天一次；带鹅消毒，用 0.25% 的益康溶液或

0.25% 的强力消杀灵溶液、0.3% 的农家福、0.5% ～ 1% 的过氧乙酸溶液喷雾，每天一次，连用 5 ～ 7 天；粪便、粪池、垫草及其他污物采取化学或生物消毒；出入人员脚踏消毒液，用紫外线灯照射消毒，消毒池内放入 5% 氢氧化钠溶液，每周更换 1 ～ 2 次；其他用具、设备、车辆用 15% 漂白粉溶液、5% 的氢氧化钠溶液等喷洒消毒；疫情结束后，进行全面消毒 1 ～ 2 次。四是加强管理。细致检查鹅舍内小环境是否适宜，如饲料、饮水、密度、通风、湿度、垫料等，若有不良应立即纠正。要尽可能加强通风换气，使得空气新鲜、干燥，稀释病原体。在饲料中增加 1 ～ 3 倍的维生素，采取措施诱导多采食，以增强抵抗力。五是紧急免疫接种。如果为病毒性疾病，为了尽快控制病情和扑灭疫病流行，应对疫区及受威胁区域的所有鹅只进行紧急预防接种。通过接种，可使未感染的鹅获得抵抗力，降低发病鹅群的死亡损失，防止疫病向周围蔓延。紧急预防接种时，鹅场所有鹅群普遍进行，使鹅群获得一致的免疫力。为了提高免疫效果，疫苗剂量可加倍使用。六是紧急药物治疗。确认为细菌性或其他普通疾病，要对症施治。细菌性疾病可以通过药敏试验选择高敏药物尽快控制疾病；如为病毒性传染病，除进行紧急免疫外，对病鹅和疑似病鹅进行对症药物治疗，可选用抗生素和化学药物，有条件的鹅场可使用高免血清治疗，在没有高免血清的情况下，可注射干扰素，以干扰病毒的复制，控制病情发展，用于紧急治疗的剂量要充足。七是病死鹅无害化处理。死、病鹅严禁出售或转送，必须进行焚化或深埋。

3. 传染病发生后处理

一场传染性疾病发生以后，如果本场没有被传染，可解除封锁，开始正常工作。如果本场发生了传染性疾病，并被扑灭，需要做好以下工作：一是整理鹅群。经过一场传染性疾病，鹅群受到一次锻炼和考验。有的抵抗力强可能不发病，有的抵抗力差发病死亡，有的发病虽然没有死亡但也失去了饲养价值。要及时整理鹅群，及时淘汰处理鹅群中一些瘦弱的、残疾的、过小的等不正常的鹅，保证整个鹅群优质健康。二是加强消毒。传染性疾病虽然被扑灭，但鹅场不可避免地存留病原菌，消毒工作不可放松，应对整个鹅场进行一次严格的大消毒，特别是对于病鹅、死鹅的笼具、排泄物和污染物以及周围环境，更应彻底消毒，以防后患。三是认真总结。传染性疾病尽管被扑灭，应认真总结经验教训。疫病发生是预防制度问题，还是疫苗问题，或是免疫程序问题，或是注射问题。如果是制度问题，主要漏洞在哪儿？应该如何弥补和完善？如果是疫苗有问题，那么是疫苗生产问题，还是保存问题？如果是免疫程序问题，应怎样进行改进？如果是注射问题，是注射剂量问题，还是注射时间问题或部位问题、注射方法问题？是责任心问题，还是技术问题等。传染性疾病被扑灭，采取的主要措施是什么？这些措施是否得力？是否有改进和提高的余地？如果下次再发生类似事件，应该如何应对？等等。通过认真总结，为今后工作的完善和处理类似应急事件奠定基础。

（三）鹅发热的处理

鹅发热是指鹅体在致热原刺激作用下，体温调节机能发生改变，导致体温异常升高的现象。发热不是一种独立的疾病，是伴随其他疾病过程中出现的一个症状。鹅感染细菌、病毒，或饲养管理不当、中暑、机体严重脱水、外源物质侵入等都会引起发热。鹅因各种原因引起疾病，如支气管炎、肺炎、胸膜炎时，除体温升高外，多伴有喷嚏、甩头、流涕、流泪、咽喉部潮红、肿胀等症状，严重者可见呼吸急迫；如为烈性传染病所致，鹅群常有极高的死亡率；感染肠炎时，发热并伴有粪便稀薄，呈白色、灰白色或绿色；感染球虫病或黄曲霉毒素中毒时，鹅常会排红色或带血稀粪；引起神经症状时，发热并会出现沉郁、呆立、昏睡、扭颈、运动失调、瘫痪、倒地抽搐等表现。

处理措施：一是治疗原发病。中暑性发热，要立即采取降温、通风措施，同时增加凉水供给，并在水中适当增加人工盐；细菌感染性发热，可用抗菌类药，条件许可时可进行药敏试验，选择最敏感的药物；病毒感染性发热，可用抗病毒药进行治疗，如黄芪多糖、金丝桃索、板蓝根等中药，同时配合使用抗菌药物、复合维生素等。二是加强护理。限制运动，以减少病鹅的肌肉活动，降低体力的消耗和热量

的产生；多饮水，加入适量的糖、盐更好，以补充体液和促使肠道毒素的排出。三是预防继发感染。可用抗生素及磺胺类药物。四是做好预防。加强饲养管理，搞好鹅群环境卫生，做好防寒、保暖及防疫工作。

（四）鹅腹泻的处理

消化机能紊乱，饲养管理不当，采食劣质的饲料，感染了细菌、病毒、寄生虫，滥用抗生素等原因常会导致鹅腹泻。大肠杆菌病引起雏鹅下痢，泄殖腔周围有黏糊状物，肝肿大并有坏死状，雏鹅卵黄未吸收或吸收不全，成鹅的症状和病变与禽霍乱相似。禽副伤寒的雏鹅突然死亡、持续下痢、泄殖腔周围为粪污黏附，多伴有浆液脓性结膜炎症，眼半闭或全闭，常出现呼吸困难及麻痹、抽搐等神经症状，大肠黏膜上有时有污灰色糠麸样薄膜被覆。鹅副黏病毒感染或高致病性禽流感，病初即有腹泻，粪便稀薄，呈黄绿色或黄白色，有时混有血液；嗉囊膨胀，充满气体和液体（脑膜充血、出血及腺胃乳头或乳头间隙出血具有诊断意义）。禽伤寒病，鹅粪便稀薄，呈黄绿色，严重时粪便中带有血液，逐渐消瘦；肝、脾和肾发红肿大，肠道有卡他性炎症，肝呈绿棕色或古铜色。禽霍乱多发生于3日龄以内的雏鹅，急性病例常有剧烈腹泻，粪便初为黄灰色，后为污绿色，有时粪便中带血，腥臭难闻，鹅张口呼吸、喘气、甩头；慢性病例出现持续性下痢，肉髯水肿和关节炎，伞肝有弥漫性针尖大的灰白色坏点。球虫病多见于2～11周龄的雏鹅，以3周龄以下的多发，水样稀粪，常为白色的不消化的粉料，并带有血液。若为盲肠球虫所引起的疾病，粪便呈棕红色，多在发病后1～2天死亡；肠道受寄生虫侵袭，肠壁发生炎症、出血和溃疡，或在肠黏膜上形成结节，伴随肠炎与结节的形成，多为长期、持续性下痢，肠道内有虫体；卡他性小肠炎或出血性小肠炎，肠内容物为黄绿色液体与坏死的脱落上皮。

处理措施：一是加强护理。给予安静、干燥的圈舍，根据腹泻的严重程度少给或不给富有营养和难吸收的饲料。二是寻找病因，对症治疗。饲料配比不合理，饲料中蛋白质及钙含量过高引起的，应合理配制饲料，同时提高饲料中鱼肝油和B族维生素含量，增强鹅抗病能力。饲料发霉变质引起的，注意改善环境，停止可疑霉变的饲料的供应，用3%～5%的葡萄糖溶液饮水，并加入适量的复合维生素和人工盐。滥用抗菌药物或使用抗菌药物时间过长引起的，停用抗菌药粉，使用缓解肾脏症状的药物；饮水中添加鱼肝油、多维、葡萄糖，饲料中添加益生素改善肠道菌群比例，必要时使用药用木炭末。维生素缺乏引起的，增加堆生素含量，口服葡萄糖增强机体抵抗力。气候因素引起的，既要做好保温工作，又要保证通风换气；腹泻严重的可适当使用抗生素和补中益气类止泻中药。脾胃气虚引起的，用补中益气类草药拌料，电解多维饮水。应激因素引起的，积极控制原发病，纠正各系统功能障碍，保护重要脏器功能，改善循环，控制感染和清除病灶，合理选择抗生素。传染性疾病和中毒性疾病引起的，参照传染病和中毒病处理措施。三是加强预防。加强日常饲养管理，注意饲料的保管和调制工作，不使饲料霉变；饲喂方法要做到定时定量，少喂勤添；寒冷季节注意保温；注意鹅舍清洁、干燥和通风，定期进行消毒；注意观察鹅群健康状态和采食、饮水、排粪情况，发现异常应及时治疗，加强护理；加强对其他继发腹泻病的及早治疗和预防。

（五）发生重大传染病的处理

（1）小鹅瘟

主要侵害2～20日龄雏鹅，传染快，病死率高，雏鹅排黄绿或灰白色粪便，有神经症状；肝脏肿大，呈红色或黄红色，胆囊显著膨大，充满暗绿色胆汁，心外膜充满出血点，心肌浊肿；全身性败血症变化，小肠中、下段肠黏膜脱落，形成纤维素性凝固栓。

（2）鹅禽霍乱

最急性型：无明显症状，突然表现不安静、抽搐、倒地挣扎，迅速死亡。急性型：精神委顿，离群不敢下水，两翅下垂，缩颈闭眼，体温升高到42～43℃，口有黏液流出，不断摇头，故也称“摇头瘟”；病鹅下痢呈草绿色或灰黄色，严重时带血色，通常在1～3天内死亡；鹅持续性腹泻，有的关节肿胀发炎，跛行或不能行走，少数病例有神

经症状。

（3）大肠杆菌病

又称蛋子瘟。急性型为败血型，发生在雏鹅及部分母鹅中。病雏表现为精神不振，缩颈，呆立，排青白便，食欲降低，饮欲增加，干脚。特征性症状是结膜发炎，眼肿流泪，上下眼睑粘连，严重者见头部、眼睑、下颌部水肿，尤以下颌部明显，触之有波动感；多数患鹅当天死亡，有的5～6天死亡；蛋子瘟常发生于产蛋期间，成年母鹅特征性病变是卵黄性腹膜炎。

（4）鹅副黏病毒病

病鹅初期排淡黄绿色、灰白色、蛋清样稀粪，随后粪便呈红色、绿色或墨绿色，混有气泡；呼吸困难、咳嗽，鼻孔流出少量浆液性分泌物，甩头，喙端及边缘色泽变暗；病后期，部分患鹅表现扭颈、转圈、仰头，两腿麻痹不能站立，随后抽搐而死，病程长的因消瘦、营养不良衰竭而死，幸存鹅生长发育不良。

（5）鹅（禽）流感

精神沉郁，食欲减少甚至废绝，体温升高，眼结膜潮红，流泪，进而出现角膜混浊，头颈部肿大，皮下水肿；严重下痢，肛门周围羽毛黏结粪便；临死前多数患鹅口、眼、鼻孔流出暗红色带血液体，部分患鹅表现震颤、抽搐、意识紊乱等神经症状，腿部无毛区鳞片出血，2～5天死亡，耐过鹅表现为生长迟缓、失明、扭颈、翅膀下垂等。

处理措施：

（1）隔离病鹅，封锁鹅舍

根据不同疫病的相关处理规程，在小范围内采取科学的扑灭措施。

（2）及早诊断，积极治疗

疫病发生时，将死鹅和濒临死亡的鹅送到就近的兽医诊断室检查，或请禽病防治人员来现场观察症状和剖检病鹅，以确诊病因。当疫病已在本场发生或流行时，应对疫区和受威胁的地区进行紧急疫情扑灭措施。如果是病毒性疾病，应对疫区及受威胁地区内尚未发病的鹅群进行紧急预防接种。如果是细菌性疾病，要对症下药，以控制疾病发展。另外，要在饲料或饮水中添加多种维生素（如维生素C、B族维生素、电解多维等），以增强鹅机体抗病力。

（3）全面消毒

对污染的笼子、饲料、食槽、饮水器、用具、衣服、粪便、环境和全部圈舍要用1%～3%热碱溶液、3%～5%苯酚溶液、3%～5%来苏儿和10%～20%石灰乳消毒。目前常用的还有过氧乙酸和百毒杀等新的消毒药，设法切断各种传播媒介，对死鹅进行深埋或焚烧处理。

（4）改善环境

检查鹅舍内小环境是否适宜，饲料、饮水、饲养密度、温度、湿度、垫料等是否存在问题，要注意通风换气，使舍内通风、干燥。

（5）加强传染病的预防

①强化防疫观念，制定严格合理的防疫制度。未经小鹅瘟疫苗免疫注射的种鹅，其所产种蛋孵化出的雏鹅应在出生后24小时内注射抗小鹅瘟血清。雏鹅在5～7日龄注射抗小鹅瘟疫苗和抗病毒性肠炎疫苗；在10～15日龄注射抗副黏病毒疫苗；1月龄后仔鹅可注射禽流感疫苗，隔2个月再注射1次；4周龄仔鹅、育成期或体产期种鹅可使用禽霍乱疫苗；种鹅开产前1个月左右进行小鹅瘟疫苗注射，开产后10～14天再进行注射。②强化日常消毒。要定期对场区或鹅舍的地面、粪便、污物以及用具进行消毒；要在鹅场（舍）的进出口处设消毒池，并确保池内药物安全有效，最好设置专门供工作人员出入的走道；进入场内的车辆、人员和用具等必须进行严格消毒，平时应尽量避免外人进入和参观，同时要严防野兽、猫、犬、鼠等窜入鹅舍。③做好雏鹅的运输和饲养管理工作。要注意饮水和保温，经过运输回场的雏鹅，要满足鹅正常的生理需要，供给充足卫生的饮水；如果是炎热夏天，必须等雏鹅进舍0.5～1小时之后再饮水，水中要加电解多维以抗应激，开食可在开饮后适当的时间进行。④避免或减缓应激，保证内环境的稳定。保证防暑降温、防寒保暖的设施始终处于良好状态，注意天气变化，防止球虫病和曲霉菌病的发生，保持适当而合理的饲养密度；应尽量减轻和避免光照过长或过强，无规律的声响以及

抽样称重、采血、转群、接种等应激。⑤定期检测抗体水平，及时根据抗体水平情况确定免疫时间。

（六）发生中毒病的处理

1. 食盐中毒的处理

食盐中毒是因摄入过量食盐而引起的急、慢性中毒。鹅每千克体重摄入 3.5 ～ 4.5 克食盐即可引起中毒，严重时会造成死亡。中毒后表现为惊恐，兴奋不安，口鼻流出黏性分泌物，食欲减小，饮水量激增，频频喝水，出现水样腹泻，无高温表现；不久转为精神委顿，运动失调，翅下垂，两脚无力，重则完全瘫痪，头颈痉挛性扭转，口腔黏膜干燥，鸣叫、呻吟，经过 2 ～ 3 天后倒地衰竭死亡；有的出现转圈运动，倒地挣扎，单腿或双腿摆动呈游泳状，呼吸困难，可视黏膜发绀，最后全身抽搐痉挛死亡。病死鹅颈部皮下组织水肿，食道及腺胃内充满黏性液体，肌胃角质层变黑，易脱落；十二指肠呈弥漫性点状出血，小肠黏膜肥厚；肺瘀血、水肿；心包积液，呈微黄色，心肌表面脂肪呈胶冻浸润，有出血点。

处理措施：中毒发生后，立即更换饲料，并用胶皮球捏水冲洗口腔及嗉囊，以减少食盐的吸收，同时用 0.1% 高锰酸钾溶液作饮水，而后供给大量清洁饮水，再喂给 3% ～ 5% 葡萄糖水，并加维生素 C 适量，以保护肝脏和提高解毒机能。神经症状重者，配制 2.5% 溴化钠溶液灌服。另外，要用环丙沙星或氟哌酸适量饮水，以防继发肠道感染；给予充足的饮水，饲料中的食盐含量不得超过 0.5%。鹅应以放牧食草为主，但需喂给配合饲料时，食盐的含量一般在 0.3% 为宜。实际生产中不要用猪、鸡饲料来喂鹅，并要严格控制饲料中食盐的含量，预防食盐中毒的发生。

2. 亚硝酸盐中毒的处理

亚硝酸盐中毒是指机体摄入亚硝酸盐而引起的急、慢性中毒。临床以急性中毒常见，以高度呼吸困难、发绀、迅速死亡为特征，中毒后约 1 小时表现不同程度的中毒症状。病鹅食欲废绝，不安，不停跑

动，随后聚成一团；驱赶时，步态蹒跚，流涎，口吐白沫，卧地不动，呼吸急促，伸颈，张口呼吸，口腔黏膜、眼结膜、肉瘤发紫，嘴角的上部皮肤和胸、腹部皮肤发绀，程度不一；两前翅静脉怒张，呈紫黑色，肛门周围绒毛潮湿，最后窒息而死，血液呈紫黑色，酱油状，凝固不良；嗉囊内容物有浓烈的酸味；肝、脾、肾淤血，轻度肿胀；胰出血，有针尖状坏死点；气管黏膜充血，肺出血，肺脏内充满气体，肠道有不同程度的炎症；心包、腹腔积水，心冠沟脂肪出血，心室肌松软无弹力，直肠黏膜充血。

处理措施：每升水中溶解 50 克葡萄糖任其自饮 3 ～ 5 天，美蓝溶液按每千克体重 0.4 毫克肌内注射（及早确诊后选用美蓝溶液和维生素 C 进行治疗效果良好，但一定要控制好美蓝剂量，不能超过每千克体重 l 毫克）；同时每只鹅肌内注射维生素 C 溶液 l 毫升，或每只鹅口服维生素 C 1 片，每天 1 次，连服 2 天。菜类饲料，应经常翻动通风，腐烂变质的蔬菜不要喂鹅；改善饲料的调制方法，青饲料最好生喂或制成发酵饲料再喂，煮时要用急火，煮熟后立即取出，放冷后喂鹅，隔夜的青绿饲料不要喂鹅。

3. 有机磷农药中毒的处理

常见的有机磷农药主要有敌百虫、敌敌畏、乐果、甲胺磷、对硫磷等。最急性者不表现明显临床症状，在采食后数分钟即突然死亡。急性者大量流涎，流泪，瞳孔明显缩小；腹泻，粪便中带有灰白色泡沫样黏液；呼吸迫促，共济失调，肌肉震颤，死前有抽搐、角弓反张表现，常在发病后数分钟内死亡；肠道黏膜弥漫性出血，黏膜脱落，肌胃内有大蒜臭味。

处理措施：发现中毒病例，立即停饲可疑料、水，并进行排毒、解毒及对症治疗。刚中毒时，可立即切开嗉囊，用清水或 0.01% 高锰酸钾（1605 中毒者禁用）、2% ～ 3% 碳酸氢钠溶液（敌百虫中毒者禁用）溶液进行冲洗；使用的特效解毒药有阿托品，每只 0.5 毫克，腿部肌内注射，用药 15 分钟后可重复给药，当出现瞳孔散大、流涎停止时，停止用药；配合使用解磷定，每只 0.2 ～ 0.5 毫升，肌内注射，效果更

佳。不要在喷洒过有机磷农药的田地或水域放牧鹅群。喷洒过有机磷农药6周以内的种子、蔬菜、瓜果等不能喂鹅；不用敌百虫作鹅的内服驱虫药；消灭体表寄生虫时，用药浓度不超过0.5%，涂药面积不要过大。

4. 有机氟农药中毒

有机氟农药主要有氟乙酰胺、氟乙酸钠等，主要用于杀虫和灭鼠。突然发病死亡病例，病鹅死前无明显的前驱症状，突然倒地，剧烈抽搐、惊厥或角弓反张，瞳孔散大，迅速死亡。采食较少的，表现为全身颤抖、呼吸迫促，可反复发作，终因呼吸抑制和心力衰竭而死亡；肝与肾肿胀、充血，心包膜有出血斑点，脑部轻度水肿，脑膜血管呈树枝状充血。

处理措施：立即停止饮食被有机氟农药污染的饲草和饮水；被农药喷洒过的农作物饲草，必须在收割后储存两个月以上，使其残毒消失后方可用来饲喂。中毒后立即采取解毒措施，首选特效解毒药解氟灵（50%乙酰胺溶液），按每千克体重0.1～3毫升，另加2%普鲁卡因溶液0.5～1毫升，肌内注射，每天3～4次，首次用量可为每天用药量的一半，至抽搐现象消退为止。同时，饮以10%葡萄糖溶液，另加复合维生素B、维生素C适量，以达到保肝解毒、增强机体抵抗力的目的。

5. 一氧化碳中毒

一氧化碳中毒，是由于吸入一氧化碳气体所致，以机体缺氧为主要特征。一氧化碳中毒多发生在育雏期的雏鹅。病鹅精神不振，步态不稳，有的蹲伏，有的趴卧、缩颈，羽毛蓬松，呼吸困难，有20%的雏鹅呈昏迷状态，有的病雏鹅流泪，在临死前发生痉挛。急性中毒的症状表现为病雏不安，嗜睡，呆立，运动失调，呼吸困难；随后病雏不能站立，倒于一侧或伏卧，头向前伸，临死前发生痉挛或惊厥；喙发绀，心内膜、心外膜有散状出血点，肾脏充血、肿胀，肝脏呈樱桃红色，鹅蹼呈樱桃红色。实验室检查：采集病死雏鹅心脏、肝脏，接

种F普通琼脂和S.S琼脂培养基，37℃、18小时后观察，未见细菌生长。

处理措施：鹅舍通风换气，保持空气新鲜；维生素C、葡萄糖、电解多维溶于水中饮水；为预防由于通风换气所致的应激，饲料中混入适量的氟哌酸；冬季要经常检查育雏舍供暖设备，杜绝烟道倒烟，有条件的最好安装引风机。

6. 鹅黄曲霉毒素中毒

鹅黄曲霉毒素中毒是食入被黄曲霉毒素污染的料草而引起的中毒性疾病，临床上以消化机能紊乱、全身浆膜出血、腹腔积水及神经症状为特征。雏鹅病初食欲减退，生长迟缓，羽毛生长不良，常出现脱落；逐渐出现腹泻，步态不稳，跛行，腿及脚蹼皮下出血，呈紫红色斑点，可在几天内死亡，死前出现抽搐、角弓反张等神经症状，死亡率可达100%。慢性中毒者主要表现为食欲减少、消瘦、衰弱、贫血，严重者呈全身恶病质等现象；成年鹅多为亚急性或慢性症状，精神沉郁，呼吸困难，有的可听到沙哑的水泡声，少数可见浆液性鼻液，渐进性食欲减退，口渴，腹泻，粪便中带血，生长缓慢，消瘦贫血，产蛋下降。病程长者可见腹腔积水，腹围增大。急性死亡的病雏可见胸部皮下及肌肉有出血斑点；肝脏肿大，色泽苍白或变淡，表面有出血斑点或坏死状，胆囊充盈；肾脏苍白，稍肿胀，有的有出血点；胰腺也有出血点。亚急性或慢性死亡病例，主要病变有肝硬化，色变黄，表面可见米粒至黄豆大小的结节或增生物；严重者可见肝脏癌变，心包、腹腔积水，卵黄破裂，卵子变性，输卵管充血、出血。

处理措施：目前对本病尚无特效疗法，发现中毒，应立即停喂霉败饲料。对早期发现的中毒鹅可投服硫酸镁、人工盐等盐类泻药，排出胃肠内有毒物质；给予含糖类丰富的青绿饲料和维生素A、维生素D或者灌服绿豆汤、甘草水或高锰酸钾水溶液，可缓解中毒症状；减少含脂肪多的饲料的供应，保肝解毒、提高机体抵抗力，可投服5%葡萄糖溶液，并加入适量维生素C；防止出血，可在每千克饲料中添加维生素K 4～8毫克。另外，可用制霉菌素治疗，每羽口服3～5

单位，每天3次，连用2～3天。中毒死鹅器官组织均含毒素，应该深埋或烧毁，绝对不能食用。病鹅的粪便也含有毒素，应彻底清除，集中用漂白粉处理，以防止污染水源和饲料。

做好饲料的防霉工作，妥善保存，避免遭受雨淋、堆场发热，以防止霉菌生长繁殖。多雨季节，对质量较差的饲料可添加0.1%的苯甲酸钠等防霉剂。严禁喂发霉饲料，尤其是发霉的玉米。饲料仓库如被黄曲霉毒素污染，应用福尔马林熏蒸或用过氧乙酸喷雾消灭霉菌孢子；对污染的用具、鹅舍、地面可用20%石灰水消毒或2%次氯酸钠溶液消毒。

（七）其他病的处理

1. 脱肛的处理

鹅脱肛是指输卵管或泄殖腔翻出肛门之外的一种疾病，多发生于种鹅初产和产蛋高峰期。病初产蛋鹅肛门周围的绒毛湿润，也有部分鹅从泄殖腔内流出白色或黄色黏液，随后有3～4厘米长的红色物脱出于泄殖腔，时间稍长，泄殖腔脱出物变成暗红色。脱肛表现：第一种是轻度脱肛，病鹅不产蛋时看不出脱肛，只是产带血蛋或产蛋时发生痛苦努责声，或有轻微的脱出物突出于肛门之外，但很快会缩回到体内；第二种是中度脱肛，常因轻度脱肛没有得到及时发现和治疗而致，泄殖腔脱出物如栗子大或鹅蛋大，不能自然缩回体内；第三种是重度脱肛，除泄殖腔脱落外，并有部分输卵管和部分肠管脱出，脱出物较大、水肿、被污染等。

处理措施：一旦发现脱肛鹅，要立即进行隔离饲养。症状较轻的鹅，可用0.1%高锰酸钾溶液洗净脱出部分，用手按揉复位，然后涂上紫药水，撒敷消炎粉。对于轻度脱肛，保持光照时间、强度稳定，将人用“补中益气丸”，每天每50只鹅用一盒，切碎溶化于水中，分2次饮用，连用4～6天，或用具有补中益气的中药制剂。对于中度脱肛，对脱出的泄殖腔先用温水洗净，再用0.1%高锰酸钾溶液清洗片刻，使黏膜收敛，然后擦干，涂以人用的红霉素眼药膏，轻轻送入肛

门内，肛门周围做荷包状缝合（泄殖腔内如有蛋必须在缝合前取出，以防止发生蛋黄性腹膜炎），并留出排粪孔。几天后，母鹅不再努责时便可拆线。对于重度脱肛，首先及时隔离，用10%高渗温食盐水（38℃）冲洗，人工整理复位，然后从肛门给予青霉素40万单位。重症鹅大都愈后不良，没有治疗价值，应及时淘汰。

另外，要针对不同病因采取相应措施：如大肠杆菌、沙门氏菌等感染而引发的腹泻，要在饲料或饮水中投喂强力霉素、恩诺沙星等抗菌药物，也可往饲料中投给微生态制剂，以改善鹅体肠道内环境，达到肠道菌群平衡。

2. 鹅痛风的处理

痛风是由于日粮中蛋白质含量过高及鹅代谢紊乱，在体内产生大量尿酸蓄积并以尿酸盐的形式沉积在关节囊和内脏表面的疾病。临床上以运动迟缓，腿、翅关节肿胀，跛行，排白色稀粪，脏器和关节腔尿酸盐沉积为特征。鹅痛风分为内脏型和关节型两种，前者是指尿酸沉着在内脏表面；后者是指尿酸盐沉积于关节囊和关节软骨及其周围，其中内脏型痛风多见。

（1）内脏型痛风

多发生在1周龄左右的雏鹅，可以是零星散发，也可成批发生，多数肾功能衰竭而死。发病初期，病雏精神沉郁，食欲废绝，并伴有腹泻，多在1～2天内衰竭死亡。成年鹅发病通常为慢性，口渴，食欲废绝，营养不良，消瘦贫血，虚弱无力；腹泻，粪呈白色，稀水样，少数可突然死亡，病程一般为1周左右；内脏浆膜上覆盖着一层白色、石灰样尿酸盐沉积，肾肿大、色苍白、表面有雪花状花纹；输尿管增粗，内有尿酸盐结晶。

（2）关节型痛风

主要发生于青年鹅和成年鹅，表现为腿、翅关节软性肿胀、疼痛，运动迟缓、跛行，重则不能站立，切开关节腔有稠厚的白色、黏性液体流出。关节型痛风主要变化在关节，切开关节囊，内有膏状白色尿酸盐沉着，有些关节面发生糜烂和关节囊坏死。

处理措施：本病治疗意义不大，应做好预防工作，降低日粮中蛋白质特别是动物性蛋白质的含量，增加维生素A及维生素B_1的供给，给予充足的饮水，严格控制各个生理阶段日粮中钙、磷供给量对防治该病有重要意义。

3. 鹅脂肪肝综合征

鹅脂肪肝综合征是指因体内脂肪代谢紊乱，大量脂肪蓄积于肝脏、腹腔及皮下，引起肝脏脂肪变性，并伴有产蛋量下降、毛细血管出血的一种内科疾病，又称为脂肪肝出血综合征，常发于营养良好的产蛋鹅，尤其是笼养鹅。发病鹅在生病前明显肥胖，貌似健康，产蛋率明显下降，精神委顿，多伏卧，少运动，有些食欲下降，体温正常，在下腹部可以摸到厚实的脂肪组织；当驱赶、捕捉或抓提方法错误，引起强烈挣扎时，常造成肝脏血管破裂、腹腔内出血而急性死亡；皮肤、肌肉苍白，肝脏肿大、呈黄色、质地较脆、表面可见出血斑点，腹腔内常有大血凝块；在皮下、腹腔、肠系膜、心包外、心冠状沟周围有大量脂肪堆积。

处理措施：按每吨饲料中加入1～1.5千克氯化胆碱，维生素E 1万国际单位，维生素B_{12} 12毫克，肌醇900克，连用1～2周，具有一定的治疗效果；做好预防工作。控制日粮中高能物质的比例，严格按照饲养标准进行，在饲料中适当添加多种维生素和微量元素，特别是增加蛋白质、肌醇和硒的供给，有利于减少该病的发生。另外，在肥肝生产期，要防止各种应激因素，以减少死亡。

附 录
鹅的参考日粮配方

一、种鹅的饲料配方

见附表 1 ～附表 4。

附表 1　种鹅的饲料配方

组成	育雏（0～3 周龄）	生长（4～7 周龄）	保持	种鹅
玉米 /%	50.4	61.3		51.4
大麦 /%			45.0	
次麦粉 /%	15.0	15.0	50.0	26.7
肉粉 /%		1.5		
豆粕 /%	31.5	19.8	2.5	13.7
dl- 蛋氨酸 /%	0.17	0.10	0.06	0.18
l- 赖氨酸 /%			0.05	
食盐 /%	0.33	0.31	0.29	0.29
石粉 /%	1.64	1.27	1.50	6.70

续表

组成	育雏（0～3周龄）	生长（4～7周龄）	保持	种鹅
磷酸二钙 /%	0.86	0.62	0.50	0.93
维生素 - 微量元素预混料 /%	0.1	0.1	0.1	0.1
合计 /%	100	100	100	100

附表 2　种鹅的日粮配方

组成	0～10日龄		11～30日龄		31日龄以上		种鹅	
	配方 1	配方 2	配方 1	配方 2	配方 1	配方 2	配方 1	配方 2
（玉米、高粱、大麦、小麦）/%	61.7	61	41.7	41	30	11	47.7	11
豆粕类 /%	15	15	15	15	15	15	15	15
糠麸类 /%	9.5	9.5	24.5	24.5	28.2	39.5	14.5	39.5
草籽、草粉类 /%	5	5	5	5	15	20	10	25
动物性饲料 /%	5	5	10	10	8	10	8	5.0
骨粉 /%	1		1		1		1	
贝壳粉或石粉 /%	1	2	1	2	1	2	2	2
食盐 /%	0.3	1	0.3	1	0.3	1	0.3	1
砂砾 /%	1	1	1	1	1	1	1	1
预混料 /%	0.5	0.5	0.5	0.5	0.5	0.5	0.5	0.5
合计 /%	100	100	100	100	100	100	100	100

附表 3　种鹅的饲料配方

组成	0～3周龄或4周龄		4～8周龄		后备鹅		种鹅及产蛋鹅	
	配方 1	配方 2	配方 1	配方 2	配方 1	配方 2	配方 1	配方 2
玉米 /%	57	47.0	37.0	48.4	45.4	40.8	42.5	48.0
高粱 /%			20.0					10.0

续表

组成	0～3周龄或4周龄		4～8周龄		后备鹅		种鹅及产蛋鹅	
	配方1	配方2	配方1	配方2	配方1	配方2	配方1	配方2
稻谷/%		6.2				11.0		
麦麸/%			5.0		22.2	23.1		
小麦/%				9.5	15.0		23.0	
次粉/%	4.5	5.0		5.0				12.0
草粉/%				5.0	8.0		4.0	
米糠/%	5.0	7.0				12.0		
豆粕/%	30.4	29.30	27.4	25.0	6.0	9.0	21.0	
花生粕/%								10.0
菜籽粕/%		2.0		2.0				7.0
糖蜜/%			3.0					
鱼粉/%			2.0	2.0				4.0
肉骨粉/%			3.0					
油脂/%			0.3					
磷酸氢钙/%	0.47	1.2	0.2	1.0	1.3	1.5	1.7	1.3
石粉/%	1.12	1.0	0.71	0.8	1.0	1.4	6.5	6.5
食盐/%	0.36	0.3	0.3	0.3	0.3	0.2	0.3	0.2
盐酸赖氨酸/%	0.06							
预混剂/%	1.0	1.0	1.0	1.0	1.0	1.0	1.0	1.0
合计/%	100	100	100	100	100	100	100	100

附表4 豆粕为主的种鹅及产蛋鹅日粮配方

组成	配方1	配方2	配方3	配方4	配方5
玉米/%	55.2		29.3	56.4	65.0
小麦/%		60.7	28.7		
大麦/%	10.0	10.0	10.0	10.0	

续表

组成	配方 1	配方 2	配方 3	配方 4	配方 5
小麦细麸 /%	5.0	5.0	5.0	5.0	4.0
粗面粉 /%	5.0	5.0	5.0	5.0	3.6
菜籽粕 /%					6.0
脱水青饲料 /%	2.0	2.0	2.0	2.0	
肉粉 /%				2.0	
鱼粉 /%				2.0	2.0
豆粕 /%	15.8	10.3	13.0	11.3	12.0
石粉 /%	4.4	4.4	4.4	4.2	4.0
磷酸钙 /%	1.1	1.1	1.1	0.6	2.0
食盐 /%	0.5	0.5	0.5	0.5	0.4
复合预混料 /%	1.0	1.0	1.0	1.0	1.0
总计 /%	100	100	100	100	100

附表 5　豁鹅的日粮配方

组成	1～30 日龄	31～90 日龄	91～180 日龄	成年鹅
玉米 /%	47	47	27	33
麸皮 /%	10	15	33	25
豆粕 /%	20	15	5	11
谷糠 /%	12	13	30	25
鱼粉 /%	8	7	2	3
骨粉 /%	1	1	1	1
贝壳粉 /%	2	2	2	2
粗蛋白 /%	20.29	18.38	14.39	16.30
代谢能 /（兆焦 / 千克）	12.08	12.00	11.10	13.80
钙 /%	1.55	1.50	1.96	2.35
磷 /%	0.74	0.76	1.05	1.06

二、肉鹅的饲料配方

见附表6～附表9。

附表6　商品肉鹅饲料配方一

组成	0～3周龄或4周龄				5周龄～上市			
	配方1	配方2	配方3	配方4	配方1	配方2	配方3	配方4
玉米/%	48.8	47.3	51.5	45	55.5	47.7	52.0	40.8
高粱/%				15.7				
小麦/%	10.0	7.0	10.0					23.0
稻谷/%	2.8	7.0				11.0	15.0	
米糠/%					11.0	7.0	3.0	8.0
次粉/%	5.0	5.0						
麦麸/%			9.0	6.6	14.2	13.7	13.4	11.7
豆粕/%	25.0	29.0	20.0	29.5	15.0	14.0	11.0	
花生粕/%						3.0		12.5
菜籽粕/%	2.0	2.0	3.0		1.5		2.5	
鱼粉/%	3.6		4.0					1.0
磷酸氢钙/%	1.2	1.2	0.8	1.4				1.2
石粉/%	0.8	1.0	0.9	1.0		0.6	0.5	
骨粉/%					2.0	2.2	1.8	1.1
食盐/%	0.3		0.3	0.3	0.3	0.3	0.3	0.2
0.5%预混料/%	0.5	0.5	0.5	0.5	0.5	0.5	0.5	0.5
合计/%	100	100	100	100	100	100	100	100

附表7　商品肉鹅饲料配方二

组成	0～3周龄或4周龄				5周龄～上市			
	配方1	配方2	配方3	配方4	配方1	配方2	配方3	配方4
玉米/%	56	54.5	68	56.0	55.8	58.7	52	40.3
米糠/%		4.0					12.1	9.6

续表

组成	0～3周龄或4周龄				5周龄～上市			
	配方1	配方2	配方3	配方4	配方1	配方2	配方3	配方4
草粉/%								20.0
麦麸/%	15.0	15.0	3.0	16.0	21.0	7.0	8.0	8.0
豆粕/%	21.5	20.0	24.0	21.0	12.5		14.0	20
菜籽粕/%	5.0		3.0	5.0	8.0	14.5	6.0	
棉籽粕/%						15.3		
鱼粉/%							5.0	
肉骨粉/%		5.0						
磷酸氢钙/%	0.80				0.9	3.0		
石粉/%	0.9				1.0	0.6		0.4
骨粉/%		0.7	1.2	1.2			2.0	0.8
食盐/%	0.3	0.3	0.3	0.3	0.3	0.4	0.4	0.4
预混剂/%	0.5	0.5	0.5	0.5	0.5	0.5	0.5	0.5
合计/%	100	100	100	100	100	100	100	100

附表8　商品肉鹅饲料配方三

组成	0～3周龄或4周龄				5周龄～上市			
	配方1	配方2	配方3	配方4	配方1	配方2	配方3	配方4
玉米/%	53.0	58.0	43.5	57.6	40	50.0	41.7	45.0
稻谷/%			19.0		15.0			15.0
小麦/%	7.0			6.9				
次粉/%	5.0	5.0	5.0					
米糠/%	5.5	5.5	9.5		10.0	23.7	12.5	9.9
草粉/%	7.4	7.0					5.0	
麦麸/%				3.8	20.0	15.0	15.0	14.0
豆粕/%	15.0	17.5	15.0	19.3		5.0	15.0	10.0
花生粕/%				2.5				

续表

组成	0～3周龄或4周龄				5周龄～上市			
	配方1	配方2	配方3	配方4	配方1	配方2	配方3	配方4
菜籽粕/%	4.0	4.0	5.0	2.5	10.0			5.0
鱼粉/%				4.3		3.2	7.0	
肉骨粉/%					3.0			
磷酸氢钙/%	0.7	0.6	0.5	1.0				
石粉/%	1.0	1.0	1.2	0.8		0.3	2.0	
骨粉/%	0.4	0.4	0.3	0.3	1.0	2.0	1.0	0.3
食盐/%	0.5	0.5	0.5	0.5	0.5	0.3	0.3	0.3
预混剂/%	0.5	0.5	0.5	0.5	0.5	0.5	0.5	0.5
合计/%	100	100	100	100	100	100	100	100

附表9　商品肉鹅饲料配方四

组成	0～3周龄或4周龄				5周龄～上市			
	配方1	配方2	配方3	配方4	配方1	配方2	配方3	配方4
玉米/%	28	65.0	50.0	32.8	62	57	40.0	32.0
小麦/%	25		24.0	28.6				30.8
大麦/%	19.0		10.0					
啤酒糟/%		15.2			8.0	13.0		
草粉/%				5.0			18.0	5.0
麦麸/%	5.0						15.0	4.5
豆粕/%	5.0	8.5	12.5	3.0	6.6	9.5		
花生粕/%	3.0			3.0				10.0
菜籽粕/%	2.0	7.5		8.0	7.2	7.0	10.0	
酵母蛋白/%	5.0			10.0	5.0			10.0
蚕蛹/%						3.3	15.5	
鱼粉/%	3.0			3.0				3.0
肉粉/%	1.0			2.5	8.0	7.0		1.0

续表

组成	0～3 周龄或 4 周龄				5 周龄～上市			
	配方 1	配方 2	配方 3	配方 4	配方 1	配方 2	配方 3	配方 4
磷酸氢钙 /%		2.9	1.0					
石粉 /%	2.0		1.5	2.5				2.5
骨粉 /%	1.1			1.0	2.4	2.4	0.7	0.5
食盐 /%	0.4	0.4	0.5	0.3	0.3	0.3	0.3	0.2
预混剂 /%	0.5	0.5	0.5	0.5	0.5	0.5	0.5	0.5
合计 /%	100	100	100	100	100	100	100	100

参考文献

[1] 段修军主编 . 养鹅日程管理及应急技巧 . 北京：中国农业出版社，2013.

[2] 王继文主编 . 鹅标准化规模养殖图册 . 北京：中国农业出版社，2012.

[3] 魏刚才主编 . 鹅安全生产技术 . 北京：化学工业出版社，2012.

[4] 王恬主编 . 鹅的饲料配制及饲料配方 . 北京：中国农业出版社，2006.

[5] 何大乾主编 . 鹅高产生产技术手册 . 上海：上海科学技术出版社，2007.

[6] 董瑞潘主编 . 鹅的快速育肥技术 . 北京：中国农业科学技术出版社，2007.

[7] 焦库华等主编 . 科学养鹅与疾病防治 . 北京：中国农业出版社，2001.

[8] 尹兆正主编 . 养鹅手册 . 北京：中国农业大学出版社，2004.

[9] 杨宁主编 . 家禽生产学 . 北京：中国农业出版社，2002.

[10] 张金洲主编 . 养殖场消毒指南 . 北京：化学工业出版社，2010.